混凝土结构设计原理

（2024 年修订）

高建岭　张燕坤
宋小软　何世钦　主编

U0346838

科学出版社

北京

内 容 简 介

本书依据我国现行的《混凝土结构设计标准》(GB/T 50010—2010),结合应用型高等院校人才培养的特点,根据全国高校土木工程专业指导委员会的教学大纲编写完成。本书分为11章,主要内容包括:绪论、钢筋和混凝土材料的基本性能、混凝土结构设计方法、受弯构件的正截面承载力计算、受弯构件的斜截面承载力计算、现浇单向板肋梁楼盖的设计、受压构件截面承载力计算、受拉构件截面承载力计算、受扭构件截面承载力计算、正常使用极限状态验算及耐久性、预应力混凝土构件设计。

本书可作为高等院校土木工程专业的专业基础课程教材,也可供从事混凝土结构设计、施工的技术人员自学、参考。

图书在版编目(CIP)数据

混凝土结构设计原理/高建岭等主编. —北京:科学出版社,2013.9
(2024.8修订)
ISBN 978-7-03-038554-3

Ⅰ.①混⋯ Ⅱ.①高⋯ Ⅲ.①混凝土结构-结构设计-高等学校-教材
Ⅳ.①TU370.4

中国版本图书馆 CIP 数据核字(2013)第 212733 号

责任编辑:任加林 / 责任校对:马英菊
责任印制:吕春珉 / 封面设计:耕者设计工作室

科学出版社出版

北京东黄城根北街 16 号
邮政编码:100717
http://www.sciencep.com

三河市骏杰印刷有限公司印刷
科学出版社发行   各地新华书店经销

*

2013 年 9 月第 一 版   开本:787×1092 1/16
2024 年 8 月第十次印刷   印张:18 1/4
字数:422 000
定价:**56.00 元**

(如有印装质量问题,我社负责调换)
销售部电话 010-62136230   编辑部电话 010-62137154

修订版前言

"混凝土结构设计原理"是土木工程专业重要的专业基础课程之一,是一门实践性很强,与现行的规范、规程等有关的课程。通过本课程的学习,使学生能够掌握混凝土结构学科的基本理论和基本知识。

本书根据全国高校土木工程专业指导委员会的教学大纲要求,结合应用型高等院校人才培养的特点以及编者多年来的教学实践经验,依据《混凝土结构设计标准》(GB/T 50010—2010)编写而成。

本书具有以下的特点:

1) 教材编写者为北方工业大学建筑工程学院长期从事本门课程教学的一线教师,具有丰富的教学和实践经验。

2) 教学内容以"必需、实用"为度,在编写中从应用型人才培养的总目标出发,教学内容力求体现应用型本科教育的特点,尽量做到概念清晰、体系完整、突出应用。

3) 本书有较多的例题,每章均附有思考题与习题,便于读者对教学内容的理解、复习及检查对基本要求的掌握程度。

全书内容共分为11章,包括绪论、钢筋和混凝土材料的基本性能、混凝土结构设计方法、受弯构件的正截面承载力计算、受弯构件的斜截面承载力计算、现浇单向板肋梁楼盖的设计、受压构件截面承载力计算、受拉构件截面承载力计算、受扭构件截面承载力计算、正常使用极限状态验算及耐久性和预应力混凝土构件设计。希望通过本书的学习,使读者掌握混凝土结构构件的设计原理、计算方法以及构造措施。

参加本书编写工作的有:高建岭(第1章)、张燕坤(第7、8、9章)、宋小软(第2、4、5、6章)、何世钦(第3、10、11章)。全书由高建岭最后统稿并定稿。

限于编者水平,本书中的疏漏和不当之处,恳请读者批评指正。

编　者

2024 年 7 月

目　　录

第1章 绪 论

1.1 混凝土结构的定义

建筑物中,用来承受各种荷载或者作用,起骨架作用的空间受力体系称为建筑结构。建筑结构由若干基本构件,如梁、板、柱、剪力墙、基础等组成。

根据建筑结构所用的材料,可分为混凝土结构、砌体结构、钢结构、木结构和组合结构等。

混凝土结构分为钢筋混凝土结构、预应力混凝土结构和不配筋的素混凝土结构。混凝土中配置普通受力钢筋,与混凝土共同工作的为钢筋混凝土结构。为了避免混凝土结构构件在拉应力下过早开裂,在荷载作用之前对结构构件施加压力、使截面产生预压应力,以全部或部分抵消由荷载引起的拉应力的混凝土结构为预应力混凝土结构。在混凝土中不配置钢筋的为素混凝土结构。

在工业与民用建筑中钢筋混凝土结构与预应力混凝土结构应用较多。本书主要介绍这两种结构构件的设计方法。

钢筋混凝土结构是由钢筋和混凝土两种性能不同的材料组成。混凝土具有较高的抗压强度,但抗拉强度很低,为抗压强度的 $1/12\sim1/8$,而钢筋则具有较高的抗拉强度。钢筋混凝土结构就是利用两种材料各自的特点,采用钢筋承担拉力,混凝土承担压力,使两种材料能充分发挥各自优点,组成性能良好的结构材料。

图 1.1-1 分别为一截面尺寸、跨度和混凝土强度等级均相同的素混凝土梁和钢筋混凝土梁。在图示竖向荷载作用下,梁截面中和轴以上受压,以下受拉。当荷载较小、梁下部的拉应力未达到混凝土的抗拉强度时,两根梁都不会开裂。随着荷载增大,梁下部拉应力达到混凝土抗拉强度时,下部则会出现裂缝。对于素混凝土梁,底部一旦开裂,裂缝两侧混凝土退出工作,裂缝迅速向上发展,从而使梁发生断裂,梁由开裂至破坏非常迅速,破坏时的极限荷载与开裂荷载较为接近。对于钢筋混凝土梁,下部出现裂缝后,裂缝截面的混凝土退出工作,原混凝土承担的拉力转由钢筋承担,此时仍可继续增大荷载,直到受拉钢筋达到屈服、受压边缘的混凝土被压碎。破坏时钢筋混凝土梁的极限荷载要远高于开裂时的荷载,而且它的变形能力较好,能够在破坏前给人明显的预告。

图 1.1-2 为钢筋混凝土梁与素混凝土梁的荷载-变形曲线。

由于钢筋的抗压强度也较高,所以对于受压构件,如混凝土柱,通常也配置钢筋,协助混凝土承受压力,以减小柱截面尺寸、提高柱子的承载能力,如图 1.1-3 所示。

钢筋与混凝土这两种力学性能不相同的材料,能够很好地结合在一起共同工作,主要有以下原因:

1) 混凝土硬化后与钢筋之间存在着良好的黏结力,使两者能够成为一个整体,在外

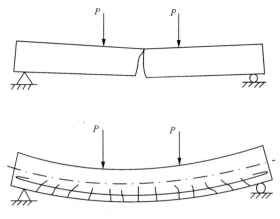

图 1.1-1　素混凝土梁与钢筋混凝土梁受力示意图

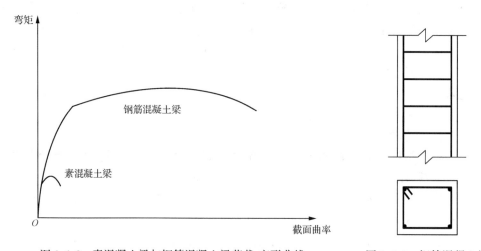

图 1.1-2　素混凝土梁与钢筋混凝土梁荷载-变形曲线　　　　图 1.1-3　钢筋混凝土桩

荷载的作用下,两者能共同变形,共同受力。

2) 钢筋和混凝土具有相近的线膨胀系数,钢筋的线膨胀系数约为(1.2×10^{-5})℃,混凝土的线膨胀系数为$(1.0\times10^{-5})\sim(1.5\times10^{-5})$℃。因此当温度变化时,两者之间不致产生较大的相对变形而破坏两者之间的黏结。

1.2　钢筋混凝土结构的发展概况

1.2.1　钢筋混凝土结构的特点

1. 主要优点

(1) 取材方便

混凝土中主要材料砂、石等,一般可以就地取材。另外,还可以采用工业废料(如矿渣、粉煤灰等)制成粗、细骨料替代部分砂、石,或作为添加剂用于混凝土结构中。

（2）承载力高

与砌体结构、木结构相比,钢筋混凝土结构具有较高的承载力。

（3）造价较低

与纯钢结构相比,钢筋混凝土结构充分利用了混凝土材料抗压性能好的特点,取代了部分钢材,从而降低了工程造价。

（4）结构整体性好、刚度大

现浇混凝土结构各构件之间连接为一个整体,具有良好的抗震性能,且具有较大的刚度,在荷载作用下的变形小。

（5）耐久性好

混凝土的密实性好,包裹在钢筋的外面,使钢筋不易锈蚀,因此,钢筋混凝土结构具有良好的耐久性。

（6）耐火性好

混凝土材料的导热系数在 $1.2 \sim 2.0 \mathrm{W/(m \cdot K)}$,远低于钢材的导热系数[$45 \mathrm{W/(m \cdot K)}$ 左右],因此,可保证火灾时混凝土中的钢筋不易过早因高温软化而使结构破坏。

（7）具有良好的可模性

钢筋混凝土可以根据设计的需要,浇筑成各种不同形状和尺寸的结构,有利于建筑造型。

2. 主要缺点

1）自重大。素混凝土容重约为 $22 \sim 24 \mathrm{kN/m^3}$,钢筋混凝土的容重为 $24 \sim 26 \mathrm{kN/m^3}$,不利于建造大跨度结构、高层建筑。另外,自重较大还会导致结构地震作用增大,不利于结构抗震。

2）抗裂性差。混凝土的抗拉强度较低,因此钢筋混凝土构件截面受拉区在正常使用情况下一般存在裂缝,对于裂缝有严格要求的结构,如水池、水塔等,还需采取相应措施,如施加预应力,以降低裂缝的影响。

3）混凝土结构的施工周期较长,宜受自然环境、气候的影响。

1.2.2 钢筋混凝土结构应用与发展

水泥的发明是混凝土发明与应用的前提。1824 年,英国人 Joseph Aspdin 将石灰石与黏土一起煅烧,发明了硅酸盐水泥,申请了专利,从而开创了混凝土应用的新纪元。混凝土的发展大致分为以下四个阶段:

第一阶段（1850～1920 年）,为混凝土结构发展的初期阶段。这个阶段混凝土强度较低,混凝土在建筑结构中的应用发展缓慢,1872 年美国才建造了第一座有钢筋混凝土构件的房屋。此后,钢筋混凝土构件开始进入了实际的工程应用,出现了钢筋混凝土梁、板、柱、拱和基础等一系列结构构件。此阶段,人们对混凝土的性能缺乏认识,简单地将混凝土视为弹性材料,设计计算则沿用材料力学的容许应力法。

第二阶段（1921～1950 年）,混凝土与钢筋的材料强度有所提高,特别是由法国工程师 Freyssinet 研制成功的预应力混凝土,改善了混凝土结构的性能,克服了抗裂性能差的缺点,拓宽了混凝土结构的应用领域。另外,装配式结构和空间结构也相继出现。并且在试验的基础上,考虑了混凝土的塑性性质,采用破坏阶段理论计算结构的破坏承载力。

第三阶段(1951~1980 年),第二次世界大战结束后,随着各国城市的恢复及重建,混凝土结构有了更快的发展,材料强度有进一步的提高、施工技术快速发展,混凝土单层厂房和桥梁结构的跨度不断增大,混凝土建筑的高度也不短增加,前苏联学者在破坏阶段设计理论的基础上提出了更为合理的极限状态设计理论,使设计理论前进了一大步。

第四阶段(1981 年至今),混凝土结构在试验手段、材料的种类、分析方法、设计理论、设计手段等方面有了快速的发展。振动台试验、拟动力试验和风洞试验等先进的试验手段已广泛应用于混凝土结构的试验中;高强混凝土、纤维混凝土、轻骨料混凝土等特种混凝土的出现使混凝土结构成功用于超高层建筑、大跨度桥梁、跨海隧道等建筑中,混凝土的应用范围也由传统的工业与民用建筑、水利水电工程扩展到海洋工程、核电站等;非线性有限元分析方法的出现和发展,推动了混凝土理论的研究发展;在设计理论方面,以概率理论为基础的极限状态设计方法得到了广泛采用;CAD 软件的开发,大大缩短了结构设计的周期。

我国是世界上使用混凝土最多的国家,仅 2011 年,我国商品混凝土产量达 7.4 亿 m^3。目前,国内大部分高层建筑均采用混凝土结构。例如,1997 年 4 月竣工的广州中信广场,楼高 391m,为全球最高的纯钢筋混凝土结构建筑物。另外,在桥梁、水利、港口等工程中,钢筋混凝土结构也被广泛采用,如世界最大的水电工程三峡大坝,坝体总混凝土量近1500 万 m^3,大坝总方量居世界第一。随着混凝土在工程结构中的大量使用,我国在混凝土基本理论以及设计方法的研究方面也取得了较快的发展,达到或接近国际水平。

1.2.3　我国混凝土结构设计规范的发展

工程的设计与应用离不开设计规范,混凝土结构设计规范反映了混凝土结构研究的发展水平,它随着工程建设经验的积累、科研工作的成果和技术的进步而不断改进。

中华人民共和国成立以前,我国没有自己的混凝土结构设计规范,国内的混凝土结构工程是直接采用国外规范进行设计、施工的。

建国初期,由于我国经济技术力量薄弱,工程建设基本由苏联援助和设计,所以全盘接受了苏联的技术体系,包括结构理论以及配套的标准规范。20 世纪 60 年代初期,在基本照搬苏联规范的基础上颁布了《钢筋混凝土结构设计规范》(草案),确定了我国混凝土结构设计最初的基本模式。

随着国内建设的发展,为适应国情,在总结工程实践经验的基础上,20 世纪 60 年代中期修订并颁布了《钢筋混凝土结构设计规范》(GBJ 21—66)(以下简称 66 规范)。由于缺乏系统的科学研究、试验验证以及工程实践的调研,66 规范的核心内容仍然参照了苏联规范的规定。

1974 年,在总结建国以来的工程实践经验和科学研究成果的基础上,颁布了《钢筋混凝土结构设计规范》(TJ 10—1974)(以下简称 74 规范)。该规范综合考虑了荷载、材料、结构形式、受力性能等因素,采用综合安全系数的计算方法,设计比较简便,但其内容在很大程度上仍受原苏联规范的影响。

随着混凝土设计理论研究的深入,以及对实际工程的调研,1989 年我国对 74 规范进行了修订,颁布了《混凝土结构设计规范》(GBJ 10—1989)(以下简称 89 规范)。89 规范采用了基于可靠度理论的概率极限状态设计方法,适当提高了安全储备,系统建立了各种受力状态、各类基本构件的计算模式和配套构造措施,形成了较为系统、完整的设计理论。89 规范是第一本我国自主研究、适合我国国情的混凝土结构设计规范,该规范基本改变了我国混凝土结构理论及规范封闭和落后的状态。

随着非线性有限元分析手段的成熟,以及高效预应力技术、无黏结预应力技术、高强钢筋等新技术、新材料的使用,结合 89 规范中未解决的一些问题,从 1997 年开始对 89 规范进行了全面修订,制定颁布了《混凝土结构设计规范》(GB 50010—2002)(以下简称 02 规范)。

从 2007 年开始,结合多年对 02 规范的使用经验,开始对 02 规范进行修订工作,于 2011 年颁布了新的《混凝土结构设计规范》(GB 50010—2010)。这次修订,增加了结构分析方面的有关内容,并对抗震设计等也进行了修改。2015 年对规范进行了局部修订,对钢筋品种等进行了调整。2024 年对规范进行局部修订,规范名称及编号修改为《混凝土结构设计标准》(GB/T 50010—2010)。本次修订对混凝土、钢筋等内容进行了修改。

本书的内容,主要是根据《混凝土结构设计标准》(GB/T 50010—2010)(本书中简称《标准》)以及相关标准及规范编写。

1.3 本书的内容及学习方法

1.3.1 本书的内容

混凝土结构构件从其受力特点,可分为以下几类:

1)受弯构件。截面内力以弯矩和剪力为主,如梁、板、阳台和楼梯等。

2)受压构件。截面内力以受压为主,同时有弯矩及剪力作用,如混凝土屋架的上弦杆,一般框架结构的框架柱等。

3)受拉构件。截面内力以受拉为主,同时有弯矩及剪力作用,如混凝土屋架的下弦杆,在水侧压的作用下、圆型水池池壁等。

4)受扭构件。截面内力主要有扭矩,同时可能有弯矩及剪力作用,如工业厂房中的吊车梁、一般建筑结构中雨篷梁等。

本书主要介绍混凝土与钢筋的力学性能、混凝土结构设计的基本方法、上述各类构件的受力特点及破坏形态、计算理论及计算方法、预应力混凝土的基本原理等内容。

在学习本书内容之前,应首先完成材料力学、结构力学、建筑材料、房屋建筑学等前期课程的学习。

1.3.2　学习时应注意的问题

1. 钢筋混凝土是由两种力学性能不相同的材料组成的

"钢筋混凝土结构"和"材料力学"一样,都是研究构件受力时强度和变形规律的学科,内容是类似的。"材料力学"研究的对象是"单一、均质、弹性"材料的构件,而钢筋混凝土构件是由钢筋和混凝土两种材料组成的,并且混凝土是非均质、非弹性的材料,这种材料组成及性能的差异使结构构件的受力性能及破坏特点有所不同。因此,不能直接采用"材料力学"的公式来计算钢筋混凝土构件的承载力和变形,在学习时可以与"材料力学"进行对比,找出两者之间的差异。

2. 钢筋混凝土构件的计算理论及设计方法建立在试验研究的基础上

由于混凝土材料的特殊性,钢筋混凝土构件计算的公式大多是半理论半经验的公式,完全由理论推导的计算公式是很少的。由于试验的局限性,计算公式都有自己的适用条件,并且公式中往往存在很多试验回归参数。因此,学习时应重视试验研究,深入了解构件的受力性能和破坏机理,方能熟练掌握构件的计算理论和设计计算方法,不要死记硬背计算公式。

3. 熟悉、理解和运用设计规范

学习本课程的目的不仅仅是掌握钢筋混凝土构件受力、变形、破坏的特点,最主要的还是要掌握其设计方法。钢筋混凝土构件的设计内容包括截面尺寸的确定、钢筋及混凝土材料的选用、钢筋数量的确定以及构造要求等,这些内容在《标准》中均有详细的规定,因此,在学习本门课程时,应联系规范、逐步熟悉、正常运用,为将来能迅速适应工作打下基础。

思　考　题

1.1　钢筋混凝土结构、预应力混凝土结构和素混凝土结构各自有哪些特点?

1.2　在混凝土中配置钢筋的主要目的是什么?

1.3　钢筋与混凝土共同工作的基础是什么?

1.4　钢筋混凝土结构有哪些优点和缺点?

1.5　学习本课程时应注意哪些问题?

第 2 章　钢筋和混凝土材料的基本性能

2.1　钢筋的基本性能

2.1.1　钢筋的品种和级别

　　钢筋的主要成分是铁元素,此外还有少量的碳、硅、锰、磷、硫等元素。混凝土结构中使用的钢筋按化学成分可分为碳素钢和普通低合金钢两大类。根据含碳量的多少,碳素钢一般分为低碳钢(含碳量低于 0.25%)、中碳钢(含碳量 0.25%～0.6%)和高碳钢(含碳量 0.6%～1.4%),含碳量越高,钢筋强度越高,但塑性和可焊性降低。在钢材中加入少量硅、锰、钒、钛、铬等合金元素即可制成普通低合金钢,不但可有效提高钢材强度,还能使钢材保持较好的塑性。

　　我国《混凝土结构设计标准》(GB/T 50010—2010)规定用于混凝土结构的普通钢筋可采用热轧钢筋,用于预应力混凝土结构的预应力筋可采用预应力钢丝、钢绞线和预应力螺纹钢筋。

　　热轧钢筋由低碳钢、普通低合金钢或细晶粒钢在高温状态下轧制而成,其牌号、等级、工程符号、相应工艺及用途如下:

　　1) HPB300(φ):低碳钢,一般为光面钢筋,见图 2.1-1(a);常用作混凝土结构中的构造钢筋和板的受力钢筋。

　　2) HRB400(ϕ)、HRB500(Φ):普通低合金钢,一般为表面有月牙肋的变形钢筋,见图 2.1-1(b);常用作混凝土结构中的纵向受力筋。

　　3) HRBF400(Φ^F)、HRBF500(Φ^F):细晶粒钢筋,通过控制生产工艺,使钢筋组织晶粒细化、强度提高的同时还能保持韧性和塑性不降低的钢筋,均为月牙纹变形钢筋;常用作混凝土结构中的受力钢筋。

　　4) RRB400(Φ^R):余热处理钢筋,由热轧钢筋经高温淬火、再利用余热回温处理制成,特点是强度提高,但可焊性、机械连接性能及施工适应性降低;外形为月牙纹变形钢筋,常用于对延性及加工性能要求不高的基础、大体积混凝土及楼板、墙体等结构或构件中。

　　　　(a) 光面钢筋　　　　　　　　　　　　　(b) 月牙纹钢筋

图 2.1-1　热轧钢筋外形示意图

预应力钢丝分为中强预应力钢丝和消除应力钢丝。中强预应力钢丝为冷加工后的热处理钢丝,抗拉强度为 800～1270MPa;消除应力钢丝是将钢筋拉拔后校直,经中温回火消除应力并经稳定化处理的钢丝,抗拉强度为 1470～1860MPa。中强预应力钢丝和消除应力钢丝外形均有光面(ϕ^{PM}、ϕ^P)和螺旋肋(ϕ^{HM}、ϕ^H)两种,螺旋肋钢丝是以普通低碳钢和低合金钢热轧的圆盘条为母材,经冷轧减径后轧成月牙肋的钢筋[图 2.1-2(a)]。

预应力钢绞线(ϕ^S)由多根高强钢丝扭结而成,分为 1×3(3 股)和 1×7(7 股)两种[图 2.1-2(b)],抗拉强度为 1570～1960MPa。

预应力螺纹钢筋(ϕ^T)又称精轧螺纹粗钢筋,表面有规律的螺纹[图 2.1-2(c)],可用内螺纹套筒连接或螺帽锚固,抗拉强度为 980～1230MPa,通常用作预应力钢筋混凝土结构中的大直径高强钢筋。

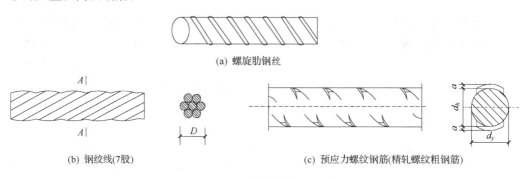

(a) 螺旋肋钢丝

(b) 钢绞线(7股)　　　　(c) 预应力螺纹钢筋(精轧螺纹粗钢筋)

图 2.1-2　预应力钢筋外形示意图

2.1.2　钢筋的强度和变形性能

1. 钢筋的应力-应变关系

根据单调受拉时应力-应变曲线特点,钢筋可分为有明显屈服点钢筋(软钢)和无明显屈服点钢筋(硬钢)两大类。一般热轧钢筋均为有明显屈服点的钢筋,预应力螺纹钢筋和各类钢丝多属于无明显屈服点的钢筋。

(1) 有明显屈服点的钢筋

图 2.1-3 为有明显屈服点的钢筋在拉伸时的典型应力-应变曲线。可看出,A 点以前,应力与应变呈直线变化,称与 A 点对应的应力为比例极限。过 A 点后,应变增长速度快于应力,到达 B' 点(称为屈服上限)后钢筋进入塑性阶段,但 B' 点不稳定,应力很快降至 B 点(称为屈服下限),此后应力基本不增加而应变急剧增长,曲线出现一小段水平段(称为流幅或屈服台阶),有明显流幅钢筋的屈服强度按屈服下限确定。过 C 点后,应力重新开始增长,直至 D 点到达钢筋的极限抗拉强度,CD 段称为钢筋的强化阶段。D 点之后,试件某个截面会突然缩小,发生局部颈缩,应变持续增长而应力随之降低,直至 E 点试件被拉断,E 点对应的应变称为钢筋的极限应变。

(2) 无明显屈服点的钢筋

图 2.1-4 可看出,约在极限抗拉强度的 65% 之前,应力-应变关系呈直线,之后钢筋表现出塑性性质,但应力与应变均持续增长,直至达到极限抗拉强度 σ_b 后钢筋很快被拉断,应力-应变曲线没有明显的屈服点。《混凝土结构设计规范》取 $0.85\sigma_b$ 作为无明显屈服点

钢筋的屈服强度,工程设计中一般取残余应变为 0.2% 时的应力($\sigma_{0.2}$)作为无明显屈服点钢筋的条件屈服强度。由试验可知,$\sigma_{0.2} \approx 0.85\sigma_{b}$。

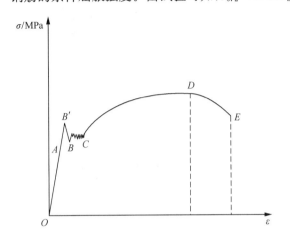 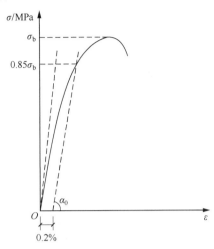

图 2.1-3　有明显屈服点钢筋的应力-应变曲线　　图 2.1-4　无明显屈服点钢筋的应力-应变曲线

（3）钢筋的弹性模量

钢筋的弹性模量是根据拉伸试验中测得的弹性阶段的应力-应变曲线确定的。由于钢筋在弹性阶段的受压性能与受拉性能类似,故同一种钢筋的受压弹性模量和受拉弹性模量相同,均为 $E_{s} = \sigma/\varepsilon = \tan\alpha_{0}$。各类钢筋的弹性模量见附表 2-5。

2. 钢筋的变形能力和塑性性能

除了屈服强度和极限强度两个强度指标外,钢筋还有两个反映变形能力和塑性性能的指标:延伸率和冷弯性能。

（1）钢筋最大力总延伸率

《标准》采用了近年来国际上通用的最大力总延伸率 δ_{gt} 来表示钢筋的变形能力。如图 2.1-5 所示,钢筋在达到最大应力 σ_{b} 时的变形包括塑性变形和弹性变形两部分,可按下式计算:

$$\delta_{gt} = \left(\frac{L - L_{0}}{L_{0}} + \frac{\sigma_{b}}{E_{s}} \right) \times 100\% \qquad (2.1\text{-}1)$$

式中,L_{0}——试验前的原始标距(不含颈缩区);

L——试验后测得的标记之间的距离;

σ_{b}——钢筋的最大拉应力,即极限抗拉强度;

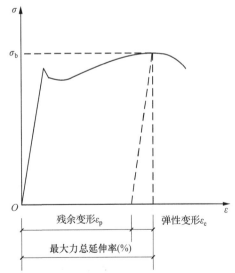

图 2.1-5　钢筋的最大力总延伸率

E_s——钢筋的弹性模量。

δ_{gt} 的量测方法如图 2.1-6 所示。在离断裂点较远的一侧选择两个标记 Y 和 V，Y 与 V 间的原始标距(L_0)在试验前至少应为 100mm；标记 Y 或 V 与夹具的距离不应小于 20mm 和 d(钢筋公称直径)中的较大值，标记 Y 或 V 与断裂点之间的距离不应小于 50mm 和 $2d$ 中的较大值。钢筋拉断后量测标记之间的距离 L，并计算出钢筋的最大拉应力 σ_b，即可按式(2.1-1)求出 δ_{gt}。

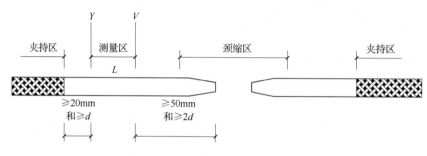

图 2.1-6　最大力下伸长率的量测方法

各类钢筋的最大力总延伸率限值见附表 2-6。

（2）钢筋冷弯性能

为了使钢筋在加工和使用过程中不发生断裂或脆断现象，还要求钢筋具有一定的冷弯性能。即将直径为 d 的钢筋围绕直径为 D 的辊轴弯折一定的角度 α（图 2.1-7），观察钢筋是否发生裂纹、断裂或起层现象。辊轴直径 D 越小、弯折角 α 越大，说明钢筋的塑性越好。

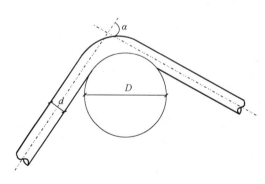

图 2.1-7　钢筋的冷弯

为了解钢筋的强度和变形性能，对有明显屈服点的钢筋，一般检测屈服强度、极限强度、伸长率和冷弯性能四项指标；对无明显屈服点的钢筋，一般检测极限抗拉强度、伸长率和冷弯性能三项指标。

3. 钢筋的疲劳

钢筋的疲劳是指钢筋在周期性重复动荷载作用下，经过一定次数后，破坏方式从塑性破坏变为脆性破坏的现象。工程结构中的吊车梁、桥梁面板、铁路轨枕、海洋采油平台等都承受重复荷载作用,设计时需要考虑钢筋的疲劳性能。

影响钢筋疲劳强度的因素很多,如应力变化幅度,最小应力值,钢筋的种类、外形、直径、生产工艺和试验方法等。通常认为最主要的影响因素是钢筋的疲劳应力幅 Δf^f（即重复荷载作用下同一层钢筋的最大应力和最小应力的差值 $\sigma^f_{max} - \sigma^f_{min}$）。附录 2-7 和附录 2-8 分别列出了普通钢筋和预应力钢筋在不同的疲劳应力比值 $\rho^f = \sigma^f_{min}/\sigma^f_{max}$ 时的疲劳应力幅限值 Δf^f_y 和 Δf^f_{py}。钢筋的疲劳强度即指在某一规定的应力幅内,经受一定次数（我国规定为 200 万次）循环荷载后发生疲劳破坏的最大应力值。钢筋疲劳强度低于静荷载作用下的极限强度。

4. 钢筋的冷加工

钢筋的冷加工是指为了扩大热轧钢筋的应用范围,在常温下再进一步机械加工使其力学性能发生相应改变的加工工艺。常见的工艺有冷拉、冷拔、冷轧和冷扭等。冷加工后,钢筋的强度将显著提高,但变形性能将明显降低,除冷拉钢筋尚有明显屈服点外,其他钢筋均无明显屈服点。《混凝土结构设计标准》（GB/T 50010—2010）中未将冷加工钢筋列入,结构设计中不提倡采用,若采用应符合专门规程的规定。下面简要介绍钢筋的冷拉和冷拔。

（1）钢筋的冷拉

冷拉是在常温下用机械方法将有明显屈服点的钢筋拉至超过屈服强度达到强化阶段的某一应力值,然后完全放松,若钢筋再次受拉时则可获得较高屈服强度的一种加工方法。如图 2.1-8 所示,先将钢筋张拉至超过原屈服点 B 的某一点 K,然后卸载至零,此时残余应变为 OO'；立即重新加载,钢筋的应力-应变曲线将沿着 $O'KDE$ 变化,K 点为新的屈服点（与冷拉应力值基本相等）,比原屈服强度高,这种特性称为钢筋的"冷拉强化"。

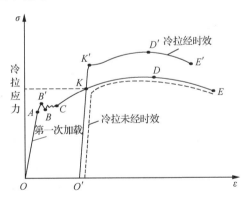

图 2.1-8　钢筋的冷拉应力-应变曲线

若钢筋放松后,在自然条件下放置一段时间再进行二次张拉,应力-应变曲线将沿着 $O'K'D'E'$ 变化,屈服强度提高至 K' 点（高于冷拉应力值）,钢筋获得了新的弹性阶段和屈服强度,并恢复了屈服台阶,这种现象称为钢筋的"冷拉时效"。

需要注意的是:①冷拉只能提高钢筋的抗拉屈服强度,当冷拉钢筋用作受压钢筋时,其屈服强度与母材相同;②在焊接时的高温作用下,冷拉钢筋的冷拉强化效应将完全消失,故应先焊接再进行冷拉。

(2) 钢筋的冷拔

钢筋的冷拔一般是将 $\phi6$ 的光圆热轧钢筋用强力拔过小于其直径的硬质合金拔丝模具,如图 2.1-9(a)所示。在纵向拉力和横向压力的作用下,钢筋截面变小而长度增加,图 2.1-9(b)是 $\phi6$ 的光圆热轧钢筋经过 3 次冷拔后得到应力-应变曲线,可看出,经过几次冷拔的钢丝,强度大幅提高,但塑性也降低很多。

冷拔可同时提高钢筋的抗拉和抗压强度。

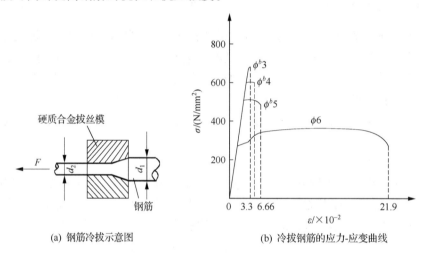

(a) 钢筋冷拔示意图   (b) 冷拔钢筋的应力-应变曲线

图 2.1-9 钢筋的冷拔

2.1.3　混凝土结构对钢筋性能的要求

用于混凝土结构中的钢筋应满足强度适当、屈强比合理、塑性及焊接性能好、与混凝土黏结良好等要求,具体如下。

1. 适当的强度和屈强比

钢筋的强度包括钢筋的屈服强度和极限强度。屈服强度是设计计算时的主要依据,屈服强度高则材料用量省,但由于钢筋弹性模量并不随强度提高而增大,高强钢筋在高应力状态下会引起混凝土结构过大的变形和过宽的裂缝,故应根据具体情况选择适当强度的钢筋。一般,普通混凝土结构宜优先选用 400MPa 和 500MPa 级的钢筋,预应力混凝土结构宜选择强度不超过 1860MPa 的高强钢筋。

屈强比指屈服强度与极限抗拉强度之比,屈强比小则结构的强度储备大,但太小则不利于钢筋强度的有效利用,所以应选择适当的钢筋屈强比。

2. 良好的塑性

工程设计中,要求混凝土结构具有足够的延性,破坏前要有明显预兆,这就要求用于混凝土结构中的钢筋必须具有足够的变形能力,符合《标准》中对钢筋伸长率和冷弯性能的规定。

3. 良好的焊接性能

要求钢筋焊接后不应产生裂纹及过大的变形,保证焊接后的接头具有良好的受力性能。我国生产的热轧钢筋可焊,而高强钢丝和钢绞线不可焊;热处理钢筋和冷加工钢筋在一定碳当量范围内可焊,但焊接会引起热影响区的强度降低;细晶粒热轧带肋钢筋以及直径大于 28mm 的热轧带肋钢筋,焊接时应经试验确定;余热处理钢筋不宜焊接。

4. 与混凝土具有良好的黏结力

为保证钢筋与混凝土共同工作,要求钢筋与混凝土之间必须具有足够的黏结力。钢筋表面的形状是影响黏结力的重要因素,设计中宜优先选用变形钢筋。

2.2　混凝土的基本性能

2.2.1　混凝土的组成结构

普通混凝土是由水泥、水、砂(细骨料)、石材(粗骨料)等原材料按一定比例拌和、经养护凝结硬化后的人工石材。混凝土在凝结硬化过程中,由水泥水化反应产生的水泥结晶体和水泥凝胶体组成的水泥胶块把砂、石、未水化的水泥颗粒黏结在一起,组成了内部含有细微孔隙和孔隙水的结构。在混凝土凝结初期,由于水泥胶块收缩、骨料下沉、孔隙水蒸发等原因,在水泥胶块内部、粗骨料与水泥胶块的接触面上形成了不规则的微裂缝,这些在承载前就存在的微裂缝将来在荷载作用下将继续发展,成为混凝土内的薄弱环节。

混凝土作为一种重要的结构材料,其强度和变形性能是分析混凝土结构或构件受力状态的基础和重要参数。由于混凝土内部结构比较复杂,因而其力学性能也较为复杂,不仅受到各原材料的性质、用量比例等因素的重要影响,与拌和浇筑质量、养护条件、构件形式、承载条件等也有密切关系。本节主要介绍混凝土的强度和变形特性。

2.2.2　混凝土的强度

1. 混凝土的立方体抗压强度和强度等级

国际上测定混凝土抗压强度的标准试件主要有立方体(边长 150mm)和圆柱体(直径 150mm、高度 300mm)两种。我国《标准》规定以边长为 150mm 的标准立方体试件,在温度 (20 ± 3)℃ 及相对湿度 90% 以上的环境中养护 28d 或设计规定龄期,按照标准试验方法测得的具有 95% 保证率的抗压强度值(以 N/mm² 为单位)作为混凝土的立方体抗压强度标准值,以符号 f_{cuk} 表示。

立方体抗压强度标准值是我国衡量混凝土强度的基本指标,也是评定混凝土强度等级的标准。《标准》把混凝土强度划分为 13 个等级,即 C20、C25、C30、C35、C40、C45、C50、C55、C60、C65、C70、C75 和 C80。符号"C"代表混凝土,其后的数字表示混凝土的立方体抗压强度标准值(以 N/mm² 为单位),一般认为 C50 以下为普通混凝土,C50 以上为高强度混凝土。素混凝土结构的混凝土强度等级不应低于 C20,钢筋混凝土结构的混凝土强度等级不应低于 C25;采用强度等级 500MPa 及以上钢筋时混凝土强度等级不应低于 C30;承受重复荷载的钢筋混凝土构件,混凝土强度等级不应低于 C30;预应力混凝土楼板结构的混凝土强度等级不应低于 C30,其他预应力混凝土结构构件不应低于 C40。

　　混凝土的立方体抗压强度与试件的养护条件、龄期、尺寸、试验方法等都有密切关系。

　　在适宜的温度和湿度条件下,混凝土的强度增长较快,随后逐渐变缓,这个缓慢增长过程往往可持续很多年,如图 2.2-1 所示。从图中还可看出,混凝土强度在潮湿环境中增长较快,在干燥环境中增长较慢,甚至还有所下降。

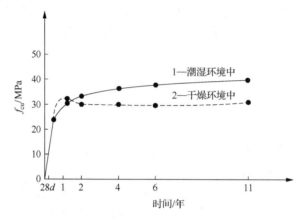

图 2.2-1　混凝土立方体强度随龄期的变化

　　试验方法对混凝土立方体抗压强度的影响也较大。试件在试验机上单向受压时,混凝土上下表面与压力垫板之间将产生阻止试件向外横向变形的摩擦阻力,像两道无形的"套箍"作用在试件上下两端,从而延缓了裂缝的发展,提高了试件的抗压强度;而试件中部的横向变形几乎不受任何约束作用,所以试件破坏时中部剥落严重,形成了两个对顶的角锥形破坏面,如图 2.2-2(a)所示。若试验中在试件上下表面涂一层润滑剂,试件表面与压力垫板之间的摩擦力将大大减小,"套箍"作用基本消失,试件将沿着竖向力作用的方向产生几条裂缝而破坏,如图 2.2-2(b)所示,测得的抗压强度也较低。我国规定的标准试验方法是不涂润滑剂。

　　试验时的加载速度也极大影响着混凝土的立方体抗压强度,加载速度越快,测得的强度越高。通常规定的加载速度为:混凝土强度等级低于 C30 时,取每秒钟 0.3～0.5N/mm²;混凝土强度等级高于或等于 C30 时,取每秒钟 0.5～0.8N/mm²。

　　此外,试验表明,混凝土立方体试块尺寸越大,测得的抗压强度越低,反之越高,这种现象称为尺寸效应。原因在于尺寸越大,端部"套箍"作用的影响范围相对越小,内部出现气泡、微裂缝等缺陷的概率也随之增大等因素。根据我国的试验结果,边长为 200mm 和 100mm 的立方体试块,其实测抗压强度分别是边长 150mm 的立方体试块相应强度的 95% 和 1.05 倍。

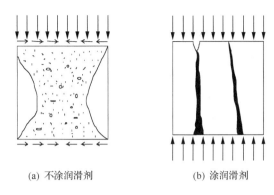

(a) 不涂润滑剂　　　　　(b) 涂润滑剂

图 2.2-2　混凝土立方体试块的破坏特征

2. 混凝土的轴心抗压强度

由于实际工程中,混凝土受压构件的纵向尺寸通常远大于横向尺寸,因此采用棱柱体试件比立方体试件能更好地反映混凝土构件的实际受力状态。棱柱体试件的高宽比越大,受压试验时端部"套箍"效应的影响范围相对越小,试验表明,当高宽比 $h/b > 2$ 后,试件中部截面可完全摆脱端部摩擦力的影响,处于单轴均匀受压状态,所测强度也趋于稳定,因此同条件下混凝土的棱柱体抗压强度要比立方体抗压强度小。棱柱体抗压试验及试件的破坏情况如图 2.2-3 所示。

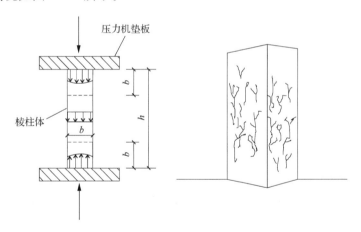

图 2.2-3　混凝土棱柱体抗压试验和试件破坏情况

我国《混凝土物理力学性能试验方法标准》(GB/T 50081—2019)规定,采用 150mm×150mm×300mm 的棱柱体作为标准试件,试件的制作、养护和试验方法同立方体试件,测得的强度即为棱柱体抗压强度,也称混凝土的轴心抗压强度,以符号 f_{ck} 表示。

为了建立混凝土轴心抗压强度和立方体抗压强度之间的关系,我国进行了大量对比试验,如图 2.2-4 所示,可看出试验值 f_c^0 和 f_{cu}^0 大致呈线性关系。考虑到实际结构混凝土在试件制作、养护和受力等方面的差异,我国规范采用的混凝土轴心抗压强度标准值与立方体抗压强度标准值之间的换算关系如下:

$$f_{ck} = 0.88\alpha_{c1}\alpha_{c2}f_{cuk} \tag{2.2-1}$$

式中，0.88——考虑实际构件与混凝土试件在制作、养护、受力条件等方面的差异而取用的折减系数；

α_{c1}——棱柱体强度与立方体强度之比，混凝土强度等级为 C50 及以下时取 0.76，混凝土强度等级为 C80 时取 0.82，其间按线性内插取值；

α_{c2}——高强混凝土的脆性折减系数，混凝土强度等级为 C40 及以下时取 1.0，混凝土强度等级为 C80 时取 0.87，其间按线性内插取值。

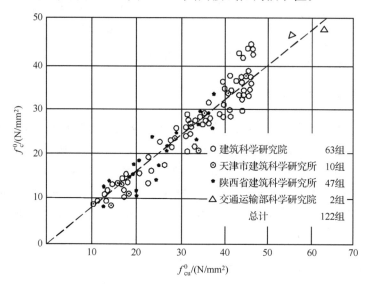

图 2.2-4 混凝土轴心抗压强度与立方体抗压强度的关系

国外常采用圆柱体试件($\phi 150\text{mm} \times 300\text{mm}$)的抗压强度作为混凝土的轴心抗压强度标准值，以符号 f'_{ck} 表示。圆柱体抗压强度标准值 f'_{ck} 与立方体抗压强度标准值之间的关系可用下式表示：

$$f'_{ck} = \alpha_c f_{cuk} \tag{2.2-2}$$

式中，α_c——混凝土圆柱体抗压强度与立方体抗压强度换算系数，可按表 2.2-1 取用。

表 2.2-1 混凝土圆柱体抗压强度与立方体抗压强度的换算系数

混凝土强度等级	C50 及以下	C60	C70	C80
α_c	0.800	0.833	0.857	0.875

3. 混凝土的轴心抗拉强度

混凝土的轴心抗拉强度也是混凝土的基本力学特征之一，它是衡量混凝土的抗裂能力和抗剪能力的直接依据，也是衡量混凝土的抗冲切能力等力学性能的间接依据。

混凝土的轴心抗拉强度的测试方法主要有两种。

一种是采用如图 2.2-5 所示的直接抗拉试验法，试件尺寸为 $100\text{mm} \times 100\text{mm} \times 500\text{mm}$，沿轴线在两端预埋钢筋，对试件施加拉力使其均匀受拉，试件破坏时的截面平均拉应力即为混凝土的轴心抗拉强度;但由于混凝土内部的不均匀性、试件安装偏差等原因,很难准确测定混凝土的抗拉强度。

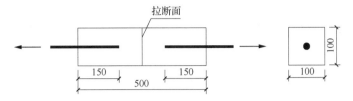

图 2.2-5　混凝土的直接拉伸试验

所以,国内外常用如图 2.2-6 所示的圆柱体或立方体的劈裂试验来间接测试混凝土的轴心抗拉强度。根据弹性理论,加载时在试件的竖直中面上,除加载点附近的局部区域为压应力外,其余部分将产生均匀的水平拉应力,如图 2.2-6(c)所示,试件破坏时的抗拉强度标准值可按下式计算

对立方体试件:

$$f_{tk} = \frac{2F}{\pi d^2} \tag{2.2-3a}$$

对圆柱体试件:

$$f_{tk} = \frac{2F}{\pi Dl} \tag{2.2-3b}$$

式中,F——竖向破坏荷载;

　　D——立方体试件的边长或圆柱体试件的直径;

　　l——立方体或圆柱体试件的长度。

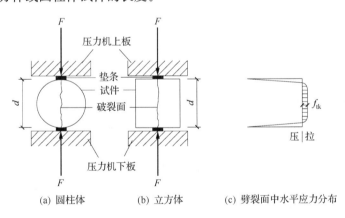

(a) 圆柱体　　　　(b) 立方体　　　(c) 劈裂面中水平应力分布

图 2.2-6　混凝土劈裂试验示意图

试验表明,通过劈拉试验测得的混凝土抗拉强度要略高于直接抗拉强度。此外,劈拉强度还受试件尺寸、垫条的形状大小与材料性能等因素影响。

图 2.2-7 是混凝土轴心抗拉强度与混凝土立方体抗压强度之间关系的对比试验结果,可看出两者间为非线性关系;一般前者仅为后者的 $\frac{1}{20} \sim \frac{1}{8}$,混凝土强度等级越高,比值越小。根据大量试验数据,我国规范给出了混凝土轴心抗拉强度标准值和立方体抗压

强度标准值的关系式

$$f_{tk} = 0.88 \times 0.395 f_{cuk}^{0.55} (1 - 1.645\delta)^{0.45} \times \alpha_{c2} \tag{2.2-4}$$

式中，δ——试验结果的变异系数；

0.88——意义和 α_{c2} 的取值与式(2.1-3)中相同。

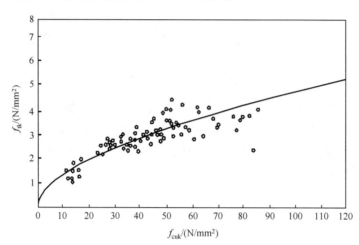

图 2.2-7　混凝土轴心抗拉强度与立方体抗压强度之间的关系

4. 混凝土在复合应力状态下的强度

实际混凝土结构构件很少处于单向受力状态，一般都处于弯矩、轴力、剪力及扭矩等不同组合作用下的复杂应力状态，如混凝土梁剪弯段的剪压区、框架的梁柱节点区、工业厂房柱的牛腿、工程结构中的深梁等。在复合应力状态下，混凝土的强度和变形性能会发生显著改变，但由于混凝土材料的特性复杂，目前尚未有比较完善的混凝土强度理论，混凝土的复合受力强度仍主要依赖于试验结果。

(1) 混凝土的双向受力强度

若在混凝土单元体两个相互垂直的平面上分别作用法向应力 σ_1 和 σ_2，第三个平面上的应力为零，混凝土在该双向应力状态下的强度变化规律如图 2.2-8 所示，图中 f_c 为单向受力状态下的混凝土强度。可看出，混凝土在不同双向受力状态的强度值组成了一个二维破坏包络图，一旦超过包络线就意味着材料发生破坏。

其中的区域 I（第一象限）为双向受拉区，一个方向的抗拉强度受另一个方向拉应力的影响不明显，无论两个方向的应力比值 σ_1/σ_2 如何变化，测得的双向受拉强度均接近于单向抗拉强度。区域 III（第三象限）为双向受压区，一个方向的抗压强度随另一个方向压应力的增加而增加，即混凝土的双向受压强度高于单向受压强度，最大可提高约 30%。区域 II、IV（第二和四象限）为一向受拉区、另一向受压区。此时，测得的抗拉（或抗压）强度均低于单向受拉（或受压）强度，且抗拉（或抗压）强度将随另一向压（拉）应力的增大而减小。

(2) 混凝土的三向受压强度

实际工程中的三向受压情况广泛存在，如钢管混凝土柱、螺旋箍筋柱等。混凝土三向

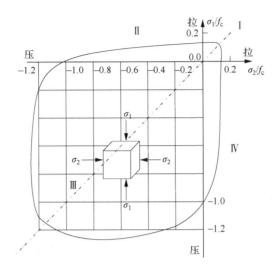

图 2.2-8　双向应力状态下混凝土的强度变化规律

受压时,由于侧向的压应力限制了混凝土内部微裂缝的发展,极大提高了混凝土的纵向抗压强度和受压极限变形,且在一定范围内,抗压强度和极限应变随另两向压应力的增大而增大。国外通过对混凝土圆柱体试件的三向受压(侧向压应力均为 $\sigma_2 = \sigma_3 = \sigma_r$)试验,得到了经验公式

$$f''_c = f'_c + k\sigma_r \qquad (2.2\text{-}5)$$

式中,f''_c——在侧向压应力 σ_r 作用下混凝土的圆柱体抗压强度;

　　　f'_c——无侧向压应力时混凝土圆柱体抗压强度(即单轴抗压强度);

　　　k——侧向压应力系数,$k = 4.5 \sim 7.0$,当侧向压应力较低时测得的系数值较高。

（3）混凝土在正应力和剪应力共同作用下的强度

构件截面同时承受正应力和剪应力作用的剪拉或剪压复合应力状态,在工程中很常见,如钢筋混凝土梁剪弯段的剪压区、同时受轴向压力和水平地震作用的柱等。图 2.2-9 为混凝土在正应力和剪应力共同作用下的强度变化曲线,可看出:混凝土的抗剪强度随拉应力的增大而减小,随压应力的增大而增大,但当压应力大于$(0.5 \sim 0.7)f_c$ 时,抗剪强度随压应力的增大而减小;同时还可看出,由于剪应力的存在使混凝土的抗拉强度和抗压强度均低于相应的单向强度,因此在设计中,当有剪应力时要慎重看待混凝土的强度。

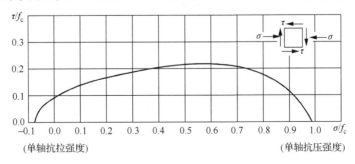

图 2.2-9　混凝土在正应力和剪应力共同作用下的强度变化曲线

2.2.3 混凝土的变形性能

混凝土的变形可分为两类：一类是由于混凝土受力产生的变形，包括单调短期荷载下的变形、荷载长期作用下的变形和重复荷载作用下的变形；另一类是由于混凝土的收缩、膨胀以及温湿度变化引起的变形。

1. 混凝土在单调短期荷载下的变形性能

（1）混凝土轴心受压的应力-应变关系

混凝土单轴受压时的应力-应变曲线关系是混凝土最基本的力学性能，是研究混凝土构件承载力、变形、延性和受力全过程分析的重要依据。

我国采用标准棱柱体试件测定混凝土单轴短期受压时的应力-应变曲线。图 2.2-10 为实测的混凝土棱柱体轴心受压的典型应力-应变全曲线，图中各特征阶段的特点如下：

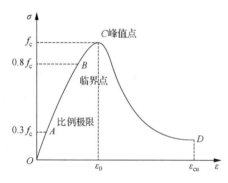

图 2.2-10　混凝土棱柱体受压应力-应变曲线

当荷载较小，应力 $\sigma \leqslant 0.3 f_c$（图中 OA 段）时，混凝土的变形主要取决于骨料和水泥结晶体的弹性变形，内部初始微裂缝没有发展，应力-应变关系接近直线，称 A 点为比例极限点。随着荷载增加，当应力约为（$0.3 \sim 0.8 f_c$）（图中 AB 段）时，由于水泥凝胶体的黏性流动以及初始微裂缝的扩展，混凝土呈现出越来越明显的塑性，应力-应变关系偏离直线；但本阶段混凝土内部微裂缝仍处于稳定阶段，称 B 点为临界应力点。当荷载进一步增加，应力达到（$0.8 \sim 1.0 f_c$）（图中 BC 段）时，混凝土内部微裂缝进入非稳定发展阶段，裂缝数量和宽度急剧增加，形成了相互贯通的裂缝，试件即将破坏；当应力达到峰值点 C 时，混凝土达到轴心抗压强度 f_c，相对应的应变值 ε_0 称为峰值应变，对普通混凝土，约为 0.002 左右。OC 段通常称为应力-应变曲线的上升段。

越过 C 点后，试件的承载力随应变增长逐渐减小，这种现象称为应变软化。当应力开始下降时，试件表面出现一些不连续的纵向裂缝，随后应力下降加快，裂缝迅速扩展；当应变增加到约 0.004~0.006 时，应力下降减缓，最后趋于稳定。CD 段称为应力-应变曲线的下降段，D 点对应的应变值 ε_{cu} 称为混凝土的极限压应变，对普通混凝土一般取 0.0033。下降段的存在表明混凝土受压破坏后仍保持一定的承载能力，它主要由滑移面上的摩擦咬合力和被裂缝分割成的若干混凝土小柱体的残余强度提供。

试验表明，混凝土轴心受压时的应力-应变曲线的形状与混凝土强度等级和加载速度等因素有关。图 2.2-11 为不同强度等级混凝土轴心受压时的应力-应力曲线，可看出：随混凝土强度等级的提高，曲线上升段的线性段范围增大，峰值应变 ε_0 也有所增大；但混凝土强度越高，下降段变得越陡，延性越差。图 2.2-12 为加载速度不同对混凝土应力-应变曲线形状的影响，可看出：随加载应变速度的降低，应力峰值略有下降，但相应的峰值应变 ε_0 增大，且下降段曲线越趋于平缓。

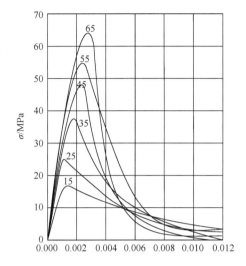

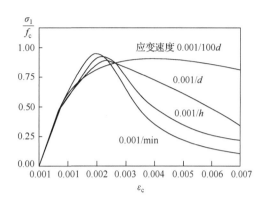

图 2.2-11　不同强度混凝土的应力-应变曲线　　图 2.2-12　不同应变速度下混凝土的应力-应变曲线

（2）混凝土单轴受压的应力-应变关系模型

混凝土的应力-应变关系模型是进行混凝土结构非线性分析的依据，目前此类数学模型较多，其中较常用的是美国的 Hognestad 建议的上升段为二次抛物线、下降段为斜直线的模型，如图 2.2-13 所示，其表达式为

当 $\varepsilon \leqslant \varepsilon_0$ 时

$$\sigma = f_c \left[2 \frac{\varepsilon}{\varepsilon_0} - \left(\frac{\varepsilon}{\varepsilon_0} \right)^2 \right] \tag{2.2-6}$$

当 $\varepsilon_0 < \varepsilon \leqslant \varepsilon_{cu}$ 时

$$\sigma = f_c \left[1 - 0.15 - \frac{\varepsilon - \varepsilon_0}{\varepsilon_{cu} - \varepsilon_0} \right] \tag{2.2-7}$$

式中，σ——混凝土压应变为 ε 时的混凝土压应力；

$\quad\quad f_c$——混凝土峰值应力（轴心抗压强度）；

$\quad\quad \varepsilon_0$——对应于峰值应力的压应变，取 $\varepsilon_0 = 0.002$；

$\quad\quad \varepsilon_{cu}$——混凝土的极限压应变，取 $\varepsilon_{cu} = 0.0038$。

（3）混凝土轴心受拉的应力-应变关系

混凝土单轴受拉时的应力-应变关系曲线与单轴受压时类似，如图 2.2-14 所示，也分为上升段和下降段两部分。试验表明：当拉应力 $\sigma \leqslant 0.5 f_t$ 时，应力-应变曲线基本呈线性，当 σ 达到约 $0.8 f_t$ 时，应力-应变关系开始明显偏离直线，相对于轴心抗拉强度的应变值 ε_t 很小，通常取 $\varepsilon_t = 0.00015$。

2. 混凝土的变形模量

与弹性材料不同，混凝土的受压应力-应变关系是一条曲线，在不同应力阶段，应力与应变之比的变形模量不是定值，而是随着混凝土的应力变化而变化。混凝土的变形模量有三种表示方法。

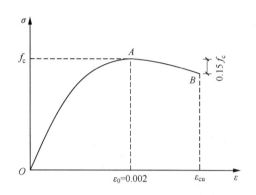

图 2.2-13　E. Hognestad 建议的混凝土
应力-应变关系模型

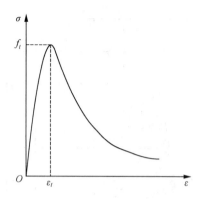

图 2.2-14　混凝土轴心受拉时的
应力-应变曲线

（1）混凝土的弹性模量（即原点模量）

如图 2.2-15 所示，通常取混凝土受压应力-应变曲线在原点 O 处切线的斜率作为混凝土的原点弹性模量，简称弹性模量，用 E_c 表示，即

$$E_c = \tan\alpha_0 \tag{2.2-8}$$

式中，α_0——混凝土应力-应变曲线在原点处的切线与横坐标的夹角。

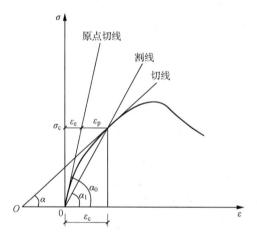

图 2.2-15　混凝土变形模量的表示方法

由于混凝土在一次加载下的原点切线不易准确获得，通常依据多次重复加卸载后的应力-应变曲线的斜率来确定。我国采用的测定混凝土弹性模量 E_c 的方法是：将标准棱柱体试件加荷至 $0.4f_c$，然后卸载至零，重复加卸载 5～10 次，由于混凝土非弹性材料，每次卸载至零时，均有残余应变存在，但随着加载次数增加，残余应变逐渐减小，得到的应力-应变曲线趋于直线，该直线的斜率即为混凝土的弹性模量。

中国建筑科学研究院进行了大量不同强度的普通混凝土弹性模量的测定试验，经统计分析得出了混凝土弹性模量与相应的立方体抗压强度标准值 f_{cuk} 之间的经验公式，即

$$E_c = \frac{10^5}{2.2 + \dfrac{34.7}{f_{cuk}}} (\text{N/mm}^2) \tag{2.2-9}$$

（2）混凝土的变形模量（即割线模量）

连接图 2.2-15 中 O 点至曲线上应力为 σ_c 点直线的斜率,称为混凝土在 σ_c 处的变形模量,又称割线模量,用 E'_c 表示,即

$$E'_c = \tan\alpha_1 \tag{2.2-10}$$

式中,α_1 ——混凝土应力-应变曲线上应力为 σ_c 处的割线与横坐标的夹角。

可看出,与 σ_c 对应的应变 ε_c 中包含了弹性应变 ε_e 和塑性应变 ε_p 两部分,因此混凝土的割线模量是个变值,随着混凝土应力的增大而减小。

（3）混凝土的切线模量

在混凝土应力-应变曲线上某一应力为 σ_c 的点作切线,该切线的斜率称为混凝土在 σ_c 处的切线模量,用 E''_c 表示,即

$$E''_c = \tan\alpha \tag{2.2-11}$$

式中,α ——混凝土应力-应变曲线上应力为 σ_c 处的切线与横坐标的夹角。

可以看出,混凝土的切线模量也是个变值,也随混凝土应力的增大而减小。

（4）混凝土的剪切模量

根据弹性理论,混凝土的剪切模量 G_c 与弹性模量 E_c 的关系可表达为

$$G_c = \frac{E_c}{2(1+\nu_c)} \tag{2.2-12}$$

式中,ν_c——混凝土的泊松比,指混凝土一次单向受压时的横向应变与纵向应变之比;我国规范取 $\nu_c = 0.2$,$G_c = 0.4E_c$。

3. 混凝土在长期荷载下的变形性能

混凝土在恒定应力的长期持续作用下,变形随时间缓慢增长的现象称为徐变。徐变对混凝土结构或构件的承载能力、变形以及预应力钢筋中的应力等都将产生重要影响。混凝土的典型徐变曲线如图 2.2-16 所示。可看出,混凝土的总应变由两部分组成,一部分是加载过程中完成的瞬时应变 ε_e,另一部分是在荷载持续作用下逐步完成的徐变应变 ε_{cr}。徐变开始阶段增长较快,一般半年内可完成总徐变量的 $70\% \sim 80\%$;以后逐渐减慢,经过较长时间后趋于稳定,一般第一年内可完成总徐变量的 90%,其余部分可持续数年完成;最终总徐变量约为瞬时徐变量的 $2 \sim 4$ 倍。从图中还可看出,若两年后荷载完全卸除,则在卸载瞬间会有一部分变形恢复,称为瞬时恢复应变 ε'_e,其值略小于加载时的瞬时应变;卸载一段时间（约 20 天）后,还有部分应变可以恢复,称为弹性后效 ε''_e,其值约为总徐变变形的 1/12;还有绝大部分应变是不可恢复的,称为残余应变 ε'_{cr}。

影响徐变的因素很多,主要来自三个方面:内在因素、环境影响和应力条件。

1）内在因素:主要指混凝土的配合比和骨料性质等,水灰比越高,水泥水化后残存的游离水蒸发形成的毛细孔越多,徐变也越大;水泥用量越多,凝胶体在混凝土中所占比重越多,徐变越大;骨料越坚硬、用量越多,凝胶体流动后转给骨料压力所引起的变形越小,徐变也越小。

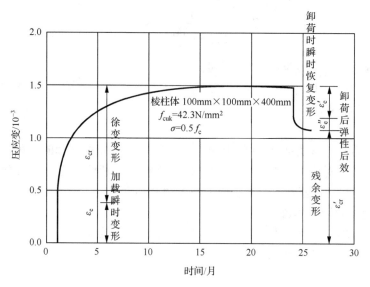

图 2.2-16　混凝土的徐变

2) 环境影响:主要指养护条件及使用条件的温度和湿度影响,养护时环境的温、湿度越高,水泥水化越充分,徐变就越小;加载期间若环境高温干燥,则徐变将显著增大。

3) 应力条件:主要指施加的应力大小和加载时混凝土的龄期,图 2.2-17 为不同应力水平下混凝土的徐变发展曲线。可看出,当应力 $\sigma \leqslant 0.5f_c$ 时,应力差相等的各条曲线的间距也基本相等,徐变与应力成正比,称为线性徐变,线性徐变随时间增长具有收敛性。当应力达到$(0.5 \sim 0.8f_c)$时,徐变增长速度快于应力增长,徐变-时间曲线仍收敛,但收敛性随时间增长而变差,称为非线性徐变。当应力 $\sigma > 0.8f_c$ 时,混凝土内部的微裂缝进入不稳定发展状态,随时间增长徐变不再收敛,并最终导致混凝土的破坏。因此常取 $\sigma = 0.8f_c$ 作为普通混凝土的长期抗压强度。此外,试验表明,混凝土加载时龄期越长,混凝土的凝结硬化就越充分,徐变就越小。

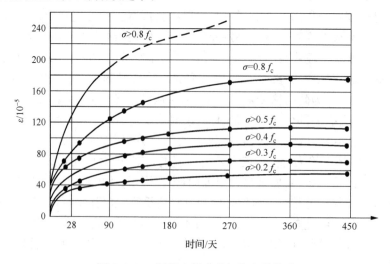

图 2.2-17　混凝土压应力与徐变的关系

徐变是混凝土在长期荷载作用下的重要变形特点。徐变会使混凝土应力减小、钢筋应力增大,从而使钢筋与混凝土间产生应力重分布;徐变还会使混凝土受弯构件挠度增加、偏压构件的附加偏心距增大而导致承载力降低,使预应力混凝土构件产生预应力损失等。故在设计中应考虑徐变的影响。

4. 混凝土在重复荷载下的变形性能

混凝土在荷载多次重复作用下会发生疲劳破坏。一般将混凝土试件承受 200 万次及以上重复荷载而发生破坏的压应力值称为混凝土的疲劳抗压强度,以 f_c^f 表示。在重复荷载作用下,混凝土的强度和变形性能会发生显著变化,图 2.2-18 是混凝土棱柱体在多次加载卸载时的应力-应变曲线。可看出,当一次加载应力 σ_1 小于混凝土的疲劳强度 f_c^f 时,加载和卸载的应力-应变曲线 OAB' 形成了一个环状,卸载过程中会发生瞬时恢复应变,卸载后还会产生一部分弹性后效,剩下一部分应变则为不可恢复的残余应变;在此应力水平下经过多次重复后,加载和卸载的应力-应变曲线将呈直线变化。若再选择一个仍小于 f_c^f 的较高应力 σ_2,经多次重复加卸载后,应力-应变曲线仍将呈直线变化。但如果选取一个高于 f_c^f 的应力加载 σ_3,随着荷载重复次数增加,加载应力-应变曲线将由凸向应力轴变为凸向应变轴,加载卸载曲线不能再形成封闭的滞回环,应力-应变曲线的斜率不断降低,最后混凝土试件将因严重开裂或变形过大而破坏。这种因荷载多次重复作用而引起的破坏称为疲劳破坏。

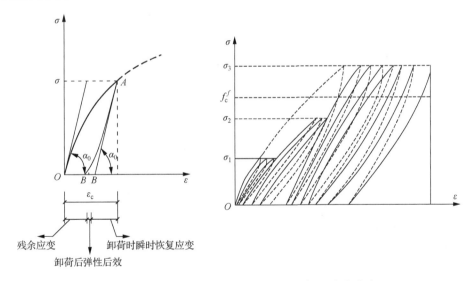

图 2.2-18　混凝土在重复荷载作用下的应力-应变曲线

试验表明,混凝土的疲劳强度除与荷载重复次数和混凝土强度有关外,还与荷载重复作用时应力变化的幅度有关,应力变化幅度可用疲劳应力比值 $\rho_c^f = \sigma_{c,\min}^f / \sigma_{c,\max}^f$ 表示,其中 $\sigma_{c,\min}^f$、$\sigma_{c,\max}^f$ 表示截面同一纤维上的混凝土最小应力值和最大应力值。在相同的重复次数下,疲劳强度随 ρ_c^f 的增大而增大。

我国规范规定,混凝土的疲劳抗压强度 f_c^f(疲劳抗拉强度 f_t^f)可由混凝土轴心抗压

(抗拉)强度设计值乘以相应的疲劳强度修正系数 γ_ρ 确定，γ_ρ 可根据不同的疲劳应力比 ρ_c^f 按附表 2-12 查得。当混凝土承受拉-压疲劳应力作用时,受压或受拉疲劳强度修正系数 γ_ρ 均取 0.6。

5. 混凝土的收缩、膨胀和温度变形

混凝土在空气中凝结硬化时体积会缩小,这种现象称为混凝土的收缩;而在水中凝结硬化时体积会膨胀,称为混凝土的膨胀。通常情况下,收缩值远大于膨胀值。

混凝土的收缩由两部分组成,硬化初期主要是水泥凝胶体的体积收缩,后期主要是混凝土内自由水分蒸发引起的干缩。图 2.2-19 是铁道部科学研究院通过试验得到的混凝土随时间变化的自由收缩曲线。可看出,混凝土凝结硬化初期收缩变形发展较快,一个月约可完成全部收缩量的 50%,三个月后增长逐渐缓慢,一般两年后趋于稳定,最终收缩应变约为 $(2\sim5)\times10^{-4}$。

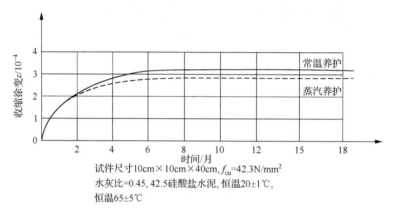

试件尺寸10cm×10cm×40cm, f_{cu}=42.3N/mm²
水灰比=0.45, 42.5硅酸盐水泥, 恒温20±1℃,
恒温65±5℃

图 2.2-19　混凝土的收缩

影响混凝土收缩的因素很多,包括组成混凝土的各材料特性、配合比等内部因素和养护条件等外部环境因素,各因素对收缩和徐变的影响类似。

混凝土的收缩常带来不利影响。往往会使钢筋混凝土结构中的钢筋产生压应力、混凝土产生收缩拉应力,从而加速裂缝的出现和开展;在预应力混凝土结构中引起预应力损失;还会使一些钢筋混凝土超静定结构(如拱等)产生不利内力。

混凝土的膨胀通常是有利的,一般不予考虑。

温度变化会使混凝土发生热胀冷缩,在结构中引起温度应力,可能会导致构件开裂甚至损坏。因此,对于温度变化较大的结构,设计中应考虑温度作用的影响。

2.3　钢筋与混凝土的黏结

2.3.1　黏结的概念和作用

钢筋和混凝土能够共同工作的前提之一是两者之间具有良好的黏结力,这种黏结力是在混凝土硬化过程中产生的,实质上是分布在钢筋与混凝土接触面上的沿钢筋纵向的

剪应力,亦称黏结应力。钢筋被拔出或混凝土被劈裂时的最大黏结应力称为黏结强度。

钢筋混凝土构件中的黏结应力按作用性质可分为两类:一类称为锚固黏结应力,由构件中具有一定延伸长度的钢筋与混凝土黏结面提供,如伸入支座的钢筋或延伸至支座负弯矩区外的钢筋,均可通过这段理论计算中不需要的钢筋延伸长度来积累足够的黏结应力,防止钢筋被拔出,如图 2.3-1(a)和(b)所示。一类称为局部黏结应力,由相邻两条裂缝间的钢筋与混凝土黏结面提供,开裂截面的钢筋应力通过裂缝两侧的黏结应力向混凝土传递,如图 2.3-1(c)所示,黏结应力的大小反映了裂缝两侧混凝土参与受力的程度。

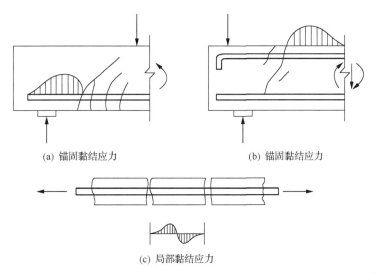

(a) 锚固黏结应力　　　　　　　　　　(b) 锚固黏结应力

(c) 局部黏结应力

图 2.3-1　钢筋与混凝土间的黏结应力分布示意图

2.3.2　黏结机理和黏结强度的测定

1. 黏结机理

钢筋与混凝土间的黏结力主要由三部分组成:

1) 钢筋与混凝土接触面上的化学吸附力。由浇筑过程中水泥浆体对钢筋表面氧化层的渗透作用和混凝土凝结硬化过程中水泥胶体对钢筋表面的吸附作用产生。这种吸附作用一般很脆弱,一旦钢筋与混凝土发生相对滑移,吸附力就会消失。

2) 钢筋与混凝土接触面上的摩阻力。由混凝土硬化过程中的收缩对钢筋表面产生的垂直压应力引起,压应力越大、钢筋表面越粗糙,摩阻力就越大。

3) 钢筋与混凝土间的机械咬合力。对光面钢筋,咬合力由钢筋表面的粗糙不平形成。对变形钢筋,咬合力主要由钢筋肋间混凝土的嵌入而形成;钢筋横肋对混凝土的挤压会产生很大的机械咬合力,从而极大提高变形钢筋与混凝土的黏结能力。

光圆钢筋的黏结力主要来自化学吸附力和摩阻力,变形钢筋的黏结力主要来自机械咬合力。

2. 黏结强度的测定

钢筋与混凝土的黏结强度通常采用直接拉拔试验来确定。如图 2.3-2 所示,将钢筋一端埋入混凝土内,在另一端施加拉力将钢筋拔出,可由下式计算得到平均黏结应力

$$\tau_{\mathrm{m}} = \frac{P}{\pi d l_{\mathrm{a}}}$$ (2.3-1)

式中, P ——拔出力;

$\quad d$ ——钢筋直径;

$\quad l_{\mathrm{a}}$ ——钢筋锚固长度。

拔出试验中,钢筋锚固长度 l_{a} 至少应以钢筋应力达到屈服强度 f_{y} 时不发生黏结破坏的埋入长度来确定。但若 l_{a} 过长,靠近锚固末端部位的黏结应力将很小,甚至为零,因此 l_{a} 也无需太长。

2.3.3 影响黏结强度的因素

影响钢筋与混凝土黏结强度的因素主要有以下几种:

1) 钢筋的表面形状。钢筋的外形对黏结强度影响很大,图 2.3-3 是几种不同表面形状的钢筋与混凝土的黏结应力-滑移曲线。可看出,钢筋的表面形状不同,与混凝土的黏结强度和黏结延性也不同,变形钢筋与混凝土的黏结力可达光面钢筋与混凝土黏结力的 3～4 倍。

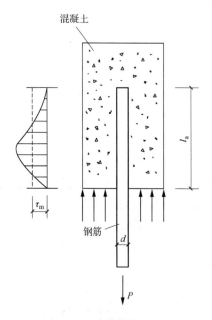

图 2.3-2 直接拉拔试验及
黏结应力分布示意图

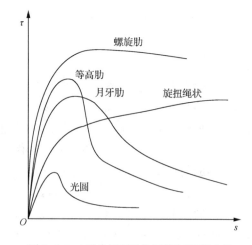

图 2.3-3 不同表面形状钢筋与混凝土的
黏结应力-滑移曲线

2) 混凝土强度。钢筋与混凝土的黏结强度随混凝土强度的提高而提高,但并不与混凝土的立方体抗压强度成正比,而是与混凝土的抗拉强度存在近似线性关系。

　　3) 保护层厚度及钢筋净间距。保护层厚度对光面钢筋的黏结强度影响不明显,但对带肋钢筋的影响很显著。保护层厚度或钢筋间距过小,将使钢筋外围混凝土发生劈裂破坏,从而降低黏结强度。当相对保护层厚度 $c/d>5\sim6$ 时,带肋钢筋的黏结破坏形式将由外围混凝土的劈裂破坏转变为肋间混凝土被刮出的剪切型破坏,后者的黏结强度高于前者。

　　4) 横向钢筋配置情况。在较大直径钢筋的锚固区或钢筋搭接长度范围内,配置一定数量的横向钢筋(如普通箍筋、螺旋箍筋等),可增大混凝土的侧向约束力,延缓径向劈裂裂缝的发展或限制裂缝宽度,从而提高黏结强度。

　　5) 侧向压力。若钢筋锚固区存在一定的侧向压力,如梁支座部位的反力、梁柱节点处的柱轴向压力等,将会使钢筋和混凝土接触面上的摩阻力和咬合力增加,从而提高黏结强度。但若侧向压力过大,将减小对混凝土的横向变形约束,反而会使黏结强度不再增加、甚至有所降低。

　　6) 钢筋的受力状态。受压状态下钢筋与混凝土的黏结强度高于受拉状态下的黏结强度;反复荷载作用下,钢筋与混凝土的黏结强度会退化,且施加应力越大、重复次数越多,黏结退化越显著。

　　此外,对于浇筑深度过大的混凝土构件,上部水平钢筋的底面部位,可能由于骨料的泌水下沉和气泡逸出等原因,形成与钢筋间的疏松孔隙层,从而削弱钢筋与混凝土的黏结。

2.3.4　钢筋的基本锚固长度

　　为保证钢筋与混凝土之间的可靠黏结,钢筋必须有一定的锚固长度。《标准》把纵向受拉钢筋的锚固长度作为其基本锚固长度 l_{ab},它与钢筋强度、混凝土抗拉强度、钢筋直径及外形有关。当钢筋的抗拉强度被充分利用时,l_{ab} 的计算公式为

$$l_{ab} = \alpha \frac{f_y}{f_t} d \qquad (2.3-2)$$

式中,l_{ab}——受拉钢筋的基本锚固长度;

　　　f_y——钢筋的抗拉强度设计值;

　　　f_t——混凝土轴心抗拉强度设计值,当混凝土强度等级高于 C60 时,按 C60 取值;

　　　d——锚固钢筋的直径;

　　　α——锚固钢筋的外形系数,按表 2.3-1(锚固钢筋的外形系数)取用。

表 2.3-1　锚固钢筋的外形系数 α

钢筋类型	光面钢筋	带肋钢筋	螺旋肋钢筋	三股钢绞线	七股钢绞线
α	0.16	0.14	0.13	0.16	0.17

注:光面钢筋末端应做 180° 弯钩,弯后平直段长度不应小于 $3d$,作为受压筋时可不做弯钩。

　　钢筋在各种受力和构造条件下的截断长度、锚固长度和连接长度等,一般均通过对基本锚固长度 l_{ab} 的修正得到,详见第 5.6 节。

思 考 题

2.1 用于建筑结构的钢筋的品种和级别有哪些?

2.2 有明显屈服点钢筋和无明显屈服点钢筋的应力-应变关系有何不同? 如何确定两者的屈服强度?

2.3 钢筋有哪些力学性能指标? 这些性能指标如何确定?

2.4 混凝土结构对钢筋性能有哪些要求?

2.5 我国规范中如何确定混凝土的强度等级? 分别有哪些强度等级?

2.6 混凝土单向应力状态下的主要力学指标有哪些?

2.7 混凝土在单向应力状态下的强度主要与哪些因素有关?

2.8 如何通过试验方法确定混凝土的标准立方体抗压强度、轴心抗压强度和轴心抗拉强度?

2.9 混凝土的轴心抗压强度和标准立方体抗压强度之间有何关系?

2.10 混凝土的轴心抗拉强度和标准立方体抗压强度之间有何关系?

2.11 混凝土在复合应力状态下的强度有哪些特点?

2.12 混凝土在单调短期荷载下的应力-应变曲线有哪些特点?

2.13 混凝土的变形模量分哪几种? 如何测定混凝土的弹性模量?

2.14 什么是混凝土的徐变? 徐变对混凝土构件有什么影响? 影响徐变的主要因素有哪些?

2.15 什么是混凝土的疲劳破坏? 如何确定混凝土的疲劳强度? 影响疲劳强度的主要因素有哪些?

2.16 什么是混凝土的收缩? 收缩对混凝土构件有何影响? 影响收缩的主要因素有哪些?

2.17 钢筋与混凝土的黏结机理是什么?

2.18 影响黏结强度的主要因素有哪些?

2.19 钢筋的基本锚固长度与哪些因素有关? 如何计算钢筋的基本锚固长度?

第3章 混凝土结构设计方法

3.1 结构功能要求与极限状态

3.1.1 结构的功能要求

1. 结构的功能要求

工程结构在实际使用中所应满足的各种要求,称为结构的功能。结构设计的目的是要以最经济的途径,使所建造的结构以适当的可靠度满足各项预定功能的要求。结构的功能包括下列要求。

(1) 安全性

结构在正常设计、施工和维护条件下,应能承受在施工和使用期间可能出现的各种作用而不发生破坏;当发生爆炸、撞击、人为错误等偶然事件时,结构能保持必需的整体稳固性,不出现与起因不相称的破坏后果,防止出现结构的连续倒塌;当发生火灾时,在规定的时间内可保持足够的承载力。

(2) 适用性

结构在使用过程中应保持良好的使用性能。如吊车梁变形过大,会使吊车无法运行;水池开裂便不能蓄水;过大的裂缝会造成用户心理上的不安全感等。这些情况都影响正常使用,需要对结构的变形、裂缝等进行控制。

(3) 耐久性

在正常维护条件下,结构应在预定的设计使用年限内满足各项功能的要求,即应具有足够的耐久性能。例如,不致因混凝土的劣化、腐蚀或钢筋的锈蚀等影响,使结构不能正常使用至预定的设计使用年限。

2. 结构可靠性、可靠度和安全等级

结构的安全性、适用性和耐久性可概括称为结构的可靠性,是指结构在规定的时间(设计使用年限)和规定的条件下(正常设计、正常施工、正常使用和维护),完成结构预定的安全性、适用性和耐久性功能的能力。

结构的可靠度是指结构在规定时间内和规定的条件下完成预定功能的概率,即结构可靠度是结构可靠性的概率度量。

结构设计时,应根据房屋的重要性,采用不同的可靠度水准。我国的《工程结构可靠性设计统一标准》(GB 50153—2008)(以下简称《统一标准》)用结构的安全等级来表示房屋的重要性程度,如表 3.1-1 所示。

表 3.1-1　房屋建筑结构的安全等级

安全等级	破坏后果	示例
一级	很严重：对人的生命、经济、社会或环境影响很大	大型的公共建筑等
二级	严重：对人的生命、经济、社会或环境影响较大	普通的住宅和办公楼等
三级	不严重：对人的生命、经济、社会或环境影响较小	小型的或临时性贮存建筑等

注：房屋建筑结构抗震设计中的甲类建筑和乙类建筑，其安全等级宜规定为一级；丙类建筑，其安全等级宜规定为二级；丁类建筑，其安全等级宜规定为三级。

建筑物中各类结构构件的安全等级，宜与整个结构的安全等级相同，对于部分结构构件的安全等级，可根据其重要程度和综合经济效益进行适当调整。对于结构中重要构件和关键传力部位，宜适当提高其安全等级。

3.1.2　结构上的作用

1. 结构上的作用和作用效应

结构上的作用是指施加在结构上的集中力或分布力和引起结构外加变形或约束变形的原因，分为直接作用和间接作用。直接作用是以力的形式作用于结构上，也称为荷载。间接作用是以变形的形式作用于结构上，如基础差异沉降、温度变化、混凝土收缩、地震等。

由作用引起的结构或结构构件的内力和变形，如弯矩、剪力、轴力、扭矩、挠度、裂缝等，称为作用效应，用 S 表示。当为直接作用（即荷载）时，其效应也称为荷载效应。荷载和荷载效应之间一般近似地按线性关系考虑，两者均为随机变量或随机过程。

结构上的作用根据随时间的变异，可分为三类：

1）永久作用：在设计使用年限内，其量值不随时间变化，或其变化与平均值相比可以忽略，或变化是单调的并能趋于限值的作用，如结构的自身重力、土压力、预应力等。这类作用一般为直接作用，通常称为永久荷载或恒荷载。

2）可变作用：在设计使用年限内，其量值随时间变化，且其变化与平均值相比不能忽略的作用，如楼面活荷载、路面或桥面上的行车荷载、吊车荷载、风荷载和雪荷载等。这类作用如为直接作用，则通常称为可变荷载、活荷载。

3）偶然作用：在设计使用年限内不一定出现，而一旦出现其量值很大，且持续时间很短的作用，如地震、爆炸、撞击等。这类作用一般为间接作用，当为直接作用时，通常称为偶然荷载。

2. 结构抗力

整个结构或结构构件承受作用效应（即内力和变形）的能力，称为结构抗力，用 R 表示。如受压承载力 N_u、受弯承载力 M_u、受剪承载力 V_u 等，也包括容许挠度 $[f]$、容许裂缝宽度 $[w]$ 等。影响抗力的主要因素有结构构件的截面尺寸、材料性能和计算模式的精确性。这些因素都是随机变量，因此结构抗力也是一个随机变量。

3.1.3 结构的设计基准期和设计使用年限

1. 结构设计基准期

结构上的作用(特别是可变作用)与时间有关,结构抗力也随时间变化。为确定可变作用取值而选用的时间参数,称为设计基准期。《统一标准》规定,房屋建筑结构、港口工程的设计基准期为 50 年;铁路桥涵结构、公路桥涵结构等的设计基准期为 100 年。

2. 设计使用年限

结构的设计使用年限是指设计规定的结构或构件不需要进行大修即可按预定目的使用的年限。设计使用年限可按《统一标准》确定,如表 3.1-2 所示。结构的设计使用年限不同,其经济指标也不同。结构的设计使用年限越长,其工程投资越大。实际设计时,可以根据表 3.1-2 确定工程的设计使用年限,如果业主提出更高的要求,经主管部门批准,可按业主的要求确定。

表 3. 1-2　房屋建筑结构的设计使用年限

类别	设计使用年限/年	示例
1	5	临时性建筑结构
2	25	易于替换的结构构件
3	50	普通房屋和构筑物
4	100	标志性建筑和特别重要建筑结构

需要说明的是,设计使用年限并不等同于建筑结构的实际寿命或耐久年限,当结构的实际使用年限超过设计使用年限后,其可靠度可能较设计时的预期值减小,但结构仍可继续使用或经大修后可继续使用。

3.1.4 结构的极限状态

整个结构或结构的一部分超过某一特定状态(如承载力、变形、裂缝宽度等超过某一限值)就不能满足设计规定的某一功能要求,此特定状态称为该功能的极限状态,是区分结构可靠与失效的界限。极限状态分为两类,即承载能力极限状态和正常使用极限状态,分别规定有明确的标志和限值。

1. 承载能力极限状态

承载能力极限状态对应于结构或结构构件达到最大承载力、出现疲劳破坏、发生不适于继续承载的变形或结构局部破坏而引发的连续倒塌。当结构或结构构件出现下列状态之一时,应认为超过了承载能力极限状态:

1)结构构件或连接因所受应力超过材料强度而破坏,或因过度变形而不适于继续承载。

2)整个结构或结构的一部分作为刚体失去平衡(如倾覆等)。

3）结构转变为机动体系。

4）结构或结构构件丧失稳定(如压屈等)。

5）结构因局部破坏而发生连续倒塌(如初始的局部破坏,从构件到构件扩展,最终导致整个结构倒塌)。

6）地基丧失承载能力而破坏(如失稳等)。

7）结构或结构构件的疲劳破坏(如由于荷载多次重复作用而破坏)。

由上述可见,承载能力极限状态为结构或结构构件达到允许的最大承载功能的状态。其中结构构件由于塑性变形而使其几何形状发生显著改变,虽未达到最大承载能力,但已丧失使用功能,故也属于承载能力极限状态。

承载能力极限状态主要考虑有关结构安全性的功能,出现的概率应该很低。对于任何承载的结构或构件,都需要按承载能力极限状态进行设计。

2. 正常使用极限状态

正常使用极限状态对应于结构或结构构件达到正常使用或耐久性能的某项规定限值。当结构或结构构件出现下列状态之一时,应认为超过了正常使用极限状态:

1）影响正常使用或外观的变形,如吊车梁变形过大使吊车不能平稳行驶,梁挠度过大影响外观。

2）影响正常使用或耐久性能的局部损坏(包括裂缝),如水池开裂漏水不能正常使用,梁裂缝过宽使钢筋锈蚀。

3）影响正常使用的振动,如因机器振动而导致结构的振幅超过按正常使用要求所规定的限值。

4）影响正常使用的其他特定状态,如相对沉降量过大等。

正常使用极限状态主要考虑有关结构适用性和耐久性的功能,对财产和生命的危害较小,故出现概率允许稍高一些,但仍应予以足够的重视。因为过大的变形和过宽的裂缝不仅影响结构的正常使用和耐久性能,也会造成人们心理上的不安全感,还会影响结构的安全性。通常对结构构件先按承载能力极限状态进行承载能力计算,然后根据使用要求按正常使用极限状态进行变形、裂缝宽度或抗裂等验算。

3.2　概率极限状态设计方法

3.2.1　结构的极限状态方程

结构的极限状态可以用极限状态方程来表示。当只有作用效应 S 和结构抗力 R 两个基本变量时,其关系可以表示为

$$Z = R - S \tag{3.2-1}$$

Z 称为结构功能函数。如图 3.2-1 所示,当 $Z>0$ 时,结构处于可靠状态;当 $Z<0$ 时,结构处于失效(破坏)状态;当 $Z=0$ 时,结构处于即将破坏的极限状态。结构的极限状态方程为

$$Z = R - S = 0 \tag{3.2-2}$$

为了使结构不超过极限状态，必须满足 $Z = R - S \geqslant 0$，即 $S \leqslant R$。

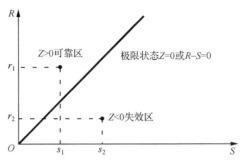

图 3.2-1　极限状态方程

3.2.2　结构的失效概率和可靠指标

1. 结构的失效概率 p_f

由前述可知，作用效应 S 和结构抗力 R 均为随机变量，假定结构的作用效应 S 和结构抗力 R 均服从正态分布，S 的均值和标准差分别为 μ_S、σ_S，R 的均值和标准差分别为 μ_R、σ_R，且 R 和 S 相互独立。由概率理论知识可知，两个相互独立的正态分布的随机变量之差 $Z = R - S$ 仍服从正态分布，其均值和标准差分别为

$$\mu_Z = \mu_R - \mu_S \tag{3.2-3a}$$

$$\sigma_Z = \sqrt{\sigma_R^2 + \sigma_S^2} \tag{3.2-3b}$$

R 和 S 的分布曲线如图 3.2-2(a)所示，由图可见，在多数情况下，R 大于 S。但是在图中阴影部分即 R 和 S 的分布曲线重叠区仍有可能出现 R 小于 S 的情况，导致结构失效。图中阴影部分表示 $R < S$ 的概率，称为失效概率，用 p_f 表示为

$$p_f = P(Z < 0) = P\left(\frac{Z - \mu_Z}{\sigma_Z} < -\frac{\mu_Z}{\sigma_Z}\right) = \Phi\left(-\frac{\mu_Z}{\sigma_Z}\right) = 1 - \Phi\left(\frac{\mu_Z}{\sigma_Z}\right) \tag{3.2-4}$$

式中，$\Phi(\cdot)$——标准正态分布函数。

失效概率计算比较复杂，国际标准和我国标准目前都采用可靠指标 β 来度量结构的可靠性。

2. 可靠指标 β

定义可靠指标 β 为

$$\beta = \frac{\mu_Z}{\sigma_Z} = \frac{\mu_R - \mu_S}{\sqrt{\sigma_R^2 + \sigma_S^2}} \tag{3.2-5}$$

失效概率 p_f 和可靠指标 β 的关系为

$$p_f = \Phi\left(-\frac{\mu_Z}{\sigma_Z}\right) = \Phi(-\beta) \tag{3.2-6}$$

β 与 p_f 存在一一对应的关系，也具有与 p_f 相对应的物理意义。如图 3.2-2(b)所示，

β越大，p_f就越小，即结构越可靠，故称 β 为可靠指标。对于正态分布，β 与 p_f 的对应关系见表 3.2-1。

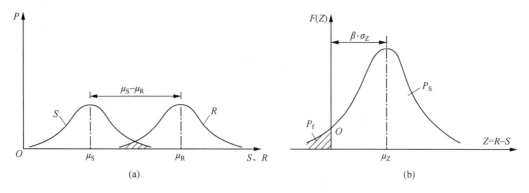

图 3.2-2 失效概率和可靠指标

表 3.2-1 可靠指标 β 与失效概率 p_f 的对应关系

β	1.0	1.5	2.0	2.5	2.7	3.2	3.7	4.2
p_f	1.59×10^{-1}	6.68×10^{-2}	2.28×10^{-2}	6.21×10^{-3}	3.5×10^{-3}	6.9×10^{-4}	1.1×10^{-4}	1.3×10^{-5}

3. 设计可靠指标[β]

根据可靠指标和失效概率之间的关系，要保证结构有足够的可靠性，应确定相应的可靠指标，即设计可靠指标或目标可靠指标。设计可靠指标是根据各种结构的重要性、破坏性质（延性、脆性）及失效后果，采用校准法确定。所谓校准法，是通过对原有规范可靠度的反演计算和综合分析，确定以后设计时所采用的结构构件的可靠指标。这实质上是充分注意到了工程建设长期积累的经验，继承了已有的设计规范所隐含的结构可靠度水准，当前一些国家组织及我国、加拿大、美国和欧洲一些国家都采用此方法。

根据校准法确定的结构构件承载能力极限状态的可靠指标，如表 3.2-2 所示。由于延性破坏在破坏前有明显的变形或其他预兆，而脆性破坏在破坏前没有明显的变形或其他预兆，因此延性破坏的危害相对脆性破坏较小，故[β]值相对低一些；而脆性破坏的危害较大，[β]值相对高一些。

表 3.2-2 结构构件承载能力极限状态的设计可靠指标[β]

破坏类型	安全等级		
	一级	二级	三级
延性破坏	3.7	3.2	2.7
脆性破坏	4.2	3.7	3.2

结构构件正常使用极限状态的设计可靠指标，根据其作用效应的可逆程度宜取 0～1.5。可逆正常使用极限状态，是指当产生超越正常使用要求的作用卸除后，该作用产生的后果（裂缝、变形）可以恢复；不可逆正常使用极限状态，是指当产生超越正常使用要求的作用卸除后，该作用产生的后果（如永久的局部损伤、永久的不可接受的变形）不可恢

复。对可逆的正常使用极限状态,其可靠指标取为 0;对不可逆的正常使用极限状态,其可靠指标取 1.5。当可逆程度介于可逆和不可逆之间时,$[\beta]$ 取 0~1.5 之间的值,对可逆程度较高的结构构件取较低值,对可逆程度较低的结构构件取较高值。

3.3　荷载和材料强度取值

3.3.1　荷载标准值

荷载标准值是建筑结构按极限状态设计时采用的荷载基本代表值。荷载标准值由设计基准期最大荷载概率分布的某一分位值确定,如图 3.3-1 中的 P_k。若取荷载标准值为

$$P_k = \mu_P + 1.645\sigma_P \tag{3.3-1}$$

式中,μ_P——荷载平均值;σ_P 是荷载标准差,则 P_k 具有 95% 的保证率,即在设计基准期内超过此标准值的荷载出现的概率为 5%。

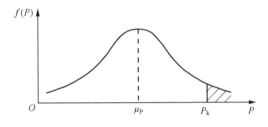

图 3.3-1　荷载标准值取值

根据长期的工程结构设计经验,我国《建筑结构荷载规范》(GB 50009—2012)(以下简称《荷载规范》)对不同的荷载规定了相应的标准值。

1. 永久荷载标准值 G_k

永久荷载的标准值 G_k 可按结构设计尺寸和《荷载规范》规定的材料重度(或单位面积的自重)平均值计算得到。

2. 可变荷载标准值 Q_k

由于很多可变荷载资料不充分,难以给出符合实际的概率分布,因此《荷载规范》根据统计分析和长期使用经验,对可变荷载基本上采用的是经验值。《荷载规范》对楼面使用活荷载、风荷载、雪荷载以及其他一些荷载均给出了荷载标准值,设计时可直接查用。例如,办公楼、住宅楼面均布活荷载标准值均为 2.0kN/m²,教室楼面均布活荷载标准值为 2.5kN/m²,书库、档案馆楼面均布活荷载标准值为 5.0kN/m²。民用建筑常用楼面活荷载取值见附录 5 中附表 5-2。

风荷载标准值是由建筑物所在地的基本风压乘以风压高度变化系数、风载体型系数和风振系数确定的。其中,基本风压是以当地比较空旷平坦地面上离地 10m 高处统计所得的 50 年一遇 10 分钟平均最大风速 v_0(m/s) 为标准,按 $v_0/1600$ 确定的。

雪荷载标准值是由建筑物所在地的基本雪压乘以屋面积雪分布系数确定的。而基本

雪压则是以当地一般空旷平坦地面上统计所得 50 年一遇最大雪压确定。

3.3.2　荷载设计值

1. 荷载分项系数

（1）永久荷载分项系数 γ_G

当其效应对结构不利时，由可变荷载效应控制的组合，永久荷载分项系数应取 $\gamma_G=1.2$；对由永久荷载效应控制的组合，应取 $\gamma_G=1.35$。

（2）可变荷载分项系数 γ_Q

一般情况下应取可变荷载分项系数 $\gamma_Q=1.4$；对于标准值大于或等于 $4kN/m^2$ 的工业房屋楼面结构的活荷载，因其变异系数相对较小，应取 $\gamma_Q=1.3$。

2. 荷载设计值

荷载设计值是荷载分项系数与荷载标准值的乘积，如永久荷载设计值为 $\gamma_G G_k$，可变荷载设计值为 $\gamma_Q Q_k$。

3.3.3　可变荷载组合值、频遇值和准永久值

1. 可变荷载组合值

当结构上有多个可变荷载作用时，各可变荷载最大值在同一时刻出现的概率较小，因此引入荷载组合值系数 ψ_{ci} 予以折减。荷载组合值系数 ψ_{ci} 与可变荷载标准值 Q_{ik} 乘积 $\psi_{ci}Q_{ik}$ 称为可变荷载的组合值。

2. 可变荷载频遇值

可变荷载的频遇值是指设计基准期内，其超越的总时间为规定的较小比率或超越频率为规定频率的荷载值，即在结构上较频繁出现且量值较大的荷载，但总小于荷载标准值，如一般住宅、办公楼建筑的楼面均布活荷载频遇值为 0.5～0.6 的标准值。可变荷载频遇值可通过频遇值系数 ψ_{fi} 对可变荷载标准值 Q_{ik} 的折减来表示。

3. 可变荷载准永久值

可变荷载的准永久值是指在设计基准期内，其超越的总时间约为设计基准期一半的荷载值，即在设计基准期内经常作用的荷载值（接近于永久荷载）。可变荷载准永久值可通过可变荷载的准永久值系数 ψ_{qi} 对可变荷载标准值 Q_{ik} 的折减来表示。

《荷载规范》给出了各类可变荷载的组合值系数、频遇值系数和准永久值系数，见附录 5 中附表 5-2。

3.3.4　材料强度标准值

钢筋和混凝土的强度标准值是混凝土结构按极限状态设计时采用的材料强度基本代

表值。材料强度的标准值是一种特征值,其取值原则是在符合规定质量的材料强度实测总体中,标准值应具有不小于 95% 的保证率,如图 3.3-2 所示。材料强度标准值可由下式确定

$$f_k = \mu_f - 1.645\sigma_f = \mu_f(1 - 1.645\delta_f) \tag{3.3-2}$$

式中,f_k——材料强度的标准值;

　　　μ_f——材料强度的平均值;

　　　σ_f——材料强度的标准差;

　　　δ_f——材料强度的变异系数。

《混凝土结构设计标准》(GB/T 50010—2010)规定了各类钢筋和各种强度等级混凝土的强度标准值,分别见附表 2-1、附表 2-2 和附表 2-9。

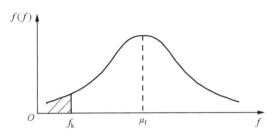

图 3.3-2　材料强度标准值取值

3.3.5　材料强度设计值

材料强度的设计值是在承载能力极限状态的设计中所采用的材料强度代表值,材料强度的设计值由材料强度标准值除以材料分项系数得到

$$f_c = \frac{f_{ck}}{\gamma_c} \qquad f_s = \frac{f_{sk}}{\gamma_s} \tag{3.3-3}$$

各种材料的分项系数是考虑了不同材料的特点和强度离散程度,通过可靠度分析确定的,当缺乏统计资料时,也可按工程经验确定。《混凝土结构设计标准》(GB/T 50010—2010)规定钢筋强度的分项系数 γ_s 根据钢筋种类不同,延性较好的热轧钢筋 γ_s 取 1.10,但对新投产的高强 500MPa 级钢筋适当提高安全储备,取 1.15;延性稍差的预应力筋 γ_s 取 1.20。混凝土强度的分项系数 γ_c 规定为 1.4。各类钢筋和各种强度等级混凝土的强度设计值分别见附录 2 中附表 2-3、附表 2-4 和附表 2-10。

3.4　结构极限状态设计表达式

对于常用工程结构,根据设计可靠指标 $[\beta]$,按上述概率极限状态设计方法进行设计,显然过于复杂。为了简化工程结构的设计计算,并考虑到人们的习惯,《规范》将极限状态方程转化为以基本变量标准值和分项系数形式表达的极限状态设计表达式。设计表达式中的各分项系数是根据结构构件基本变量的统计特性,以结构可靠度的概率分析为基础经优选确定的,它们起着相当于设计可靠指标 $[\beta]$ 的作用。下面针对不同的设计状况,分别给出承载力极限状态和正常使用极限状态的设计表达式。

3.4.1　结构的设计状况

设计状况是代表一定时间段内实际情况的一组设计条件,设计应做到在该组条件下结构不超越有关的极限状态。《统一标准》规定,工程结构设计时应区分下列设计状况。

（1）持久设计状况

持久设计状况是指在结构使用过程中一定出现且持续期很长的设计状况,其持续期一般与设计使用年限为同一数量级。持久设计状况适用于结构使用时的正常情况。

（2）短暂设计状况

短暂设计状况是指在结构施工和使用过程中出现概率较大,而与设计使用年限相比起持续期很短的设计状况。短暂设计状况适用于结构出现的临时情况,包括结构施工和维修时的情况等。

（3）偶然设计状况

偶然设计状况是指在结构使用过程中出现概率较小、且持续期很短的设计状况。偶然设计状况适用于结构出现的异常情况,包括结构遭受火灾、爆炸、撞击时的情况。

（4）地震设计状况

地震设计状况是指结构遭受地震时的设计状况。地震设计状况适用于结构遭受地震时的情况,在抗震设防地区必须考虑地震设计状况。

对工程结构的上述四种设计状况均应进行承载能力极限状态设计,对持久设计状况尚应进行正常使用极限状态设计,对短暂设计状况和地震设计状况可根据需要进行正常使用极限状态设计,对偶然设计状况可不进行正常使用极限状态设计。

3.4.2　承载能力极限状态设计表达式

1. 计算内容

混凝土结构的承载能力极限状态计算应包括下列内容：

1）结构构件应进行承载力计算。

2）直接承受反复荷载的构件应进行疲劳验算。

3）有抗震设防要求时,应进行抗震承载力计算。

4）必要时尚应进行结构整体稳定、倾覆、滑移、漂浮验算。

5）对于可能遭受偶然作用,且倒塌可能引起严重后果的重要混凝土结构,宜进行防连续倒塌设计。

2. 计算表达式

对持久设计状况、短暂设计状况和地震设计状况,当用内力的形式表达时,混凝土结构构件应采用下列承载能力极限状态设计表达式

$$\gamma_0 S \leqslant R \tag{3.4-1}$$

$$R = R(f_c, f_s, a_k, \cdots)/\gamma_{Rd} \tag{3.4-2}$$

式中, γ_0 ——结构重要性系数；

S ——承载能力极限状态下作用组合的效应设计值；

R ——结构构件的抗力设计值；

$R(\cdot)$ ——结构构件的抗力函数；

γ_{Rd} ——结构构件的抗力模型不定性系数：静力设计取 1.0,对不确定性较大的结构

构件根据具体情况取大于 1.0 的数值;抗震设计应用承载力抗震调整系数 γ_{RE} 代替 γ_{Rd};

a_k——几何参数的标准值,当几何参数的变异性对结构性能有明显的不利影响时, 可增减一个附加值;

f_c——混凝土的强度设计值;

f_s——钢筋的强度设计值。

3. 承载能力极限状态的荷载效应组合

结构设计时,应根据所考虑的设计状况,选用不同的组合:对于持久和短暂设计状况, 应采用基本组合;对偶然设计状况,应采用偶然组合;对于地震设计状况,应采用作用效应 的地震组合。

对于基本组合,当作用与作用效应按线性关系考虑时,基本组合的效应设计值按下式 中最不利值计算:

$$S_d = \sum_{i \geqslant 1} \gamma_{G_i} S_{G_{ik}} + \gamma_P S_P + \gamma_{Q_1} \gamma_{L_1} S_{Q_{1k}} + \sum_{j > 1} \gamma_{Q_j} \psi_{cj} \gamma_{L_j} S_{Q_{jk}} \qquad (3.4-3)$$

式中:S_d——作用组合的效应设计值;

$S_{G_{ik}}$——第 i 个永久作用标准值的效应;

S_P——预应力作用有关代表值的效应;

$S_{Q_{1k}}$——第 1 个可变作用标准值的效应;

$S_{Q_{jk}}$——第 j 个可变作用标准值的效应。

γ_{G_i}——第 i 个永久作用的分项系数;

γ_P——预应力作用的分项系数;

γ_{Q_1}——第 1 个可变作用的分项系数,见表 3.4-1;

γ_{Q_j}——第 j 个可变作用的分项系数;

γ_{L_1}、γ_{L_j}——第 1 个和第 j 个考虑结构设计使用年限的荷载调整系数,设计使用年限 50 年时,取 1.0;

ψ_{cj}——第 j 个可变作用的组合值系数。

表 3.4-1　建筑结构的作用分项系数及组合系数

作用分项系数	适用情况	
	当作用效应对承载力不利时	当作用效应对承载力有利时
γ_G	1.3	$\leqslant 1.0$
γ_P	1.3	$\leqslant 1.0$
γ_Q	1.5	0
组合值系数 ψ_{ci}	0.6(风荷载)、0.7(其他可变荷载)或 0.9(对于书库等楼面活荷载取 0.9)	

3.4.3　正常使用极限状态设计表达式

1. 验算内容

混凝土结构构件正常使用极限状态的验算应包括下列内容：
1) 对需要控制变形的构件，应进行变形验算。
2) 对使用上限制出现裂缝的构件，应进行混凝土拉应力验算。
3) 对允许出现裂缝的构件，应进行受力裂缝宽度验算。
4) 对有舒适度要求的楼盖结构，应进行竖向自振频率验算。

2. 验算表达式

对于正常使用极限状态，结构构件应分别按荷载效应的标准组合、频遇组合、准永久组合或标准组合并考虑长期作用影响，采用极限状态设计表达为

$$S \leqslant C \tag{3.4-4}$$

式中，S——正常使用极限状态的荷载组合效应的设计值（如变形、裂缝宽度、应力等的效应设计值）；

　　C——结构构件达到正常使用要求所规定的变形、裂缝宽度和应力等的限值。

3. 正常使用极限状态的荷载效应组合

当作用与作用效应按线性关系考虑时，可计算如下。
1) 标准组合的效应设计值可按下式确定：

$$S = \sum_{i \geqslant 1} S_{G_{ik}} + S_P + S_{Q_{1k}} + \sum_{j>1} \psi_{cj} S_{Q_{jk}} \tag{3.4-5}$$

标准组合一般用于不可逆正常使用极限状态。
2) 频遇组合的效应设计值：

$$S = \sum_{i \geqslant 1} S_{G_{ik}} + S_P + \psi_{f1} S_{Q_{1k}} + \sum_{j>1} \psi_{qj} S_{Q_{jk}} \tag{3.4-6}$$

频遇组合一般用于可逆正常使用极限状态。
3) 准永久组合的效应设计值：

$$S = \sum_{i \geqslant 1} S_{G_{ik}} + S_P + \sum_{j>1} \psi_{qj} S_{Q_{jk}} \tag{3.4-7}$$

式中，ψ_{f1}——可变荷载 Q_1 的频遇值系数；

　　ψ_{qj}——可变荷载 Q_j 的准永久值系数。

准永久组合主要用于当荷载的长期效应是决定性因素时的一些情况。

4. 正常使用极限状态验算规定

(1) 受弯构件挠度验算

钢筋混凝土受弯构件的最大挠度应按荷载效应的准永久组合[式(3.4-7)]，预应力混凝土受弯构件的最大挠度应按荷载效应的标准组合[式(3.4-5)]，并均应考虑荷载长期作用的影响进行计算。最大挠度计算值不应超过附表 3-4 规定的挠度限值。具体验算方法

和规定见第 10 章。

(2)结构构件裂缝控制

结构构件正截面的受力裂缝控制等级分为三级。

一级:严格要求不出现裂缝的构件,如油库、水池等不得有渗漏。按荷载标准组合计算时,构件受拉边缘混凝土不应产生拉应力。

二级:一般要求不出现裂缝的构件,如需要控制开裂的预应力构件。按荷载标准组合计算时,构件受拉边缘混凝土拉应力不应大于混凝土抗拉强度的标准值。

三级:允许出现裂缝的构件。对钢筋混凝土构件,按荷载准永久组合[式(3.4-8)]并考虑长期作用影响计算;对预应力混凝土构件,按荷载标准组合[式(3.4-6)]并考虑长期作用影响计算。构件的最大裂缝宽度不应超过附表 3-5 规定的最大裂缝宽度限值,分别根据结构的环境类别、裂缝控制等级及结构类别确定。具体验算方法和规定见第 10 章和第 11 章。

(3)楼盖舒适度控制

对有舒适度要求的大跨度混凝土楼盖,应根据使用功能的要求进行竖向自振频率验算,并宜符合下列要求:住宅和公寓不宜低于 5Hz;办公楼和旅馆不宜低于 4Hz;大跨度公共建筑不宜低于 3Hz。

【例 3.4-1】 某办公楼楼面采用预应力混凝土楼板,板长 3.3m,计算跨度 3.18m,板宽 0.9m,板自重 2.55kN/m²。楼板板顶采用 40mm 厚细石钢筋混凝土叠合板,叠合层上做瓷砖地面 30mm(包括砂浆结合层),楼板板底为 20mm 厚水泥砂浆抹灰。楼板的可变荷载标准值为 2kN/m²,准永久值系数为 0.4。试计算按承载能力极限状态和正常使用极限状态设计时的截面弯矩值。

解 (1)计算永久荷载(恒荷载)标准值 g_k

板自重	2.55kN/m²
板顶叠合层	25×0.04=1.0kN/m²
瓷砖地面	20×0.03=0.6kN/m²
板底抹灰	20×0.02=0.4kN/m²
合计	4.55kN/m²

沿板长每米均布荷载标准值为

$$g_k = 0.9 \times 4.55 = 4.095 \text{kN/m}$$

(2)计算可变荷载(活荷载)标准值

$$q_k = 0.9 \times 2 = 1.8 \text{kN/m}$$

(3)求荷载效应

简支板在均布荷载作用下的弯矩为

$$M = \frac{1}{8}ql^2$$

故恒荷载效应标准值为

$$S_{Gk} = \frac{1}{8} \times 4.095 \times 3.18^2 = 5.176 \text{kN} \cdot \text{m}$$

活荷载效应标准值为

$$S_{Qk} = \frac{1}{8} \times 1.8 \times 3.18^2 = 2.275 kN \cdot m$$

（4）承载能力极限状态弯矩设计值

由式(3.4-3)计算基本组合的弯矩设计值：

$$M = Y_G G_k + Y_Q Q_k = Y_G \cdot g_k l.2_0 + Y_Q q_k l_0^2$$
$$= 1.3 \times 5.176 + 1.5 \times 2.275 = 10.141 kN \cdot m$$

（5）正常使用极限状态的弯矩值

按式(3.4-5)荷载标准组合：

$$M_k = 5.176 + 2.275 = 7.451 kN \cdot m$$

按式(3.4-7)荷载准永久组合：

$$M_k = 5.176 + 0.4 \times 2.275 = 6.086 kN \cdot m$$

思　考　题

3.1　结构应满足哪些功能要求？如何实现结构的功能要求？

3.2　什么是结构上的作用？作用效应和荷载效应有什么区别？

3.3　什么是结构抗力？影响结构抗力的主要因素有哪些？

3.4　说明可靠度、失效概率、可靠指标与目标可靠指标的概念及其关系。

3.5　什么是材料强度标准值和材料强度设计值？从概率意义上看，它们是如何取值的？分别说明钢筋、混凝土的强度标准值、平均值和设计值之间的关系。

3.6　什么是结构的极限状态？极限状态分几类？各有什么标志和限值？

3.7　解释名词：安全等级，设计状况，设计基准期，设计使用年限，目标可靠指标。

3.8　荷载按随时间的变异分为几类？代表值主要有哪几种？

3.9　什么是荷载效应的基本组合、标准组合和准永久组合？

3.10　按承载能力极限状态设计时，其实用表达式如何？按正常使用极限状态设计时，其表达式如何？

3.11　裂缝控制等级分为几级？要求分别是什么？钢筋混凝土构件属于哪一级？

习　题

3.1　两端简支的预制钢筋混凝土板，板宽为 0.6m，计算跨度 2.7m，采用 25mm 厚水泥砂浆抹面，板底面采用 15mm 厚纸筋灰粉刷，预制板板厚 120mm。楼面活荷载标准值为 2.0kN/m²。结构重要性系数为 1.0，试求沿板长的均布荷载标准值及楼板跨中截面的弯矩设计值。

3.2　某两端简支的预应力空心板，安全等级为二级，板宽为 0.9m，板的计算跨度为 3.78m。承受的永久荷载标准值（包括板自重、后浇层重和板底抹灰重）为 4.48kN/m²，可变荷载标准值为 2.0kN/m²，准永久值系数为 0.4。试求按跨中截面承载力计算时的弯矩设计值、跨中弯矩标准组合值、跨中弯矩准永久组合值。

第4章　受弯构件的正截面承载力计算

4.1　受弯构件的一般概念

4.1.1　需了解的一般概念

受弯构件指承受弯矩和剪力共同作用而轴力可以忽略不计的构件,土木工程中最常见的受弯构件是梁和板。

正截面指与构件的计算轴线相垂直的截面。本章所述的正截面承载力,即梁、板构件能够承受的最大弯矩 M_u,属于前一章中所讲述的抗力 R 的范畴;由于外荷载等的作用,使梁、板构件的正截面产生的弯矩 M,属于效应 S 的范畴。梁、板的正截面承载力需要按承载能力极限状态进行计算,即要求满足公式(3.4-1),对于受弯构件的正截面承载力,公式(3.4-1)可以写成下式的形式

$$M \leqslant M_u \tag{4.1-1}$$

式中,M——受弯构件正截面的弯矩设计值(已考虑结构重要性系数),可通过材料力学的知识计算得到,在本门课程中往往是已知的;

M_u——受弯构件正截面受弯承载力的设计值,主要由钢筋和混凝土的材料强度、用量及构件的截面尺寸提供的;材料强度和构件截面尺寸可根据基本构造要求初步选定,也可以认为是已知的。

4.1.2　本章的任务

受弯构件既可能发生主要由弯矩引起的破坏,也可能发生主要由剪力引起的破坏。本章的研究对象为受弯构件的主要承受弯矩区段的正截面。

本章的核心任务可以总结为两大类:①已知荷载效应 M、构件截面尺寸、材料强度,计算纵向钢筋的用量 A_s;②已知荷载效应 M、构件截面尺寸、材料强度和用量,校核正截面受弯承载力 M_u 是否满足要求。

本章在介绍计算方法之前,作为准备知识,尚需要介绍一些基本构造要求、受弯构件正截面受力机理,以及基本计算规定等方面的内容。

4.2　受弯构件的基本构造要求

构造要求是建筑结构满足功能要求的基本保证。结构设计中,除满足计算要求外,还须满足构造要求。本小节将对钢筋混凝土梁、板的基本构造要求分别进行介绍。

4.2.1 钢筋混凝土梁

1. 截面形式

常见的钢筋混凝土梁的截面形式有矩形、T形、I字形、L形、倒L形、Ⅱ形和环形等,如图 4.2-1 所示。

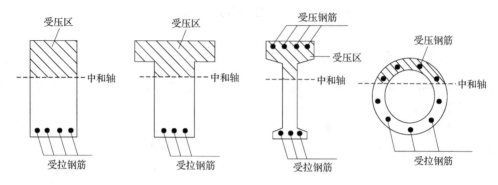

图 4.2-1　常见的梁截面形式

2. 截面尺寸

钢筋混凝土梁的截面基本构造如图 4.2-2 所示。

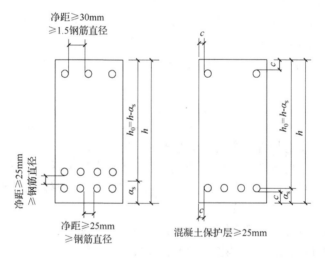

图 4.2-2　钢筋混凝土梁的截面构造

矩形截面梁的高宽比 h/b 一般取 2.0～3.5,T 形截面梁的高宽比 h/b 一般取 2.5～4.0(此处 b 为梁肋宽)。为便于统一模板尺寸,梁宽 b 一般取为 120mm、150mm、180mm、200mm、250mm、300mm、350mm 等,常以 50mm 为级差;梁高 h 一般取为 250mm、300mm、350mm、…、750mm、800mm、900mm、1000mm 等,不超过 800mm 常以 50mm 为级差,超过 800mm 以 100mm 为级差。

3. 混凝土强度

现浇混凝土梁常用的混凝土强度等级是 C25、C30、C35，一般不超过 C40。提高混凝土强度等级对增大受弯构件正截面受弯承载力的作用并不显著。

4. 钢筋的选用

（1）梁中钢筋类型及作用

钢筋混凝土梁的基本配筋形式如图 4.2-3 所示，常见的钢筋类型包括：①纵向受力钢筋，主要承受弯矩；②箍筋，主要承受剪力，并起到固定纵向钢筋的作用；③架立筋，与前述两类钢筋一起组成钢筋骨架。

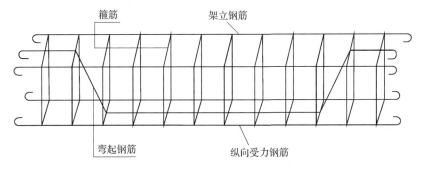

图 4.2-3　钢筋混凝土梁的基本配筋形式

（2）纵向受力钢筋

梁中普通纵向钢筋宜采用 HRB400、HRB500、HRBF400、HRBF500 钢筋；也可采用 HPB300 和 RRB400 钢筋。常用的钢筋直径为 12～32mm，当梁高不小于 300mm 时，直径不应小于 10mm；当梁高小于 300mm 时，直径不应小于 8mm；若设计中采用不同直径的钢筋，钢筋直径应至少相差 2mm，以便于在施工中识别。梁底部纵向钢筋根数不应少于 2 根。

（3）箍筋

梁中普通箍筋宜采用 HRB400、HRBF400、HRB500、HRBF500 钢筋；也可采用 HPB300 钢筋。常用的箍筋直径为 6mm、8mm 和 10mm。

（4）架立筋

当梁上部无需配置受压钢筋时，需配置 2 根架立钢筋；架立筋可选用与受力纵筋强度等级相同的钢筋。当梁的跨度小于 4m 时，架立筋的直径不宜小于 8mm；当梁的跨度等于 4～6m 时，不宜小于 10mm；当梁的跨度大于 6m 时，不宜小于 12mm。

（5）钢筋间距

为了便于浇筑混凝土并保证钢筋与混凝土的良好黏结，纵筋的净间距应满足图 4.2-2 中的要求。即梁上部钢筋水平方向的净距不应小于 30mm 和 $1.5d$；梁下部钢筋水平方向的净间距不应小于 25mm 和 d；当下部钢筋不止 1 层时，各层钢筋之间的净距不应小于 25mm 和 d，其中 d 为所用钢筋最大直径；其中，第三层以上钢筋水平方向的中距应比下面两层增大一倍。

（6）混凝土保护层及截面有效高度

结构中最外层钢筋外边缘至混凝土表面的距离称为混凝土保护层厚度 c，取值应该满足附表 3-3 中的要求。混凝土保护层有三个作用：①防止纵向钢筋锈蚀；②在火灾等情况下，减缓钢筋温度上升；③使钢筋与混凝土有较好的黏结。

（7）截面有效高度

设正截面上所有纵向受拉钢筋的合力点至截面受拉边缘的垂直距离为 a_s，受拉钢筋则合力点至截面受压区边缘的竖向距离即为截面有效高度。若纵向受拉钢筋放一排，h_0 可由下面的公式求得

$$h_0 = h - a_s = h - c - d_v - \frac{d}{2} \tag{4.2-1}$$

式中，h——截面高度；

d_v——箍筋直径；

d——受力纵筋直径。

4.2.2 钢筋混凝土板

1. 截面形式

常见的钢筋混凝土板有矩形截面板、预制空心板、预制槽形板等，如图 4.2-4 所示。

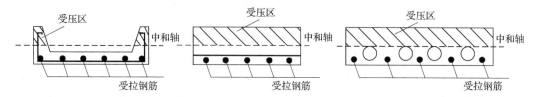

图 4.2-4 常见的板截面形式

2. 板的截面尺寸

钢筋混凝土板分为现浇板和预制板。

现浇板的宽度一般较大，设计时可取单位宽度（$b=1000\text{mm}$）进行计算。现浇板的厚度除应满足各项功能要求外，尚应满足表 4.2-1 中的要求。

表 4.2-1 现浇混凝土板的最小厚度（mm）

板 的 类 型		最 小 厚 度
实心楼板		80
实心屋面板		100
密肋楼盖	面板	50
	肋高	250

续表

板 的 类 型		最 小 厚 度
悬臂板（根部）	悬臂长度不大于 500mm	80
	悬臂长度 500～1000mm	100
无梁楼盖		150
现浇空心楼盖		200

3. 板的配筋

板内的钢筋一般有受力钢筋和分布钢筋两种，如图 4.2-5 所示。

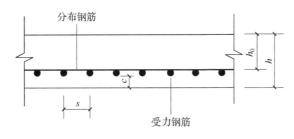

图 4.2-5　板内配筋示意图

（1）受力钢筋

板的受力钢筋常用 HPB300、HRB400 等钢筋，常用的钢筋直径为 6～12mm，板厚度较大时，直径可选用 14～18mm。钢筋的间距一般为 70～200mm；当板厚 $h \leqslant 150$mm 时，钢筋间距不宜大于 200mm，当板厚 $h > 150$mm 时，钢筋间距不宜大于 1.5h，且不宜大于 250mm。

（2）分布钢筋

为了将荷载均匀地传递给受力钢筋，并便于在施工中固定受力钢筋，同时抵抗温度变化和混凝土收缩等产生的应力，还应在受拉钢筋的内侧布置与其垂直的分布钢筋。分布钢筋宜采用 HPB300 等钢筋，常用直径是 6mm 和 8mm。分布钢筋的间距不宜大于 250mm。

4.3　受弯构件的正截面受力性能

4.3.1　适筋梁正截面受弯的三个受力阶段

受弯构件的正截面受弯破坏形态与纵向受拉钢筋配筋率有关。配筋适当的钢筋混凝土梁发生正截面受弯破坏时具有良好的延性，称为适筋梁。下面通过一根钢筋混凝土适筋梁的试验来观察其受力过程。

图 4.3-1 所示为一根配筋适当的钢筋混凝土简支梁，采用两点对称加载方式，忽略自重影响。则两个集中荷载之间的截面仅承受弯矩不承受剪力，称为纯弯段。为分析梁截

面的受力性能,在纯弯段沿截面高度布置应变计,量测混凝土沿截面高度的纵向变形分布;在受拉钢筋上预埋应变片,量测钢筋的纵向应变;在梁的跨中和支座部位分别布置位移计,量测梁的挠度变形。

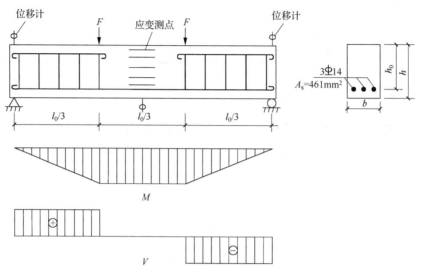

图 4.3-1　钢筋混凝土简支梁受弯试验示意图

开始逐级施加荷载,适筋梁从开始施加荷载到破坏的受力全过程可分为三个阶段。图 4.3-2 中的两条曲线分别为适筋梁受力过程中的 M-f(弯矩-跨中挠度)曲线和 M-φ(弯矩-截面曲率)曲线,可看出两条曲线均有两个明显转折,把受力过程分为三个阶段,即弹性阶段、带裂缝阶段和破坏阶段。各阶段的受力性能和特征如下。

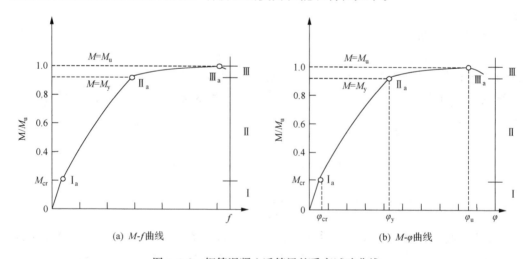

图 4.3-2　钢筋混凝土适筋梁的受弯试验曲线

1. 第 I 阶段:弹性工作阶段

从开始加载到混凝土开裂前,梁的整个截面都参与受力。由于弯矩较小,截面上混凝土的拉应力和压应力都很小,且呈线性变化,与匀质弹性梁的性能相似,故称为弹性工作阶段,如图 4.3-3(a)所示。

应力图:

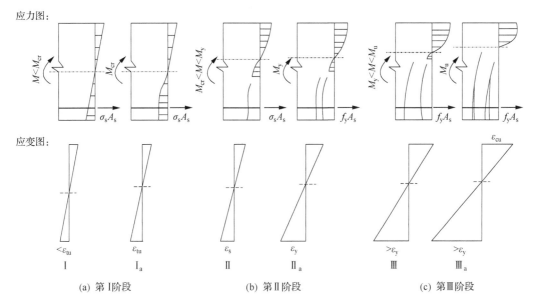

图 4.3-3　钢筋混凝土适筋梁的三个受力阶段

随着弯矩增大,受拉区边缘混凝土首先表现出塑性特征,拉应力呈曲线分布。当受拉边缘混凝土拉应变 ε_t 达到极限拉应变 ε_{tu}(约为 0.0001~0.000 15)时,截面处于即将开裂状态,称为第 I 阶段末,用 I$_a$ 表示。受压区的应力图形仍呈直线分布。此时对应的弯矩称为开裂弯矩 M_{cr}。

第 I 阶段的特点可总结为:①混凝土未开裂;②受压区混凝土的应力图形是直线,受拉区混凝土的应力图形在前期是直线,后期是曲线;③弯矩与截面曲率基本呈线性关系。

I$_a$ 阶段可作为计算受弯构件抗裂度的依据。

2. 第 II 阶段:带裂缝工作阶段

荷载继续增加,纯弯段薄弱截面处首先出现第一条裂缝,梁进入带裂缝工作阶段。

混凝土一旦开裂,裂缝截面受拉区的混凝土就退出工作,把原先由它承担的那一部分拉应力转移给钢筋,使钢筋应力突然增大,故裂缝出现时梁的挠度和截面曲率都突然增大,如图 4.3-2 所示。裂缝截面处的中和轴位置也随之上移。受压区混凝土的压应力随荷载增加不断增大,压应力图形逐渐呈曲线分布,如图 4.3-3(b)所示。

随着弯矩继续增大,受压区混凝土压应变与受拉钢筋的拉应变都不断增长。当受拉钢筋应力达到屈服强度 f_y 时,标志着第 II 阶段结束,用 II$_a$ 表示。此时梁截面相应的弯矩称为屈服弯矩 M_y。

第 II 阶段的特点为:①在裂缝截面处,受拉区大部分混凝土退出工作,拉力主要由纵向受拉钢筋承担,但钢筋未屈服;②受压区混凝土已有塑性变形,但不充分;③弯矩与截面曲率呈曲线关系,截面曲率与挠度增长加快。

一般钢筋混凝土梁正常使用时都处于带裂缝工作阶段,本阶段可作为验算变形和裂缝宽度的依据。

3. 第Ⅲ阶段:破坏阶段

纵向受拉钢筋屈服后,梁进入破坏阶段。

在该阶段,钢筋应力保持为屈服强度 f_y 不变,但钢筋应变 ε_s 急剧增大,裂缝显著开展,中和轴迅速上移,受压区高度 x_c 进一步减小。受压区混凝土的塑性特征表现得更为充分,压应力图形更趋丰满。当受压区边缘混凝土的压应变 ε_c 达到极限压应变 ε_{cu}(约为 $0.003 \sim 0.005$)时,受压区混凝土被压碎,达到Ⅲ$_a$状态。此时相应弯矩称为极限弯矩 M_u。

第Ⅲ阶段的特点是:①纵向受拉钢筋屈服;②裂缝截面处,受拉区大部分混凝土退出工作,受压区混凝土压应力曲线图形较为丰满;③受压区边缘混凝土压应变达到极限压应变,混凝土被压碎,截面破坏;④弯矩-曲率关系为接近水平的曲线。

Ⅲ$_a$阶段可作为计算正截面受弯承载力的依据。

4.3.2　正截面受弯的三种破坏形态

钢筋混凝土梁的受弯破坏形态与纵向受拉钢筋的配筋率 ρ 有关。ρ 可通过下式计算为

$$\rho = A_s/(bh_0) \tag{4.3-1}$$

式中,A_s——纵向受拉钢筋截面积之和;

b、h_0——梁的宽度和有效高度。

根据 ρ 的不同,钢筋混凝土梁的正截面受弯破坏形态可分为适筋破坏、超筋破坏和少筋破坏三种,如图4.3-4所示。这三种破坏形式的 M-φ 曲线如图4.3-5所示。与这三种破坏形态相对应的梁分别称为适筋梁、超筋梁和少筋梁。

1. 适筋破坏

当 $\rho_{min} \cdot \dfrac{h}{h_0} \leqslant \rho \leqslant \rho_b$ 时发生适筋破坏,其特点是纵向受拉钢筋先屈服,随后受压区混凝土被压碎,构件宣告破坏。ρ_{min}、ρ_b 分别表示纵向受拉钢筋的最小配筋率和界限配筋率。

从钢筋屈服到构件破坏,屈服弯矩 M_y 到极限弯矩 M_u 的增加不大,但构件曲率 φ 和挠度 f 变形很大,破坏前有明显的预兆,表现为延性破坏。

2. 超筋破坏

当 $\rho > \rho_b$ 时发生超筋破坏,其特点是受压区混凝土先被压碎,纵向受拉钢筋不屈服。破坏前钢筋仍处于弹性工作阶段,裂缝开展不宽、延伸不高,挠度不大。

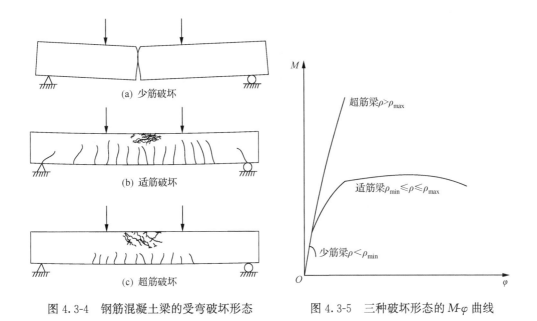

图 4.3-4　钢筋混凝土梁的受弯破坏形态　　　图 4.3-5　三种破坏形态的 M-φ 曲线

超筋梁的破坏取决于受压区混凝土的抗压强度,受拉钢筋的强度并未得到充分利用,在没有明显预兆的情况下由于混凝土被压碎而突然破坏,属于脆性破坏,在工程中应避免采用。

3. 少筋破坏

当 $\rho < \rho_{min} \cdot \dfrac{h}{h_0}$ 时发生少筋破坏,其特点是受拉区混凝土一开裂就破坏。由于配筋很少,梁一旦开裂,受拉钢筋承受不了突然增大的应力,很快屈服并进入强化阶段,甚至被拉断。

少筋梁的破坏取决于混凝土的抗拉强度,混凝土的抗压强度未得到充分利用;破坏时往往只有一条裂缝,类似于素混凝土梁的破坏,属于脆性破坏,在工程中不允许采用。

4.4　正截面受弯承载力计算原理

4.4.1　基本假定

混凝土受弯构件的正截面承载力计算应以第三阶段末的受力状态为依据。为简化计算,《混凝土结构设计规范》规定,钢筋混凝土受弯构件的正截面承载力应按以下四个基本假定进行计算。

1. 平截面假定

指钢筋混凝土构件正截面弯曲变形后,截面上各点的混凝土和钢筋的纵向应变沿截面高度呈线性变化。就单个截面而言,此假定不一定成立,但在跨越若干条裂缝的一定长度范围内是适用的。

2. 不考虑混凝土的抗拉强度

因为混凝土的抗拉强度很小,认为开裂后拉力全部转移给钢筋承担。

3. 混凝土的受压应力-应变关系

混凝土的受压应力-应变关系曲线采用抛物线上升段和直线水平段的形式,如图 4.4-1 所示。

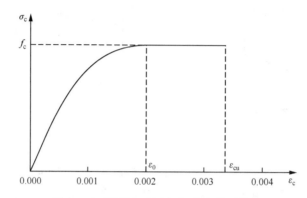

图 4.4-1　混凝土受压应力-应变关系曲线

当 $\varepsilon_c \leqslant \varepsilon_0$ 时

$$\sigma_c = f_c \left[1 - \left(1 - \frac{\varepsilon_c}{\varepsilon_0} \right)^n \right] \tag{4.4-1}$$

当 $\varepsilon_0 < \varepsilon_c \leqslant \varepsilon_{cu}$ 时

$$\sigma_c = f_c \tag{4.4-2}$$

其中

$$\left. \begin{aligned} &n = 2 - \frac{1}{60}(f_{cuk} - 50) \\ &\varepsilon_0 = 0.002 + 0.5(f_{cuk} - 50) \times 10^{-5} \\ &\varepsilon_{cu} = 0.0033 - (f_{cuk} - 50) \times 10^{-5} \end{aligned} \right\} \tag{4.4-3}$$

式中,σ_c——混凝土压应变为 ε_c 时的混凝土压应力;

f_c——混凝土轴心抗压强度设计值;

f_{cuk}——混凝土立方体抗压强度标准值;

ε_0——混凝土压应力达到 f_c 时的压应变,当 $\varepsilon_0 < 0.002$ 时,取 $\varepsilon_0 = 0.002$;

ε_{cu}——混凝土的极限压应变,当 $\varepsilon_{cu} > 0.0033$ 时,取 $\varepsilon_{cu} = 0.0033$;

n——系数,当 $n > 2$ 时,取 $n = 2$。

4. 纵向钢筋的受拉应力-应变关系

纵向钢筋采用理想弹性和理想塑性的双直线形式,如图 4.4-2 所示,表达式如下:

当 $\varepsilon_s \leqslant \varepsilon_y$ 时　　　　$\sigma_s = E_s \cdot \varepsilon_s$ $\tag{4.4-4}$

当 $\varepsilon_s > \varepsilon_y$ 时 $\qquad\qquad\qquad \sigma_s = f_y$ $\qquad\qquad\qquad\qquad$ (4.4-5)

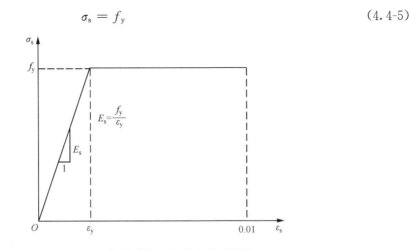

图 4.4-2　钢筋受拉应力-应变关系曲线

4.4.2　等效矩形应力图形

根据基本假定 1 和 3,可得到单筋矩形截面适筋梁在破坏阶段的应力应变分布图形,如图 4.4-3 所示。梁达到极限弯矩 M_u 时,受压边缘的混凝土强度达到 f_c,应变达到极限压应变 ε_{cu},受拉钢筋达到屈服强度 f_y;相应的混凝土受压区高度为 x_c,受压区混凝土的合力为 C,受拉钢筋的合力为 T。

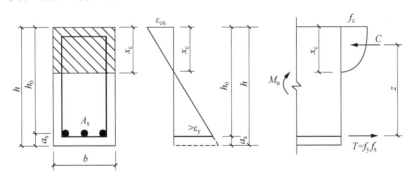

图 4.4-3　破坏阶段梁截面的应变及应力分布

为了求得极限弯矩 M_u,理论计算中可通过积分的方法求得合力 C 的大小和作用点位置,亦可得到合力 C 与 T 之间的内力臂 z。实用计算中,常采用简化方法,即取等效矩形应力图来代替受压区混凝土的理论应力图。等效条件是:①混凝土压应力的合力 C 大小相等;②受压区混凝土合力 C 的作用点位置不变,如图 4.4-4 所示。

设等效矩形应力图的应力值为 $\alpha_1 f_c$,高度为 x。按等效原则可得

$$\left.\begin{array}{l} C = \alpha_1 f_c b x \\ x = \beta_1 x_c \end{array}\right\} \qquad (4.4\text{-}6)$$

α_1 与 β_1 是等效矩形应力图系数,其中 α_1 表示受压区混凝土矩形应力图的应力值与混凝土轴心抗压强度设计值的比值,β_1 表示矩形应力图的受压区高度 x 与中和轴高度 x_c

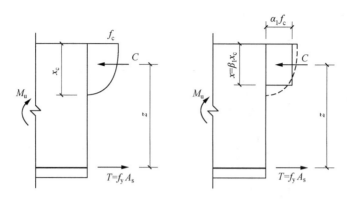

图 4.4-4　等效矩形应力图形

的比值。α_1、β_1 的取值见表 4.4-1,混凝土强度等级不大于 C50 时,可取 $\alpha_1 = 1.0$, $\beta_1 = 0.8$。

表 4.4-1　混凝土受压区等效矩形应力图系数

系数	≤C50	C55	C60	C65	C70	C75	C80
α_1	1.0	0.99	0.98	0.97	0.96	0.95	0.94
β_1	0.8	0.79	0.78	0.77	0.76	0.75	0.74

4.4.3　相对界限受压区高度及界限配筋率

1. 相对受压区高度 ξ

梁的纵向配筋率 ρ 与混凝土受压区高度 x 之间存在对应关系。为应用方便,计算中常用相对受压区高度 ξ 来表示,ξ 为等效矩形应力图的高度 x 与截面有效高度 h_0 的比值,即

$$\xi = \frac{x}{h_0} \tag{4.4-7}$$

2. 相对界限受压区高度 ξ_b 及界限配筋率 ρ_b

适筋梁与超筋梁的界限为"平衡配筋梁"。当梁的纵向配筋率达到界限配筋率 ρ_b,截面受弯破坏时,受拉纵筋屈服与受压混凝土压碎同时发生,如图 4.4-5 所示。

此时,混凝土的受压区高度 x_{cb} 称为界限受压区高度,相应等效矩形应力图的受压区高度 $x_b = \beta_1 \cdot x_{cb}$,则相对界限受压区高度 ξ_b 可表示为

$$\xi_b = \frac{x_b}{h_0} \tag{4.4-8}$$

根据图 4.4-5,由三角函数关系,可得

$$\frac{x_{cb}}{h_0} = \frac{\varepsilon_{cu}}{\varepsilon_{cu} + \varepsilon_y} \tag{4.4-9}$$

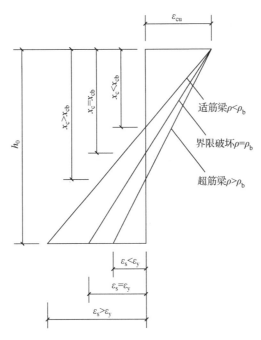

图 4.4-5　适筋梁、超筋梁、界限配筋梁破坏时的截面平均应变分布

则式(4.4-8)可变化如下:

$$\xi_b = \frac{x_b}{h_0} = \frac{\beta_1 x_{cb}}{h_0} = \frac{\beta_1 \varepsilon_{cu}}{\varepsilon_{cu} + \varepsilon_y} = \frac{\beta_1}{1 + \dfrac{f_y}{E_s \varepsilon_{cu}}} \qquad (4.4\text{-}10)$$

式中,f_y——纵筋抗拉强度设计值;

E_s——钢筋的弹性模量;

ε_{cu}——混凝土的极限压应变,按式(4.4-3)计算,当 $\varepsilon_{cu} > 0.0033$ 时,取 $\varepsilon_{cu} = 0.0033$。

式(4.4-10)表明,ξ_b 仅与材料性能有关,而与截面尺寸无关;其值可由表 4.4-2 查得。当 $\xi > \xi_b$ 时,属于超筋梁,当 $\xi = \xi_b$ 时,属于界限情况,与此对应的纵向受拉钢筋界限配筋率 ρ_b 也称为最大配筋率;此时,考虑截面上力的平衡条件,可得 $\alpha_1 f_c b x_b = f_y A_s$,由此式可推导出

$$\rho_b = \xi_b \frac{\alpha_1 f_c}{f_y} \qquad (4.4\text{-}11)$$

通过式(4.4-11),可根据材料性能方便地得出界限配筋率 ρ_b。

表 4.4-2　相对界限受压区高度 ξ_b 和截面最大抵抗矩系数 $\alpha_{s,max}$

钢筋级别	系数	≤C50	C60	C70	C80
HPB300 钢筋	ξ_b	0.576	0.556	0.537	0.518
	$\alpha_{s,max}$	0.410	0.402	0.393	0.384
HRB400 钢筋 HRBF400 钢筋 RRB400 钢筋	ξ_b	0.518	0.499	0.481	0.463
	$\alpha_{s,max}$	0.384	0.375	0.365	0.356

钢筋级别	系数	≤C50	C60	C70	C80
HRB500 钢筋	ξ_b	0.482	0.464	0.447	0.429
HRBF500 钢筋	$\alpha_{s,max}$	0.366	0.357	0.347	0.337

4.4.4　最小配筋率

最小配筋率 ρ_{min} 是适筋梁与少筋梁的界限。由于少筋梁一开裂就破坏,理论上 ρ_{min} 可通过少筋梁的开裂弯矩 M_{cr} 与素混凝土梁的极限弯矩 M_u 相等而确定。实际应用中,考虑到混凝土抗拉强度的离散性以及收缩等因素的影响,ρ_{min} 往往根据工程经验得出。《混凝土结构设计标准》(GB/T 50010—2010)规定的最小配筋率见附表 3-6。

为防止发生少筋梁破坏,适筋梁的配筋率应满足要求

$$\rho \geqslant \rho_{min} \frac{h}{h_0} \tag{4.4-12}$$

对受弯构件、偏心受拉、轴心受拉构件,其一侧的纵向受拉钢筋最小配筋率应取 0.2% 和 $0.45f_t/f_y$ 中的较大值;对板类受弯构件的受拉钢筋,当采用强度级别为 $400\text{N}/\text{mm}^2$、$500\text{N}/\text{mm}^2$ 的钢筋时,其最小配筋率应允许采用 0.15% 和 $0.45f_t/f_y$ 中的较大值。

注意:计算最小配筋率应采用全截面面积 bh,而计算界限配筋率 ρ_b 时采用的是有效截面积 bh_0。

4.5　单筋矩形截面受弯构件正截面承载力计算

4.5.1　基本计算公式

单筋矩形截面适筋受弯构件的正截面受弯承载力计算简图如图 4.5-1 所示。

由力的平衡,可得

$$\alpha_1 f_c bx = f_y A_s \tag{4.5-1}$$

由力矩的平衡,可得

$$M_u = f_y A_s \left(h_0 - \frac{x}{2}\right) \tag{4.5-2}$$

或

$$M_u = \alpha_1 f_c bx \left(h_0 - \frac{x}{2}\right) \tag{4.5-3}$$

式中,M_u——正截面极限抵抗弯矩设计值,取决于构件截面尺寸和材料强度;

f_y——纵筋抗拉强度设计值,见附表 2-3;

f_c——混凝土抗压强度设计值,见附表 2-10;

α_1——等效矩形应力图系数,取值见表 4.4-1;

A_s——纵向受拉钢筋截面面积;

x——等效矩形应力图受压区高度;

b ——构件截面宽度；

h_0 ——构件截面有效高度，$h_0 = h - a_s$；

a_s ——受拉钢筋形心到截面受拉边缘的距离。

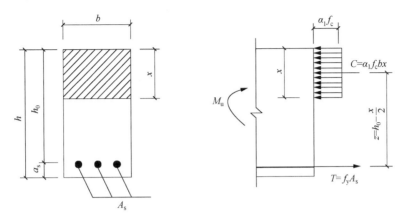

图 4.5-1　单筋矩形截面受弯构件正截面受弯承载力计算简图

在正截面受弯承载力计算中，钢筋直径、数量和排列等尚未知，a_s 往往需要预先估计。若取钢筋混凝土梁的受拉钢筋直径为 20mm，则不同环境类别下的 a_s 可参考表 4.5-1 取值。对板类构件，一类环境中可取 $a_s = 20$mm，二 a 类环境中可取 $a_s = 25$mm。

表 4.5-1　钢筋混凝土梁 a_s 近似取值（mm）

环境等级	梁混凝土最小保护层厚度	箍筋直径 6mm		箍筋直径 8mm	
		受拉钢筋放一排	受拉钢筋放两排	受拉钢筋放一排	受拉钢筋放两排
一	20	35	60	40	65
二 a	25	40	65	45	70
二 b	35	50	75	55	80
三 a	40	55	80	60	85
三 b	50	65	90	70	95

4.5.2　计算系数

为了计算方便，在基本公式中引入几个计算系数。采用相对受压区高度 ξ，则式(4.5-1)～式(4.5-3)可写成

$$\alpha_1 f_c b h_0 \xi = f_y A_s \qquad (4.5\text{-}1\text{a})$$

$$M_u = f_y A_s h_0 (1 - 0.5\xi) \qquad (4.5\text{-}2\text{a})$$

$$M_u = \alpha_1 f_c b h_0^2 \xi (1 - 0.5\xi) \qquad (4.5\text{-}3\text{a})$$

令计算系数

$$\alpha_s = \xi(1 - 0.5\xi) \qquad 即 \qquad \alpha_s = \frac{M_u}{\alpha_1 f_c b h_0^2} \qquad (4.5\text{-}4\text{a})$$

$$\gamma_s = \frac{z}{h_0} \qquad 即 \qquad \gamma_s = 1 - 0.5\xi \qquad (4.5\text{-}4b)$$

通过变换,亦可得到 ξ 和 γ_s 关于 α_s 的表达式

$$\xi = 1 - \sqrt{1 - 2\alpha_s} \qquad (4.5\text{-}5a)$$

$$\gamma_s = \frac{1 + \sqrt{1 - 2\alpha_s}}{2} \qquad (4.5\text{-}5b)$$

式中,α_s——截面抵抗矩系数,相当于匀质弹性体矩形截面梁抵抗矩中的系数 $\frac{1}{6}$;

γ_s——内力矩的内力臂系数。

配筋率 ρ 越大,γ_s 越小,而 α_s 越大。

分别将式(4.5-5a)、式(4.5-4a)代入式(4.5-2a)、式(4.5-3a),可得

$$M_u = f_y A_s \gamma_s h_0 \qquad (4.5\text{-}2b)$$

$$M_u = \alpha_s \alpha_1 f_c b h_0^2 \qquad (4.5\text{-}3b)$$

经过引入三个计算系数 ξ、α_s、γ_s,单筋矩形截面正截面受弯承载力的基本计算公式可写成以下形式:

$$\alpha_1 f_c b h_0 \xi = f_y A_s \qquad (4.5\text{-}1a)$$

$$M_u = f_y A_s \gamma_s h_0 \qquad (4.5\text{-}2b)$$

或

$$M_u = \alpha_s \alpha_1 f_c b h_0^2$$

ξ、α_s、γ_s 三个系数的对应取值,可由附表 5-1 查得。

4.5.3 适用条件

上述基本计算公式,适用于适筋受弯构件的正截面承载力计算。为了避免发生超筋破坏,尚应满足式(4.5-6)中的任一条,即

$$\left.\begin{array}{l} \xi \leqslant \xi_b \\ x \leqslant x_b = \xi_b h_0 \\ \rho \leqslant \rho_b = \xi_b \dfrac{\alpha_1 f_c}{f_y} \\ \alpha_s \leqslant \alpha_{s,max} \end{array}\right\} \qquad (4.5\text{-}6)$$

$\alpha_{s,max}$ 称为截面的最大抵抗矩系数,由式(4.5-4a)可知 $\alpha_{s,max} = \xi_b(1 - 0.5\xi_b)$,其值见表 4-4-2。

为防止发生少筋梁破坏,截面配筋应满足式(4.4-12),即

$$\rho \geqslant \rho_{min} \frac{h}{h_0}$$

根据我国的经验,梁的经济配筋率为 $0.6\% \sim 1.5\%$,板的经济配筋率为 $0.3\% \sim 0.8\%$。

4.5.4 设计计算方法

受弯构件正截面受弯承载力计算包括截面设计和截面复核两种情况。

1. 截面设计

典型的截面设计问题是:已知弯矩设计值 M、混凝土和钢筋的强度等级(f_c、f_y)、构件的截面尺寸(b 和 h)、构件所处的环境类别,求所需的受拉钢筋(A_s)。若已知条件中的构件截面尺寸或材料强度等未直接给出,则需根据规范中的构造要求预先确定。

根据承载能力极限状态设计表达式 $M \leqslant M_u$,考虑到安全及经济两方面的因素,截面设计时,通常令 $M = M_u$。则在基本公式(4.5-1)~式(4.5-3)中,仅有 A_s 和 x 两个未知数,联立方程(4.5-1)和式(4.5-2)或式(4.5-1)和式(4.5-3)即可求解。若利用计算系数 ξ、α_s、γ_s,则计算步骤如下:

1) 由式(4.5-4a),求 $\alpha_s = \dfrac{M_u}{\alpha_1 f_c b h_0^2}$ (应 $\leqslant \alpha_{s,max}$,否则超筋),

2) 由式(4.5-5b),计算 $\xi = 1 - \sqrt{1 - 2\alpha_s}$ (应 $\leqslant \xi_b$,否则超筋);

或由式(4.5-5b),计算 $\gamma_s = \dfrac{1 + \sqrt{1 - 2\alpha_s}}{2}$;

3) 由式(4.5-1a),可得 $A_s = \dfrac{\alpha_1 f_c b h_0 \xi}{f_y}$,并根据构造要求选配钢筋;

或由式(4.5-2b),可得 $A_s = \dfrac{M}{f_y \gamma_s h_0}$,并根据构造要求选配钢筋。

4) 验算适用条件,由于是否超筋的验算已在前两步完成,此仅验算是否少筋即可,即 $\rho = \dfrac{A_s}{b h_0} \geqslant \rho_{min} \dfrac{h}{h_0}$。

注意:①验算适用条件时,若超筋,则需加大截面,或提高混凝土强度等级,或改用双筋矩形截面;②选配钢筋时,采用的钢筋截面面积与计算面积相差宜不超过±5%,并检查实际的 a_s 值与假定的 a_s 是否大致相符,若相差太大,则需重新计算;③计算配筋率时,应采用选配钢筋的实际截面面积。

相应的算例见例 4.5-1、例 4.5-2。

【例 4.5-1】　某矩形截面简支梁的截面尺寸 $b \times h = 250 \times 550$mm,混凝土强度等级为 C35,钢筋强度等级为 HRB400,弯矩设计值为 170kN·m,所处的环境类别为一类。求所需的纵向受拉钢筋。

解　(1)确定参数

由附表 2-3 和附表 2-10 分别查得材料强度设计值

$$f_c = 16.7 \text{ N/mm}^2 、 f_t = 1.57 \text{ N/mm}^2 、 f_y = 360 \text{ N/mm}^2$$

由表 4.4-1 查得

$$\alpha_1 = 1.0 、 \beta_1 = 0.8$$

由表 4.4-2 查得

$$\xi_b = 0.518 \text{ 或 } a_{s,max} = 0.384$$

由表 4.5-1:环境类别为一类,可取 $a_s = 35$mm,则 $h_0 = 550 - 35 = 515$mm。

（2）求计算系数

$$\alpha_s = \frac{M_u}{\alpha_1 f_c b h_0^2} = \frac{170 \times 10^6}{1.0 \times 16.7 \times 250 \times 515^2} = 0.154 \leqslant \alpha_{s,max} = 0.384, \text{不超筋。}$$

由式（4.5-4b）、式（4.5-5b）得

$$\xi = 1 - \sqrt{1 - 2a_s} = 1 - \sqrt{1 - 2 \times 0.154} = 0.168 \leqslant \xi_b = 0.518$$

$$\gamma_s = \frac{1 + \sqrt{1 - 2a_s}}{2} = \frac{1 + \sqrt{1 - 2 \times 0.154}}{2} = 0.916$$

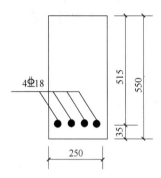

（3）计算配筋

$$A_s = \frac{M}{f_y \gamma_s h_0} = \frac{170 \times 10^6}{360 \times 0.916 \times 515} = 1001.02 \text{ mm}^2$$

根据钢筋有关直径、间距及根数等的构造要求，通过查附表 4-1，选用 4 ⨭ 18，$A_s = 1017 \text{ mm}^2$，如图 4.5-2 所示。

（4）验算适用条件

1）不超筋，已满足。

2）$\rho = \dfrac{A_s}{b h_0} = \dfrac{1017}{250 \times 515} = 0.79\% \geqslant \rho_{min} \dfrac{h}{h_0} = $

图 4.5-2　例 4.5-1 梁截面配筋

$$\max \begin{cases} 0.45 \dfrac{f_t}{f_y} \cdot \dfrac{h}{h_0} \\ 0.2\% \cdot \dfrac{h}{h_0} \end{cases} = \max \begin{cases} 0.210\% \\ 0.214\% \end{cases}, \text{不少筋。}$$

【例 4.5-2】　如图 4.5-3 所示的单跨简支板，计算跨度为 $l_0 = 2.85\text{m}$，承受均布活荷载标准值为 $q_k = 2.5 \text{ kN/m}^2$（不包括板自重），混凝土强度等级为 C30，钢筋采用 HPB300 级。钢筋混凝土容重为 25 kN/m^3，永久性荷载分项系数 $\gamma_G = 1.2$，可变荷载分项系数 $\gamma_Q = 1.4$，环境类别为一类。试确定板厚及所需受拉钢筋。

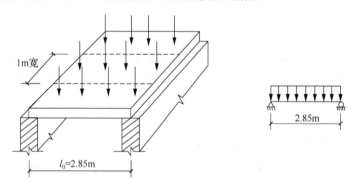

图 4.5-3　例 4.5-2 板受力图

解　已知条件中未直接给出构件截面尺寸 $b \times h$ 和弯矩设计值 M。

（1）先确定截面尺寸 $b \times h$ 和弯矩设计值 M

取 1m 宽单位板带作为计算单元，即 $b = 1000\text{mm}$；根据表 4.2-1 中关于混凝土板的最小厚度要求，设板厚 $h = 90\text{mm}$。

单位板带上永久荷载标准值

$$g_k = 25 \times 0.09 \times 1 = 2.25 \text{kN/m}$$

单位板带上可变荷载标准值

$$q_k = 2.5 \times 1 = 2.5 \text{kN/m}$$

基本组合下跨中最大弯矩设计值为

$$M = \frac{1}{8}(\gamma_G g_k + \gamma_Q q_k)l_0^2 = \frac{1}{8}(1.3 \times 2.25 + 1.5 \times 2.5) \times 2.85^2 = 6.78 \text{kN} \cdot \text{m}$$

（2）确定参数

由附表 2-3 和附表 2-10 分别查得材料强度设计值 $f_c = 14.3$ N/mm²、$f_t = 1.43$ N/mm²、$f_y = 270$ N/mm²。

由表 4.4-1 查得

$$\alpha_1 = 1.0 \text{、} \beta_1 = 0.8$$

由表 4.4-2 查得

$$\xi_b = 0.576 \text{ 或 } a_{s,max} = 0.410$$

由附表 3-3 和表 4.5-1，环境类别为一类，可取 $a_s = 20$mm，则 $h_0 = 90 - 20 = 70$mm。

（3）计算配筋

$$\alpha_s = \frac{M}{\alpha_1 f_c b h_0^2} = \frac{6.78 \times 10^6}{1.0 \times 14.3 \times 1000 \times 70^2} = 0.0968 \leqslant \alpha_{s,max} = 0.410，不超筋$$

$$（或 \xi = 1 - \sqrt{1 - 2\alpha_s} = 1 - \sqrt{1 - 2 \times 0.0968} = 0.102 \leqslant \xi_b = 0.576）$$

$$\gamma_s = \frac{1 + \sqrt{1 - 2\alpha_s}}{2} = \frac{1 + \sqrt{1 - 2 \times 0.0968}}{2} = 0.949$$

$$A_s = \frac{M}{f_y \gamma_s h_0} = \frac{6.78 \times 10^6}{270 \times 0.949 \times 70} = 378 \text{mm}^2$$

根据混凝土板中有关受力钢筋直径、间距等的构造要求，通过查附表 4-2，选用，$\phi 6/8$ @100，$A_s = 393$ mm²，配筋满足要求。

（4）验算适用条件

1）$\xi < \xi_b$，不超筋。

2）$\rho = \dfrac{A_s}{bh_0} = \dfrac{393}{1000 \times 70} = 0.561\% \geqslant \rho_{min}\dfrac{h}{h_0} = \max\begin{cases}0.45\dfrac{f_t}{f_y} \cdot \dfrac{h}{h_0} \\ 0.2\% \cdot \dfrac{h}{h_0}\end{cases} = \max\begin{cases}0.306\% \\ 0.257\%\end{cases}$

不少筋，满足要求。

2. 截面复核

常见的截面复核问题是：已知弯矩设计值 M、截面尺寸 b 和 h、受拉钢筋 A_s，校核截面受弯承载力 M_u 是否满足要求。

计算步骤如下：

1）先由式（4.5-1）或式（4.5-1a）计算出 x 或 ξ，并验算是否满足两个适用条件。

2）再由式（4.5-2）或式（4.5-2a）或式（4.5-3）或式（4.5-3a）计算 M_u。

若 $M_u > M$，认为截面受弯承载力满足要求，否则为不安全。

相应的算例见例 4.5-3。

【例 4.5-3】 已知某矩形截面梁的截面尺寸 $b \times h = 250\text{mm} \times 450\text{mm}$,混凝土强度等级为 C35,配置 3 根直径为 18 的 HRB400 级钢筋,箍筋直径为 6,承受的弯矩为 $M = 100\text{kN} \cdot \text{m}$,所处的环境类别为一类。试复核截面是否安全。

解 (1) 确定参数

根据已知条件,查表得

$$f_c = 16.7\,\text{N/mm}^2 \text{、} f_t = 1.57\,\text{N/mm}^2 \text{、} f_y = 360\,\text{N/mm}^2 \text{,}$$
$$A_s = 763\,\text{mm}^2 \text{,} \alpha_1 = 1.0 \text{,} \xi_b = 0.518 \text{,} c = 20\text{mm}$$

则

$$a_s = c + d_v + \frac{d}{2} = 20 + 6 + \frac{18}{2} = 35\text{mm}, h_0 = 450 - 35 = 415\text{mm}$$

(2) 验算适用条件

1) $\rho = \dfrac{A_s}{bh_0} = \dfrac{763}{250 \times 415} = 0.735\% \geqslant \rho_{\min} \dfrac{h}{h_0} = \max \begin{cases} 0.45\,\dfrac{f_t}{f_y} \cdot \dfrac{h}{h_0} \\[2mm] 0.2\% \cdot \dfrac{h}{h_0} \end{cases} = \max \begin{cases} 0.213\% \\[2mm] 0.217\% \end{cases}$

故不少筋。

2) 由式(4.5-1a),得

$$\xi = \frac{f_y A_s}{\alpha_1 f_c bh_0} = \rho \frac{f_y}{\alpha_1 f_c} = 0.00735 \times \frac{360}{1.0 \times 16.7} = 0.158 < \xi_b = 0.518$$

故不超筋。

(3) 计算 M_u

由式(4.5-2a),得

$$M_u = f_y A_s h_0 (1 - 0.5\xi) = 360 \times 763 \times 415 \times (1 - 0.5 \times 0.158) = 105\text{kN} \cdot \text{m} > M = 100\text{kN} \cdot \text{m},\text{故安全}。$$

4.6　双筋矩形截面受弯构件正截面承载力计算

4.6.1　概述

实际工程中,受弯构件的截面受压区一般也要配置纵向钢筋,若在计算中考虑了钢筋的受压作用,那么这样的配筋截面就称为双筋截面,受压钢筋用 A_s' 表示。

在正截面受弯承载力计算中,采用纵向受压钢筋协助混凝土承受压力是不经济的,但在以下情况适宜采用双筋截面:

1) 弯矩很大,按单筋矩形截面计算所得的 ξ 大于 ξ_b,而梁的截面尺寸和材料强度受到施工和使用条件的限制不能提高时。

2) 在不同荷载组合下,梁承受异号弯矩时。

由于受压钢筋有利于提高截面延性,在抗震结构中,为保证框架梁有足够的延性,要求必须配置一定数量的受压钢筋。

为节省用钢量,设计中要充分利用混凝土的抗压能力,即取受压区高度 $x = \xi_b h_0$,受压不足部分再配置受压钢筋承担。

4.6.2　基本计算公式

双筋矩形截面受弯构件正截面受弯的截面计算简图如图 4.6-1(a)所示。

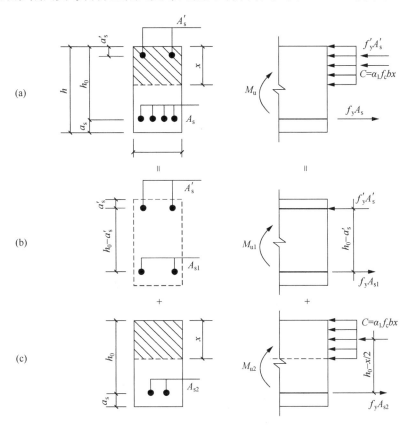

图 4.6-1　双筋矩形截面计算简图

由力的平衡,可得

$$\alpha_1 f_c bx + f_y' A_s' = f_y A_s \tag{4.6-1}$$

由力矩的平衡(对受拉钢筋合力点取矩),可得

$$M_u = \alpha_1 f_c bx \left(h_0 - \frac{x}{2} \right) + f_y' A_s' (h_0 - a_s') \tag{4.6-2}$$

式中, f_y' ——受压钢筋的抗压强度设计值;

A_s' ——纵向受压钢筋截面面积;

a_s' ——受压钢筋形心到截面受压边缘的距离。

4.6.3　适用条件

应用以上两式时,必须满足下列两个适用条件:

1) $x \leqslant \xi_b h_0$，为避免发生超筋破坏。

2) $x \geqslant 2a'_s$，为保证受压钢筋的强度充分发挥；因为若 $x < 2a'_s$，则 $a'_s > \dfrac{x}{2}$，受压筋距离中和轴太近，压应变 ε'_s 太小，受压钢筋不会屈服，不能充分发挥作用。此外，作为保证受压钢筋发挥强度的必要条件，尚应满足规范规定的相应构造要求。

4.6.4 设计计算方法

1. 截面设计

双筋截面受弯构件的正截面设计，一般包括以下两种情况。

1) 情况一：已知弯矩设计值 M、混凝土和钢筋的强度等级（f_c、f_y、f'_y）、构件的截面尺寸（b、h、a_s、a'_s），求所需的受拉钢筋 A_s 和受压钢筋 A'_s。

基本公式（4.6-1）、式（4.6-2）中，有 x、A_s、A'_s 三个未知数，需要补充条件。补充条件以总用钢量（$A_s + A'_s$）最少为原则，设计中在充分利用混凝土抗压能力的基础上再配置受压钢筋，故一般取 $\xi = \xi_b$。

计算步骤如下：

① 先验算是否需配置受压钢筋：

由式（4.5-4a）或式（4.5-4b），求 $a_s = \dfrac{M_u}{\alpha_1 f_c b h_0^2}$ 或 $\xi = 1 - \sqrt{1 - 2a_s}$，

若 $a_s \leqslant a_{s,max}$ 或 $\xi \leqslant \xi_b$，则按 4.5 节所述的单筋矩形截面梁计算；

若 $a_s > a_{s,max}$ 或 $\xi > \xi_b$，且截面尺寸和材料强度受到限制时，可采用双筋截面，并取 $\xi = \xi_b$，继续按②进行计算。

② 计算所需受拉钢筋 A_s 和受压钢筋 A'_s：

由式（4.6-2），并取 $\xi = \xi_b$，得

$$A'_s = \frac{M - \alpha_1 f_c bx\left(h_0 - \dfrac{x}{2}\right)}{f'_y(h_0 - a'_s)} = \frac{M - \alpha_1 f_c bh_0^2 \xi_b(1 - 0.5\xi_b)}{f'_y(h_0 - a'_s)} \qquad (4.6\text{-}2a)$$

由式（4.6-1），并取 $\xi = \xi_b$，得

$$A_s = A'_s \frac{f'_y}{f_y} + \frac{\alpha_1 f_c bx}{f_y} = A'_s \frac{f'_y}{f_y} + \frac{\alpha_1 f_c bh_0 \xi_b}{f_y} \qquad (4.6\text{-}1a)$$

对于情况一，由于取 $\xi = \xi_b$，故一般均能满足 $x \geqslant 2a'_s$ 的适用条件，可不再验算。

2) 情况二：已知弯矩设计值 M、混凝土和钢筋的强度等级（f_c、f_y、f'_y）、构件的截面尺寸（b、h、a_s、a'_s）、以及受压钢筋 A'_s，求所需的受拉钢筋 A_s。

两个基本方程中，只有 x 和 A_s 两个未知数，可直接联立求解。也可将 M_u 分解为两部分，如图 4.6-1 所示：第一部分是由受压钢筋合力 $f'_y A'_s$ 与部分受拉钢筋 $f_y A_{s1}$ 组成的抵抗弯矩 M_{u1}；第二部分是由受压混凝土合力 $\alpha_1 f_c bx$ 与另一部分受拉钢筋合力 $f_y A_{s2}$ 组成的抵抗弯矩 M_{u2}。其中，第一部分弯矩 M_{u1} 与混凝土无关，截面破坏形态不受配筋量 A_{s1} 的影响。则基本公式（4.6-1）和式（4.6-2）也可分别分解为两部分，即

$$\left. \begin{array}{l} f'_y A'_s = f_y A_{s1} \\ \alpha_1 f_c bx = f_y A_{s2} \end{array} \right\} \qquad (4.6\text{-}1b)$$

$$\left.\begin{array}{l} M_{\mathrm{u1}} = f'_{\mathrm{y}} A'_{\mathrm{s}} (h_0 - a'_{\mathrm{s}}) \\[2mm] M_{\mathrm{u2}} = \alpha_1 f_{\mathrm{c}} b x \left(h_0 - \dfrac{x}{2} \right) \end{array}\right\} \tag{4.6-2b}$$

且

$$\left.\begin{array}{l} M_{\mathrm{u}} = M_{\mathrm{u1}} + M_{\mathrm{u2}} \\[2mm] A_{\mathrm{s}} = A_{\mathrm{s1}} + A_{\mathrm{s2}} \end{array}\right\} \tag{4.6-3}$$

情况二的计算步骤如下：

① 由给定的 A'_{s} 可直接求得 A_{s1}。

由式(4.6-1b)，$f'_{\mathrm{y}} A'_{\mathrm{s}} = f_{\mathrm{y}} A_{\mathrm{s1}} \Rightarrow A_{\mathrm{s1}} = \dfrac{f'_{\mathrm{y}}}{f_{\mathrm{y}}} A'_{\mathrm{s}}$

② 按单筋截面梁求 M_{u2} 所对应的 A_{s2}：

由式(4.6-2b)、式(4.6-3)，求 $M_{\mathrm{u2}} = M_{\mathrm{u}} - M_{\mathrm{u1}} = M_{\mathrm{u}} - f'_{\mathrm{y}} A'_{\mathrm{s}} (h_0 - a'_{\mathrm{s}})$

由式(4.5-4a)、式(4.5-5a)，求 $a_{\mathrm{s}} = \dfrac{M_{\mathrm{u2}}}{\alpha_1 f_{\mathrm{c}} b h_0^2}$，$\xi = 1 - \sqrt{1 - 2a_{\mathrm{s}}}$，顺便计算出受压区高度 $x = \xi h_0$

若 $x > x_{\mathrm{b}}$，则表明原有的 A'_{s} 不足，需按 A'_{s} 未知的情况一计算；

若 $x < 2a'_{\mathrm{s}}$，则表明受压钢筋 A'_{s} 不屈服，可近似按受压混凝土合力点与受压钢筋合力点重合，即 $x = 2a'_{\mathrm{s}}$ 的情况重新计算；此时，对受拉钢筋 A_{s} 的合力点取矩，内力臂为 $z = h_0 - a'_{\mathrm{s}}$，则可求得总受拉钢筋面积为

$$A_{\mathrm{s}} = \dfrac{M}{f_{\mathrm{y}} (h_0 - a'_{\mathrm{s}})} \tag{4.6-4}$$

若 $2a'_{\mathrm{s}} \leqslant x = \xi h_0 \leqslant x_{\mathrm{b}} = \xi_{\mathrm{b}} h_0$，则按继续单筋矩形截面梁计算。

由式(4.5-1a)，可得：$A_{\mathrm{s2}} = \dfrac{\alpha_1 f_{\mathrm{c}} b h_0 \xi}{f_{\mathrm{y}}}$

或由式(4.5-5b)，计算 $\gamma_{\mathrm{s}} = \dfrac{1 + \sqrt{1 - 2a_{\mathrm{s}}}}{2}$，再由式(4.5-2b)，可得

$$A_{\mathrm{s2}} = \dfrac{M_{\mathrm{u2}}}{f_{\mathrm{y}} \gamma_{\mathrm{s}} h_0}$$

③ 求得总受拉钢筋面积 $A_{\mathrm{s}} = A_{\mathrm{s1}} + A_{\mathrm{s2}}$，并选配钢筋。

相应的算例见例 4.6-1、例 4.6-2。

【例 4.6-1】　某矩形截面梁的截面尺寸 $b \times h = 200\mathrm{mm} \times 500\mathrm{mm}$，混凝土强度等级为 C30，钢筋强度等级为 HRB400，弯矩设计值为 $300\mathrm{kN \cdot m}$，所处的环境类别为一类。求所需的受拉钢筋 A_{s} 和受压钢筋 A'_{s}。

解　(1) 确定参数

根据已知条件，查表得：$f_{\mathrm{c}} = 14.3\ \mathrm{N/mm^2}$、$f_{\mathrm{t}} = 1.43\ \mathrm{N/mm^2}$、$f_{\mathrm{y}} = f'_{\mathrm{y}} = 360\ \mathrm{N/mm^2}$，$\alpha_1 = 1.0$，$a_{\mathrm{s,max}} = 0.384$，$\xi_{\mathrm{b}} = 0.518$，假定受拉钢筋放两排，受压钢筋放一排，箍筋直径为 $\phi6$，则由表 4.5-1 可得 $a_{\mathrm{s}} = 60\mathrm{mm}$，设 $a'_{\mathrm{s}} = 35\mathrm{mm}$，$h_0 = 500 - 60 = 440\mathrm{mm}$。

(2) 验算是否需配置受压钢筋

由式(4.5-4a)，得 $a_{\mathrm{s}} = \dfrac{M_{\mathrm{u}}}{\alpha_1 f_{\mathrm{c}} b h_0^2} = \dfrac{300 \times 10^6}{1 \times 14.3 \times 200 \times 440^2} = 0.542 > a_{\mathrm{s,max}} = 0.384$，

已超筋。

若截面尺寸和材料强度受到限制时，可采用双筋截面，并取 $\xi = \xi_b$。

（3）计算所需受拉钢筋 A_s 和受压钢筋 A_s'

由式（4.6-2a），得

$$A_s' = \frac{M - \alpha_1 f_c b h_0^2 \xi_b (1 - 0.5\xi_b)}{f_y'(h_0 - a_s')}$$

$$= \frac{300 \times 10^6 - 1 \times 14.3 \times 200 \times 440^2 \times 0.518 \times (1 - 0.5 \times 0.518)}{360(440 - 35)} = 600\text{mm}^2$$

由式（4.6-1a），得

$$A_s = A_s'\frac{f_y'}{f_y} + \frac{\alpha_1 f_c b h_0 \xi_b}{f_y} = 600 + \frac{1 \times 14.3 \times 200 \times 440 \times 0.518}{360} = 2411 \text{ mm}^2$$

查附表 4-1，受拉钢筋选用 5 Φ 25，$A_s = 2454$ mm²；受压钢筋选用 3 Φ 16，$A_s' = 603$mm²。

【例 4.6-2】　某矩形截面梁的截面尺寸 $b \times h = 200\text{mm} \times 500\text{mm}$，混凝土强度等级为 C30，钢筋强度等级为 HRB400，弯矩设计值为 300 kN·m，所处的环境类别为一类。已在受压区配置 2 Φ 20 钢筋，$A_s' = 628$ mm²，求所需的受拉钢筋 A_s。

解　（1）确定参数：同例 4.6-1

（2）由给定的 A_s' 可直接求得 A_{s1}

由式（4.6-1b）

$$A_{s1} = \frac{f_y'}{f_y} A_s' = 628 \text{ mm}^2$$

（3）按单筋截面梁求 M_{u2} 所对应的 A_{s2}

由式（4.6-2b）、式（4.6-3），得

$$M_{u2} = M_u - M_{u1} = M_u - f_y' A_s'(h_0 - a_s')$$
$$= 300 \times 10^6 - 360 \times 628 \times (440 - 35) = 208.4 \times 10^6 \text{N·mm}$$

由式（4.5-4a），得

$$a_s = \frac{M_{u2}}{\alpha_1 f_c b h_0^2} = \frac{208.4 \times 10^6}{1.0 \times 14.3 \times 200 \times 440^2} = 0.376$$

由式（4.5-5a），得

$$\xi = 1 - \sqrt{1 - 2\alpha_s} = 0.502 < \xi_b = 0.518$$

满足适用条件（1）。

$x = \xi h_0 = 0.502 \times 440 = 221 > 2a_s' = 70\text{mm}$，满足适用条件（2）。

由式（4.5-5b），得

$$\gamma_s = \frac{1 + \sqrt{1 - 2a_s}}{2} = \frac{1 + \sqrt{1 - 2 \times 0.376}}{2} = 0.749$$

再由式（4.5-2b），得

$$A_{s2} = \frac{M_{u2}}{f_y \gamma_s h_0} = \frac{208.4 \times 10^6}{360 \times 0.749 \times 440} = 1756 \text{ mm}^2$$

（4）求得总受拉钢筋面积

$$A_s = A_{s1} + A_{s2} = 628 + 1756 = 2384 \text{ mm}^2$$

查附表 4-1,受拉钢筋选用 5 Φ 25

$$A_s = 2454 \text{ mm}^2$$

或选用 6 Φ 22,$A_s = 2281 \text{ mm}^2$,$\dfrac{2384-2281}{2384}=4.3\%<5\%$,也可以。

2. 截面复核

常见的截面复核问题是:已知弯矩设计值 M、截面尺寸 b 和 h、截面配筋 A_s 和 A'_s、材料强度等级(f_c、f_y、f'_y)。校核截面受弯承载力 M_u 是否满足要求。

计算步骤如下:

1) 由基本公式(4.6-1)计算 x 为

$$x = \frac{f_y A_s - f'_y A'_s}{\alpha_1 f_c b}$$

2) 根据不同的适用条件,选用相应的公式计算 M_u。

若 $2a'_s \leqslant x \leqslant \xi_b h_0$,则按式(4.6-2)计算 M_u。

若 $x > \xi_b h_0$,则取 $x = x_b$,按式(4.6-2)计算 M_u。

若 $x < 2a'_s$,则按式(4.6-4)计算 M_u。

3) 若 $M_u > M$,认为截面受弯承载力满足要求,否则为不安全。

相应的算例见例 4.6-3。

【例 4.6-3】 已知梁的截面尺寸 $b \times h = 200\text{mm} \times 450\text{mm}$,混凝土强度等级为 C35,钢筋强度等级为 HRB335,配置的受拉钢筋为 3 Φ 25,$A_s = 1473\text{mm}^2$;受压钢筋为 2 Φ 16,$A'_s = 402\text{mm}^2$;弯矩设计值为 120kN·m,所处的环境类别为二类 a。验算截面是否安全。

解 (1)确定参数

根据已知条件,查表得:$f_c = 16.7 \text{ N/mm}^2$、$f_t = 1.57 \text{ N/mm}^2$、$f_y = f'_y = 300 \text{ N/mm}^2$,$\alpha_1 = 1.0$,$\xi_b = 0.55$,受拉钢筋和压钢筋均放置一排,设箍筋直径为 $\phi 6$,则 $a_s = a'_s = 40\text{mm}$,$h_0 = 450 - 40 = 410\text{mm}$。

(2)由基本公式(4.6-1)计算 x

$$x = \frac{f_y A_s - f'_y A'_s}{\alpha_1 f_c b} = \frac{300 \times (1473 - 402)}{1.0 \times 16.7 \times 200} = 96\text{mm}$$

$$\leqslant x_b = \xi_b h_0 = 0.55 \times 410 = 225.5\text{mm}$$

$$> 2a'_s = 80\text{mm}$$

(3)计算 M_u

由式(4.6-2),得

$$M_u = \alpha_1 f_c b x \left(h_0 - \frac{x}{2}\right) + f'_y A'_s (h_0 - a'_s)$$

$$= 1.0 \times 16.7 \times 200 \times 96 \times \left(410 - \frac{96}{2}\right) + 300 \times 402 \times (410 - 40)$$

$$= 160.69\text{kN·m} > M = 120\text{kN·m}$$

故满足安全要求。

4.7　T形截面受弯构件正截面承载力计算

4.7.1　概述

由于受弯构件的受拉区混凝土一旦开裂就退出工作,破坏时大部分受拉区混凝土早已退出工作。故可将受拉区的一部分混凝土挖去,将受拉钢筋集中布置在梁肋中,形成 T 形截面,如图 4.7-1(a)所示,不但截面承载力不会降低,还可节约混凝土减轻自重。若受拉钢筋较多,可将梁肋底部适当增大形成 I 形截面,如图 4.7-1(b)所示。

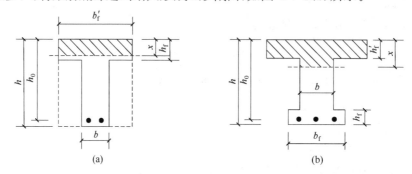

图 4.7-1　T形截面与 I 形截面

T 形和 I 形截面梁在工程中应用广泛,例如现浇肋梁楼盖中的主梁和次梁、T 形吊车梁、槽形板等均属于 T 形截面;Ⅱ形截面梁、箱形梁等 I 形截面,在承载力计算时可按 T 形截面考虑。但翼缘位于受拉区的倒 T 形截面,仍按宽度为肋宽的矩形截面计算。

试验表明,T 形截面梁受力后,翼缘上的纵向压应力分布是不均匀的,离梁肋越远压应力越小,如图 4.7-2(a)所示。

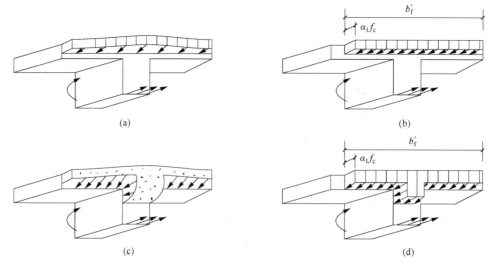

图 4.7-2　T形截面梁受压区实际应力与计算应力图

(a)、(c). 实际应力图;(b)、(d). 计算应力图

为简化计算,并考虑受压翼缘压应力分布不均匀的影响,《混凝土结构设计标准》(GB/T 50010—2010)采用有效翼缘宽度 b_f',并假定在 b_f' 范围内压应力是均匀分布的,不考虑 b_f' 以外的翼缘作用,如图 4.7-2(b)所示。表 4.7-1 中列出了规范规定的翼缘计算宽度 b_f',计算时应取表中所列各项情况的最小值。

表 4.7-1　受弯构件受压区有效翼缘计算宽度 b_f'

项次	考虑情况		T 形截面		倒 L 形截面
			肋形梁(板)	独立梁	肋形梁(板)
1	按计算跨度 l_0 考虑		$l_0/3$	$l_0/3$	$l_0/6$
2	按梁(肋)净距 s_n 考虑		$b+s_\mathrm{n}$	—	$b+s_\mathrm{n}/2$
3	按翼缘高度 h_f' 考虑	当 $h_\mathrm{f}'/h_0 \geqslant 0.1$	—	$b+12h_\mathrm{f}'$	—
		当 $0.1 > h_\mathrm{f}'/h_0 \geqslant 0.05$	$b+12h_\mathrm{f}'$	$b+6h_\mathrm{f}'$	$b+5h_\mathrm{f}'$
		当 $h_\mathrm{f}'/h_0 < 0.05$	$b+12h_\mathrm{f}'$	b	$b+5h_\mathrm{f}'$

4.7.2　T 形截面的类型及判别

计算 T 形截面梁时,根据中和轴的位置或受压区高度 x 的大小,可分为两类:

1) 第一类 T 形截面:中和轴在翼缘内,即 $x \leqslant h_\mathrm{f}'$。

2) 第二类 T 形截面:中和轴在梁肋内,即 $x > h_\mathrm{f}'$。

为了在 x 未知的情况下判断 T 形截面的类型,首先对图 4.7-3 所示 $x = h_\mathrm{f}'$ 时的特殊情况进行分析。

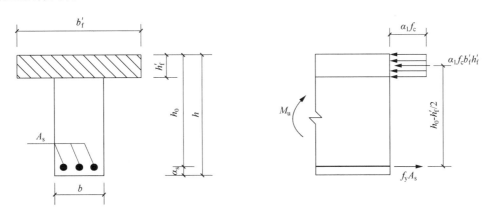

图 4.7-3　$x = h_\mathrm{f}'$ 时的 T 形梁截面

由力的平衡条件,得

$$\alpha_1 f_\mathrm{c} b_\mathrm{f}' h_\mathrm{f}' = f_\mathrm{y} A_\mathrm{s} \tag{4.7-1}$$

由力矩平衡条件,得

$$M_\mathrm{u} = \alpha_1 f_\mathrm{c} b_\mathrm{f}' h_\mathrm{f}' \left(h_0 - \frac{h_\mathrm{f}'}{2} \right) \tag{4.7-2}$$

式中,b_f'——T 形截面受弯构件受压区的翼缘宽度;

h_f'——T 形截面受弯构件受压区的翼缘高度。

显然,若

$$f_y A_s \leqslant \alpha_1 f_c b'_f h'_f \tag{4.7-3}$$

或

$$M_u \leqslant \alpha_1 f_c b'_f h'_f \left(h_0 - \frac{h'_f}{2}\right) \tag{4.7-4}$$

则 $x \leqslant h'_f$,属于第一类 T 形截面。

反之,若

$$f_y A_s > \alpha_1 f_c b'_f h'_f \tag{4.7-5}$$

或

$$M_u > \alpha_1 f_c b'_f h'_f \left(h_0 - \frac{h'_f}{2}\right) \tag{4.7-6}$$

则 $x > h'_f$,属于第二类 T 形截面。

式(4.7-4)和式(4.7-6)适用于设计题的判别(A_s 未知),式(4.7-3)和式(4.7-5)适用于复核题的判别(A_s 已知)。

4.7.3　计算公式及适用条件

1. 第一类 T 形截面

由图 4.7-4 可知,截面受压区为矩形,而受拉区形状与承载力计算无关,因此计算方法与梁宽为 b'_f 的矩形梁完全相同。

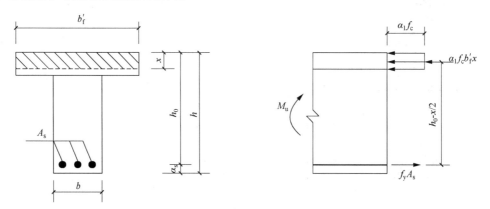

图 4.7-4　第一类 T 形截面应力图

计算公式为

$$\alpha_1 f_c b'_f x = f_y A_s \tag{4.7-7}$$

$$M_u = \alpha_1 f_c b'_f x \left(h_0 - \frac{x}{2}\right) \tag{4.7-8}$$

适用条件:

1)$\xi \leqslant \xi_b$:因为 $\xi = \dfrac{x}{h_0} \leqslant \dfrac{h'_f}{h_0}$,一般 $\dfrac{h'_f}{h_0}$ 较小,通常均可满足条件,不必验算。

2) $\rho \geqslant \rho_{\min} \dfrac{h}{h_0}$：此处 $\rho = \dfrac{A_s}{bh_0}$，指的是相对于矩形 $b \times h$ 的配筋率。

2. 第二类 T 形截面

根据图 4.7-5，由力的平衡，可得

$$\alpha_1 f_c (b'_f - b) h'_f + \alpha_1 f_c bx = f_y A_s \qquad (4.7\text{-}9)$$

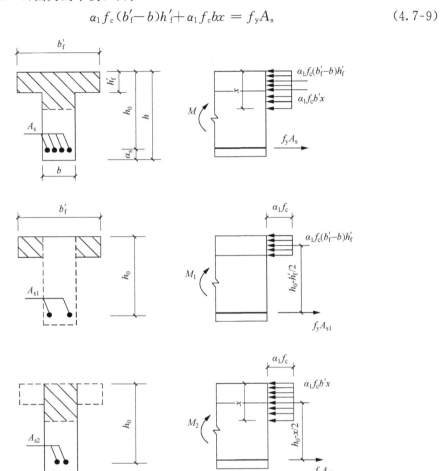

图 4.7-5　第二类 T 形截面应力图

由力矩平衡可得

$$M_u = \alpha_1 f_c (b'_f - b) h'_f \left(h_0 - \frac{h'_f}{2} \right) + \alpha_1 f_c bx \left(h_0 - \frac{x}{2} \right) \qquad (4.7\text{-}10)$$

适用条件：

1) $x \leqslant \xi_b h_0$：与单筋矩形截面受弯情况相同，为保证破坏时受拉钢筋先屈服。

2) $\rho \geqslant \rho_{\min} \dfrac{h}{h_0}$：一般均能满足，可不验算。

4.7.4　设计计算方法

1. 截面设计

一般已知弯矩设计值 M、混凝土和钢筋的强度等级（f_c、f_y）、构件的截面尺寸（b、h、b'_f、h'_f），求所需的受拉钢筋 A_s。可按下述两种类型进行计算。

（1）第一类 T 形

计算方法与 $b'_f \times h$ 的单筋矩形截面梁完全相同。

（2）第二类 T 形

若令 $M = M_u$，则两个基本方程（4.7-9）和式（4.7-10）中，只有 x 和 A_s 两个未知数，可直接联立求解。

亦可把第二类 T 形截面梁理解为双筋矩形截面受弯构件。将 M 分解为两部分，如图 4.7-5 所示：第一部分是由受压翼缘挑出部分的混凝土合力 $\alpha_1 f_c(b'_f - b)h'_f$ 与部分受拉钢筋 $f_y A_{s1}$ 组成的弯矩 M_1；第二部分是由受压腹板部分的混凝土合力 $\alpha_1 f_c bx$ 与另一部分受拉钢筋合力 $f_y A_{s2}$ 组成的弯矩 M_2，则

基本公式（4.7-9）和式（4.7-10）也可分别分解为两部分

$$\alpha_1 f_c(b'_f - b)h'_f = f_y A_{s1} \tag{4.7-9a}$$

$$\alpha_1 f_c bx = f_y A_{s2} \tag{4.7-9b}$$

和

$$M_{u1} = \alpha_1 f_c(b'_f - b)h'_f\left(h_0 - \frac{h'_f}{2}\right) \tag{4.7-10a}$$

$$M_{u2} = \alpha_1 f_c bx\left(h_0 - \frac{x}{2}\right) \tag{4.7-10b}$$

且

$$M_u = M_{u1} + M_{u2} \tag{4.7-11a}$$

$$A_s = A_{s1} + A_{s2} \tag{4.7-11b}$$

由式（4.7-9a）可求得

$$A_{s1} = \frac{\alpha_1 f_c(b'_f - b)h'_f}{f_y}$$

A_{s2} 可根据式（4.7-9b）和式（4.7-10b），按尺寸为 $b \times h$ 的矩形单筋截面受弯构件计算。

相应的算例见例 4.7-1、例 4.7-2。

【例 4.7-1】 已知某 T 形截面梁，承受的弯矩设计值 390kN·m，梁的截面尺寸为 $b \times h = 250\text{mm} \times 600\text{mm}$，$b'_f = 750\text{mm}$，$h'_f = 90\text{mm}$；混凝土强度等级为 C30，钢筋强度等级为 HRB400，所处的环境类别为一类。求所需的受拉钢筋 A_s。

解　（1）确定相关参数

根据已知条件，查表得 $f_c = 14.3\,\text{N/mm}^2$、$f_t = 1.43\,\text{N/mm}^2$、$f_y = f'_y = 360\,\text{N/mm}^2$，$\alpha_1 = 1.0$，$\xi_b = 0.518$；假定受拉钢筋放两排，取 $a_s = 60\text{mm}$、$h_0 = 600 - 60 = 540\text{mm}$。

(2) 判别 T 形截面的类型

$$\alpha_1 f_c b_f' h_f' \left(h_0 - \frac{h_f'}{2}\right) = 1.0 \times 14.3 \times 750 \times 90 \times \left(540 - \frac{90}{2}\right) = 477.8 \times 10^6 \, \text{N} \cdot \text{mm} >$$

$390 \times 10^6 \, \text{N} \cdot \text{mm}$，属于第一类 T 形截面。

(3) 计算 A_s

可按截面尺寸 $b_f' \times h$ 的单筋矩形截面梁计算：

$$a_s = \frac{M_u}{\alpha_1 f_c b_f' h_0^2} = \frac{390 \times 10^6}{1 \times 14.3 \times 750 \times 540^2} = 0.125$$

$$\xi = 1 - \sqrt{1 - 2\alpha_s} = 1 - \sqrt{1 - 2 \times 0.125} = 0.134 \leqslant \xi_b = 0.518$$

$$\gamma_s = \frac{1 + \sqrt{1 - 2\alpha_s}}{2} = \frac{1 + \sqrt{1 - 2 \times 0.125}}{2} = 0.933$$

$$A_s = \frac{M}{f_y \gamma_s h_0} = \frac{390 \times 10^6}{360 \times 0.933 \times 540} = 2150 \, \text{mm}^2$$

查附表 4-1，受拉钢筋选用 4 Φ 22 + 2 Φ 20，$A_s = 1520 + 628 = 2148 \, \text{mm}^2$。

(4) 验算

$$\rho = \frac{A_s}{bh_0} = \frac{2148}{250 \times 540} = 1.59\% > \rho_{min} \cdot \frac{h}{h_0} = \max\left(0.2\%, 0.45 \frac{f_t}{f_y}\right)\frac{h}{h_0} =$$

$\max(0.22\%, 0.199\%)$，满足要求。

【例 4.7-2】 已知某 T 形截面梁，承受的弯矩设计值 620kN·m，梁的截面尺寸为 $b \times h = 300\text{mm} \times 650\text{mm}$，$b_f' = 600\text{mm}$，$h_f' = 110\text{mm}$；混凝土强度等级为 C35，钢筋强度等级为 HRB400，所处的环境类别为二 a 类。求所需的受拉钢筋 A_s。

解 (1) 确定相关参数

根据已知条件，查表得 $f_c = 16.7 \, \text{N/mm}^2$、$f_t = 1.57 \, \text{N/mm}^2$、$f_y = f_y' = 360 \, \text{N/mm}^2$，$\alpha_1 = 1.0$，$\xi_b = 0.518$；假定受拉钢筋放两排，取 $a_s = 70\text{mm}$，$h_0 = 650 - 70 = 580\text{mm}$。

(2) 判别 T 形截面的类型

$$\alpha_1 f_c b_f' h_f' \left(h_0 - \frac{h_f'}{2}\right) = 1.0 \times 16.7 \times 600 \times 110 \times \left(580 - \frac{110}{2}\right)$$

$$= 578.7 \times 10^6 \, \text{N} \cdot \text{mm} < 620 \times 10^6 \, \text{N} \cdot \text{mm}$$

属于第二类 T 形截面。

(3) 计算 A_s

$$A_{s1} = \frac{\alpha_1 f_c (b_f' - b) h_f'}{f_y} = \frac{1.0 \times 16.7 \times (600 - 300) \times 110}{360} = 1531 \, \text{mm}^2$$

$$M_{u1} = \alpha_1 f_c (b_f' - b) h_f' \left(h_0 - \frac{h_f'}{2}\right)$$

$$= 1.0 \times 16.7 \times (600 - 300) \times 110 \times \left(580 - \frac{110}{2}\right) = 289.3 \times 10^6 \, \text{N} \cdot \text{mm}$$

$$M_{u2} = M - M_1 = 620 \times 10^6 - 289.3 \times 10^6 = 330.7 \times 10^6 \, \text{N} \cdot \text{mm}$$

A_{s2} 可按尺寸为 $b \times h$ 的矩形单筋截面梁计算：

$$\alpha_s = \frac{M_{u2}}{\alpha_1 f_c b h_0^2} = \frac{330.7 \times 10^6}{1 \times 16.7 \times 300 \times 580^2} = 0.196$$

$$\xi = 1 - \sqrt{1 - 2\alpha_s} = 1 - \sqrt{1 - 2 \times 0.196} = 0.220 \leqslant \xi_b = 0.518$$

$$\gamma_s = \frac{1 + \sqrt{1 - 2\alpha_s}}{2} = \frac{1 + \sqrt{1 - 2 \times 0.196}}{2} = 0.890$$

$$A_{s2} = \frac{M_{u2}}{f_y \gamma_s h_0} = \frac{330.7 \times 10^6}{360 \times 0.890 \times 580} = 1780 \text{ mm}^2$$

$$A_s = A_{s1} + A_{s2} = 1531 + 1780 = 3311 \text{ mm}^2$$

查附表 4-1,受拉钢筋选用 7Φ25,$A_s = 3436$ mm²。

2. 截面复核

一般已知弯矩设计值 M、混凝土和钢筋的强度等级(f_c、f_y)、构件的截面尺寸(b、h、b_f'、h_f'),受拉钢筋 A_s,计算 M_u。

(1) 第一类 T 形截面

若满足式(4.7-3),则按 $b_f' \times h$ 的单筋矩形截面梁计算 M_u。

(2) 第二类 T 形截面

若满足式(4.7-5),则按下述方法计算 M_u。

1) 由式(4.7-9a)计算 A_{s1}:$A_{s1} = \dfrac{\alpha_1 f_c (b_f' - b) h_f'}{f_y}$。

2) 由式(4.7-10a)计算 M_{u1}:$M_{u1} = \alpha_1 f_c (b_f' - b) h_f' \left(h_0 - \dfrac{h_f'}{2} \right)$。

3) 由式(4.7-11b)计算 A_{s2}:$A_{s2} = A_s - A_{s1}$。

4) 由式(4.7-9b)计算 x:$x = \dfrac{f_y A_{s2}}{\alpha_1 f_c b}$。

5) 由式(4.7-10b)计算 M_{u2}:$M_{u2} = \alpha_1 f_c b x \left(h_0 - \dfrac{x}{2} \right)$。

6) 计算 $M_u = M_{u1} + M_{u2}$,并与 M 进行比较,若 $M_u > M$,认为截面受弯承载力满足要求,否则为不安全。

思 考 题

4.1 什么是受弯构件?工程实际中有哪些构件属于受弯构件?

4.2 工程中的受弯构件有哪些常见的截面型式?

4.3 混凝土保护层的作用是什么?梁和板的保护层厚度如何取值?

4.4 钢筋混凝土梁中的钢筋类型有哪些?分别起什么作用?

4.5 钢筋混凝土板中的钢筋类型有哪些?分别起什么作用?

4.6 简述钢筋混凝土梁中配筋的一般构造要求。

4.7 简述钢筋混凝土板中配筋的一般构造要求。

4.8 简述钢筋混凝土梁正截面破坏的几种形态、特点以及与配筋率的关系。

4.9 简述适筋梁的受力全过程以及各阶段的受力特点。

4.10 什么是配筋率?配筋率对梁的正截面承载力和破坏形态有何影响?

4.11　钢筋混凝土受弯构件正截面承载力计算的基本假定是什么？

4.12　什么是平截面假定？

4.13　用等效矩形应力图形代替理论应力图形的等效条件是什么？特征值 α_1 和 β_1 的物理意义是什么？

4.14　什么是相对界限受压区高度？相对界限受压区高度与哪些因素有关？

4.15　简述单筋矩形截面受弯构件承载力计算的基本公式和适用条件,规定此适用条件的意义是什么？

4.16　什么是双筋截面？在什么情况下适合采用双筋截面？

4.17　双筋矩形截面正截面承载力计算中的适用条件什么？规定此适用条件的意义是什么？

4.18　如何判断两类 T 形截面？截面设计和截面校核计算中的判别条件分别是什么？

4.19　如何确定 T 形截面梁的翼缘计算宽度？

4.20　连续混凝土梁的跨中截面和支座截面分别应按何种截面形式进行受弯承载力计算？

习　　题

4.1　已知某矩形截面简支梁的截面尺寸 $b \times h = 200\text{mm} \times 500\text{mm}$,混凝土强度等级为 C30,钢筋强度等级为 HRB400,弯矩设计值为 165kN·m,环境类别为一类。求所需的纵向受拉钢筋。

4.2　已知某单跨简支板,计算跨度为 $l_0 = 3.15\text{m}$,承受均布荷载设计值为 $g + q = 8$ kN/m²(含板自重),采用 C30 级混凝土和 HPB300 级钢筋。环境类别为一类。试确定板厚及所需受拉钢筋。

4.3　已知某梁的截面尺寸 $b \times h = 250\text{mm} \times 500\text{mm}$,混凝土强度等级为 C40,钢筋强度等级为 HRB400,弯矩设计值为 360kN·m,所处的环境类别为一类。求所需的纵向钢筋。

4.4　已知某梁的截面尺寸 $b \times h = 250\text{mm} \times 500\text{mm}$,混凝土强度等级为 C40,钢筋强度等级为 HRB400,弯矩设计值为 360kN·m,所处的环境类别为一类。但在受压区已配置受压钢筋 3 Φ 20,$A'_s = 941 \text{mm}^2$。求所需的纵向受拉钢筋 A_s。

4.5　已知某梁的截面尺寸 $b \times h = 200\text{mm} \times 500\text{mm}$,混凝土强度等级为 C35,配置受拉钢筋 3 Φ 25,受压钢筋 2 Φ 16,弯矩设计值为 300kN·m,所处的环境类别为一类。验算此梁正截面是否安全。

4.6　已知某肋梁楼盖的次梁,承受的弯矩设计值 410kN·m,梁的截面尺寸为 $b \times h = 200\text{mm} \times 600\text{mm}$,$b'_f = 1000\text{mm}$,$h'_f = 90\text{mm}$;混凝土强度等级为 C25,钢筋强度等级为 HRB400,所处的环境类别为一类。求所需的受拉钢筋 A_s。

4.7　已知某 T 形截面梁,承受的弯矩设计值 550kN·m,梁的截面尺寸为 $b \times h = 250\text{mm} \times 700\text{mm}$,$b'_f = 600\text{mm}$,$h'_f = 100\text{mm}$;混凝土强度等级为 C30,钢筋强度等级为 HRB400,钢筋放两排,$a_s = 70\text{mm}$。求所需的受拉钢筋 A_s。

第5章　受弯构件的斜截面承载力计算

5.1　概　　述

如图 5.1-1 所示的钢筋混凝土简支梁,承受对称集中荷载作用。由其 M 和 V 图可以看出:纯弯段主要承受弯矩 M 的作用,弯矩过大时将会产生正截面受弯破坏;而在剪力和弯矩共同作用的剪弯段,则可能会发生沿斜裂缝的斜截面受剪破坏或斜截面受弯破坏。因此,要避免受弯构件发生承载力破坏,除了需有足够的正截面受弯承载力,还要具有足够的斜截面承载力。工程设计中,斜截面受弯承载力一般通过对纵向钢筋和箍筋的构造要求来保证,斜截面受剪承载力则需要通过计算和构造同时来满足。

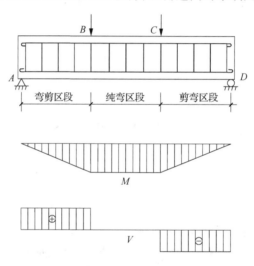

图 5.1-1　承受对称集中荷载作用的钢筋混凝土简支梁

为了防止斜截面破坏,应使梁具有合理的截面尺寸,并配置必要的箍筋。剪力较大时,可再设置斜钢筋。斜钢筋一般由梁内的纵筋弯起而成,称为弯起钢筋,有时还可采用附加的单独斜钢筋。箍筋、弯起钢筋(或斜筋)统称为腹筋。腹筋与纵筋、架立钢筋等构成梁的钢筋骨架,如图 5.1-2 所示。

理论上,箍筋应顺着主拉应力方向斜向放置,才能更有效地抑制斜裂缝的开展。但斜向箍筋不便与纵向钢筋绑扎成牢固的钢筋骨架,故一般都采用竖向箍筋。

试验研究表明,箍筋对斜裂缝的抑制效果优于弯起钢筋,所以工程设计中应优先选用箍筋,然后再考虑弯起钢筋。由于弯起钢筋承受的拉力较大而且集中,可能会在弯起处引起混凝土的劈裂裂缝。因此放置在梁侧边缘的钢筋不宜弯起,位于梁底的角部钢筋不能弯起,弯起钢筋的直径不宜过粗。

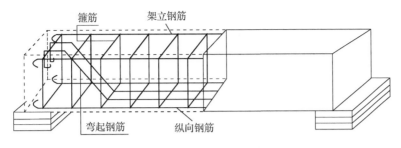

图 5.1-2　梁的钢筋骨架

　　受弯构件既可能发生主要由弯矩引起的破坏,也可能发生主要由剪力引起的破坏。本章的研究对象为同时承受弯矩和剪力作用的剪弯段,核心任务是根据构件的剪力设计值,配置合适的腹筋。

5.2　受弯构件斜裂缝的形成及剪跨比

5.2.1　受弯构件斜裂缝的形成

　　剪弯区段受弯矩和剪力的共同作用,弯矩使截面产生正应力 σ,剪力使截面产生剪应力 τ,两者在梁截面上任一点均可合成为方向相互垂直的主拉应力 σ_{tp} 和主压应力 σ_{cp}。对于钢筋混凝土梁,在裂缝出现前,可近似看作匀质弹性体,其任一点的主拉应力、主压应力及主拉应力的作用方向与梁轴线的夹角 α 可按材料力学公式计算。

　　图 5.2-1 为一无腹筋简支梁在对称二集中荷载作用下的主应力轨迹线图形,实线为主拉应力轨迹线,虚线为主压应力轨迹线。在中和轴附近(图中①点),正应力 $\sigma = 0$ 仅有剪应力作用,主拉应力 σ_{tp} 和主压应力 σ_{cp} 与梁轴线成 45°夹角;在受压区内(②点),正应力 σ 为压应力,使 σ_{cp} 增大、σ_{tp} 减小,主拉应力 σ_{tp} 与梁轴线的夹角大于 45°;在受拉区内

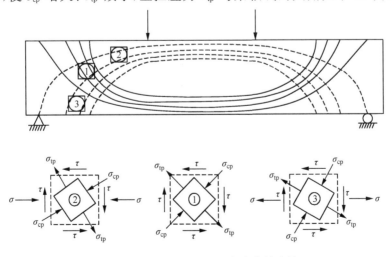

图 5.2-1　钢筋混凝土梁的主应力轨迹线

（③点），正应力 σ 为拉应力，使 σ_{tp} 增大、σ_{cp} 减小，主拉应力 σ_{tp} 与梁轴线的夹角小于 $45°$。随着荷载增大，梁内各点应力也随之增大，当拉应变达到混凝土的极限拉应变时，混凝土开裂，裂缝方向垂直于主拉应力轨迹线方向，即沿主压应力轨迹线方向形成斜裂缝。

钢筋混凝土梁剪弯段内的斜裂缝主要有腹剪斜裂缝和弯剪斜裂缝两类。通常在梁腹部沿主压应力轨迹线产生的斜裂缝，称为腹剪斜裂缝，其特点为中间宽两头细，成枣核形，常见于 I 形截面薄腹梁中，如图 5.2-2(a) 所示。首先在剪弯段截面的下边缘出现一些较短的竖向裂缝，然后向上沿主压应力轨迹线引伸而成的斜裂缝，称为弯剪斜裂缝。这种裂缝是最常见的，上细下宽，如图 5.2-2(b) 所示。

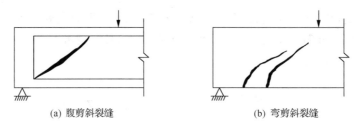

(a) 腹剪斜裂缝　　　　　　　　　　(b) 弯剪斜裂缝

图 5.2-2　钢筋混凝土梁斜裂缝的形式

5.2.2　剪跨比

剪跨比 λ 是反映梁的斜截面受剪破坏形态和斜截面受剪承载力变化规律的重要参数。一般称最外侧的集中荷载到临近支座的距离 a 为剪跨，剪跨 a 与截面有效高度 h_0 的比值称为计算剪跨比，即 $\lambda = \dfrac{a}{h_0}$。

试验研究表明，梁某一截面处的剪跨比 λ 等于该截面的弯矩值 M 与剪力值 V 和有效高度 h_0 的乘积的比值，即 $\lambda = \dfrac{M}{Vh_0}$，称为广义剪跨比。

对于承受集中荷载的简支梁，如图 5.2-3 所示，计算剪跨比与广义剪跨比相同，即

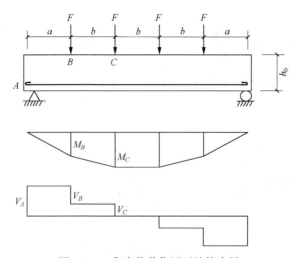

图 5.2-3　集中荷载作用下的简支梁

$\lambda = \dfrac{M}{Vh_0} = \dfrac{a}{h_0}$。对于承受均布荷载的简支梁，$\lambda$ 则可表达为跨高比 $\dfrac{l}{h_0}$ 的函数，此处不再详述。

5.3　受弯构件的斜截面受剪破坏形态

5.3.1　无腹筋梁的斜截面受剪破坏形态

无腹筋梁的斜截面受剪破坏形态主要与剪跨比 λ 有关，随 λ 不同主要发生以下三种破坏形式。

1. 斜压破坏

当 $\lambda < 1$ 时，常发生斜压破坏。这种破坏多数发生在剪力大而弯矩小的区段，以及腹板很薄的 T 形或 I 形截面梁内。斜裂缝首先在梁腹部出现，并逐渐向支座和集中荷载作用点延伸，最后混凝土被腹剪斜裂缝分割成若干个斜向短柱而压坏，如图 5.3-1(a)所示。

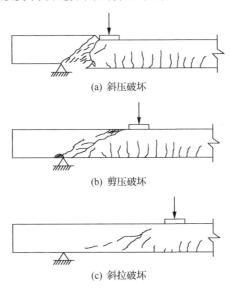

图 5.3-1　斜截面受剪破坏形态

斜压破坏属于脆性破坏，梁的受剪承载力取决于混凝土的抗压强度，是斜截面受剪承载力中最大的。

2. 斜拉破坏

当 $\lambda > 3$ 时，常发生斜拉破坏。其破坏特点是垂直裂缝一出现就迅速向加载点延伸，形成临界斜裂缝，斜截面承载力随之丧失，梁被斜向拉断，如图 5.3-1(c)所示。

斜拉破坏具有很明显的脆性，破坏荷载很小，其承载力取决于混凝土的抗拉强度。

3. 剪压破坏

当 $1 \leqslant \lambda \leqslant 3$ 时,常发生剪压破坏。其破坏特征通常是先在剪弯区段的受拉区边缘先出现一些垂直裂缝,这些裂缝沿竖向延伸一定长度后,就斜向发展形成一些弯剪斜裂缝,其中一条弯剪斜裂缝发展成延伸较长、开展宽度较大的主斜裂缝,即临界斜裂缝。临界斜裂缝出现后迅速延伸,使剪压区的高度不断减小,最后剪压区混凝土在剪应力和压应力共同作用下达到复合应力状态下的极限强度而破坏,如图 5.3-1(b)所示。

剪压破坏也属于脆性破坏,但脆性不如前两种破坏明显,承载力介于前两者之间。

无腹筋梁的上述三种破坏均属于脆性破坏,在工程中应尽量避免。如图 5.3-2 所示为三种破坏形态的荷载-挠度曲线,从中可看出各种破坏形态的承载能力和脆性程度大小不同。设计中斜压破坏和斜拉破坏主要靠满足构造措施来避免,而剪压破坏则通过配箍计算来防止。

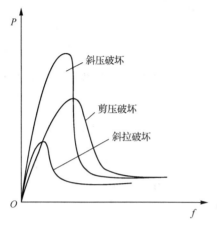

图 5.3-2　斜截面受剪破坏的 P-f 曲线

5.3.2　有腹筋梁的斜截面受剪破坏形态

与无腹筋梁类似,有腹筋梁的斜截面受剪破坏形态也分为斜压破坏、斜拉破坏和剪压破坏三种。腹筋虽然不能防止斜裂缝的发生,但却能够抑制斜裂缝的开展和延伸。因此,对有腹筋梁,除了剪跨比外,配箍率也对破坏形态有很大影响,如表 5.3-1 所示。

表 5.3-1　剪跨比和配箍率对有腹筋梁受剪破坏形态的影响

配箍率	剪跨比		
	$\lambda<1$	$1<\lambda<3$	$\lambda>3$
无腹筋	斜压破坏	剪压破坏	斜拉破坏
ρ_{sv} 很小	斜压破坏	剪压破坏	斜拉破坏
ρ_{sv} 适量	斜压破坏	剪压破坏	剪压破坏
ρ_{sv} 很大	斜压破坏	斜压破坏	斜压破坏

1. 斜压破坏

当腹筋配置数量过多,或剪跨比很小时,在箍筋屈服前,梁腹混凝土就会因抗压能力不足而发生斜压破坏。在薄腹梁中,即使剪跨比 λ 较大,也会发生斜压破坏。此时梁的受剪承载力取决于构件的截面尺寸和混凝土强度。

2. 斜拉破坏

当腹筋配置数量过少,且 $\lambda>3$ 时,斜裂缝一旦出现,与斜裂缝相交的腹筋承受不了原来由混凝土承担的拉力,会立即屈服而不能抑制斜裂缝的开展,最终发生斜拉破坏。

3. 剪压破坏

当腹筋配置数量适当,且剪跨比 $1 \leqslant \lambda \leqslant 3$ 时,发生剪压破坏;甚至 $\lambda > 3$ 时,也可避免斜拉破坏,而转为剪压破坏。因为斜裂缝产生后,与斜裂缝相交的箍筋不会立即受拉屈服,箍筋能够限制斜裂缝的开展而避免了斜拉破坏。箍筋屈服后,斜裂缝迅速向上发展,使逐渐缩小的剪压区的混凝土在正应力 σ 和剪应力 τ 共同作用下产生剪压破坏。

一般情况下,只要有腹筋梁的截面尺寸合适,箍筋配置数量适当,剪压破坏是斜截面受剪破坏中最常见的一种破坏形态。

5.4　受弯构件斜截面受剪承载力计算公式

5.4.1　影响斜截面受剪承载力的主要因素

影响受弯构件斜截面受剪承载力的因素很多,试验结果表明,以下因素的影响较显著。

1. 剪跨比

试验研究表明,剪跨比对无腹筋梁的破坏形态和受剪承载力影响最大;随着剪跨比 λ 的增大,梁将依次发生斜压破坏、剪压破坏和斜拉破坏,其受剪承载力则逐渐降低,当 $\lambda > 3$ 时,剪跨比的影响不再明显。对有腹筋梁,在配箍率较低时剪跨比的影响较大,配箍率适中时剪跨比的影响次之,配箍率很高时剪跨比的影响则较小。

2. 混凝土强度

斜截面破坏是因混凝土达到相应受力状态下的极限强度而发生的,斜截面受剪承载力随混凝土强度的提高而增长。但不同的破坏形态下,混凝土强度的影响也不同。斜压破坏时,受剪承载力取决于混凝土的抗压强度;斜拉破坏时,受剪承载力取决于混凝土的抗拉强度,而抗拉强度的增加较抗压强度缓慢,故混凝土强度的影响就较小;剪压破坏时,混凝土强度的影响居于上述两者之间。

3. 配箍率和箍筋强度

有腹筋梁出现斜裂缝后,箍筋不仅直接承受部分剪力,而且有效抑制斜裂缝的开展和延伸,对提高剪压区混凝土的抗剪能力和纵向钢筋的销栓作用有积极的影响。试验表明,当配箍率适当时,梁的受剪承载力随配箍量的增多、箍筋强度的提高而有较大幅度的增长,如图 5.4-1 所示。

配箍量一般用配箍率 ρ_{sv} 表示,指沿梁长,在一个箍筋间距的范围内,箍筋各肢的截面面积之和与混凝土水平截面面积的比值,即

$$\rho_{sv} = \frac{A_{sv}}{bs} = \frac{n \cdot A_{sv1}}{bs} \tag{5.4-1}$$

式中，A_{sv}——配置在同一截面内箍筋各肢的总截面面积；

　　　　A_{sv1}——单肢箍筋的截面面积；

　　　　n——同一截面内箍筋的肢数（图 5.4-2）；

　　　　s——沿构件长度方向的箍筋间距；

　　　　b——梁的宽度。

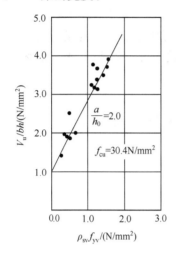

图 5.4-1　箍筋的配筋率对梁受剪承载力的影响

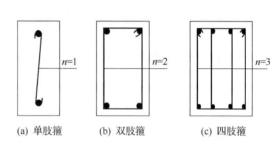

(a) 单肢箍　　　(b) 双肢箍　　　(c) 四肢箍

图 5.4-2　箍筋的肢数

4. 纵筋配筋率

试验表明，梁的受剪承载力随纵筋配筋率的增大而提高。这主要是纵筋受剪产生了销栓力，约束了斜裂缝的延伸，从而增大了剪压区面积的缘故。

5. 其他因素

（1）截面形状

T 形、I 形截面由于存在受压翼缘，增加了剪压区的面积，使斜拉破坏和剪压破坏的受剪承载力比相同梁宽的矩形截面大约提高 20%，但受压翼缘对斜压破坏的受剪承载力并没有提高作用，因为斜压破坏主要发生在腹板中。

（2）截面尺寸

截面尺寸对无腹筋梁的受剪承载力有较大的影响，因为随着梁的高度增大，斜裂缝宽度也较大，骨料咬合作用削弱，导致销栓作用大大降低。试验表明，在其他参数（混凝土强度、纵筋配筋率、剪跨比）保持不变时，梁高扩大 4 倍，受剪承载力下降 25%～30%。对于有腹筋梁，截面尺寸的影响将减小。

（3）斜截面上的骨料咬合力

斜裂缝处的骨料咬合力仅对无腹筋梁的斜截面受剪承载力影响较大。

5.4.2　斜截面受剪承载力的计算公式

混凝土梁的三种斜截面受剪破坏形态，在工程设计中都应设法避免。对于斜压破坏，一般通过限制截面尺寸来防止;对于斜拉破坏,常用满足最小配箍率条件及构造要求来防止;对于剪压破坏,其承载力变化幅度较大,必须通过计算配置相应数量的腹筋来保证斜截面受剪承载力。

我国《混凝土结构设计标准》(GB/T 50010—2010)所规定的计算公式,是根据剪压破坏形态而建立的半经验半理论的实用计算公式,其中引入了几点基本假设。

1. 基本假设

1) 梁发生剪压破坏时,斜截面上所承受的剪力设计值主要由三部分组成,如图 5.4-3 所示,由力的平衡条件,可得

$$V_u = V_c + V_s + V_{sb} \tag{5.4-2}$$

式中, V_u——梁斜截面破坏时承受的总剪力设计值;

V_c——剪压区混凝土承担的剪力设计值;

V_s——与斜裂缝相交的箍筋承担的剪力设计值;

V_{sb}——与斜裂缝相交的弯起钢筋承担的剪力设计值。

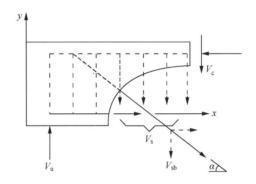

图 5.4-3 斜截面受剪承载力的组成

对于有腹筋梁,由于箍筋抑制了斜裂缝的发展,使梁剪压区面积增大,导致了 V_c 的提高,而提高程度又与箍筋的强度和配箍率有关,因而 V_c 和 V_s 密切相关,不宜分开表达,常以 V_{cs} 来表示混凝土和箍筋的总受剪承载力,即

$$V_{cs} = V_c + V_s \tag{5.4-3}$$

则

$$V_u = V_{cs} + V_{sb} \tag{5.4-4}$$

2) 假定有腹筋梁发生剪压破坏时,与斜裂缝相交的箍筋和弯起钢筋的拉应力均达到其屈服强度。但考虑到弯起钢筋与破坏斜截面相交位置的不确定性,有的与斜裂缝相交时已接近受压区,钢筋应力在斜截面受剪破坏时达不到屈服强度,因此,《规范》规定对弯起钢筋的强度乘以 0.8 的钢筋应力不均匀系数。如图 5.4-4 所示,弯起钢筋承担的剪力为

$$V_{sb} = 0.8 f_y A_{sb} \sin\alpha \tag{5.4-5}$$

式中, f_y——弯起钢筋的抗拉强度设计值,由于用作抗剪,当 $f_y > 360 \text{N/mm}^2$ 时,取 $f_y = 360 \text{N/mm}^2$;

A_{sb} ——同一弯起平面内的弯起钢筋截面面积；

α ——弯起钢筋与构件轴线的夹角，一般取 $45°\sim60°$。

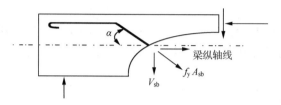

图 5.4-4　弯起钢筋承担的剪力

3）有腹筋梁中，斜裂缝处的骨料咬合力和纵筋销栓力的抗剪作用已大多被箍筋代替。计算时忽略不计，仅作为安全储备。

4）截面尺寸主要影响无腹筋梁的斜截面承载力，故仅在不配箍筋和弯起钢筋的厚板计算时才予以考虑。

5）为了计算简便，仅在计算受集中荷载作用为主的梁时才考虑剪跨比 λ 的影响。

2. 基本计算公式

1）仅配箍筋时，矩形、T 形和 I 形截面受弯构件的斜截面受剪承载力可计算为

$$V_{cs} = \alpha_v f_t b h_0 + f_{yv}\frac{A_{yv}}{s}h_0 \tag{5.4-6}$$

式中，f_t ——混凝土轴心抗拉强度设计值；

b ——矩形截面的宽度，T 形或 I 形截面的腹板宽度；

h_0 ——构件截面的有效高度；

f_{yv} ——箍筋抗拉强度设计值，一般可取 $f_{yv} = f_v$，但当 $f_y > 360\text{N/mm}^2$ 时，应取 $f_y = 360\text{N/mm}^2$；

A_{sv} ——配置在同一截面内箍筋各肢的总截面面积，$A_{sv} = n \cdot A_{sv1}$，其中 n 为同一截面内箍筋的肢数，A_{sv1} 为单肢箍筋的截面面积；

s ——沿构件长度方向箍筋的间距；

α_v ——截面混凝土受剪承载力系数，对一般受弯构件和有明确集中荷载作用的独立梁，取值有所不同。

为方便使用，下面分别写出一般受弯构件和有明确集中荷载作用时的具体公式：

① 对一般受弯构件，α_v 取 0.7，即

$$V_{cs} = 0.7 f_t b h_0 + f_{yv}\frac{A_{sv}}{s}h_0 \tag{5.4-7}$$

② 对有明确集中荷载作用（包括作用有多种荷载，其中集中荷载对支座截面或节点边缘所产生的剪力值占总剪力的 75% 以上）的独立梁，按下式计算

$$V_{cs} = \frac{1.75}{\lambda + 1.0} f_t b h_0 + f_{yv}\frac{A_{sv}}{s}h_0 \tag{5.4-8}$$

式中，λ ——计算截面的剪跨比，可取 $\lambda = a/h_0$；当 $\lambda < 1.5$ 时，取 1.5，当 $\lambda > 3$ 时，取 3，

a 为集中荷载作用点至支座截面或节点边缘的距离。

2) 同时配箍筋和弯起钢筋时,受剪承载力计算中还应考虑弯起钢筋的作用,则

$$V_u = V_{cs} + V_{sb} = \alpha_v f_t b h_0 + f_{yv} \frac{A_{sv}}{s} h_0 + 0.8 f_y A_{sb} \sin\alpha \qquad (5.4\text{-}9)$$

① 对一般受弯构件,式(5.4-9)可写为

$$V_u = 0.7 f_t b h_0 + f_{yv} \frac{A_{sv}}{s} h_0 + 0.8 f_y A_{sb} \sin\alpha \qquad (5.4\text{-}10)$$

② 对有明确集中荷载作用(包括作用有多种荷载,其中集中荷载对支座截面或节点边缘所产生的剪力值占总剪力的 75% 以上)的独立梁,式(5.4-9)可写为

$$V_u = \frac{1.75}{\lambda + 1.0} f_t b h_0 + f_{yv} \frac{A_{sv}}{s} h_0 + 0.8 f_y A_{sb} \sin\alpha \qquad (5.4\text{-}11)$$

需要说明是:

a. 上述公式都适用于矩形、T 形和 I 形截面,并不表明截面形状对受剪承载力没有影响,只是影响不大。

b. 上述计算公式虽然采用了混凝土、箍筋和弯起钢筋的抗剪承载力分开表达的形式,但公式综合反映了配置腹筋后构件的受剪承载力。

3) 不配箍筋和弯起钢筋的板类受弯构件,其斜截面受剪承载力应计算为

$$V_u = V_c = 0.7 \beta_h f_t b h_0 \qquad (5.4\text{-}12)$$

$$\beta_h = \left(\frac{800}{h_0}\right)^{\frac{1}{4}} \qquad (5.4\text{-}13)$$

式中,β_h——截面高度影响系数,当 $h_0 < 800$nm 时,取 $h_0 = 800$mm;当 $h_0 > 2000$mm 时,取 $h_0 = 2000$mm。

3. 限制条件

由于梁的斜截面受剪承载力计算公式是针对剪压破坏形态确定的,因而具有一定的限制条件。

(1) 截面最小尺寸限制——防止斜压破坏

当梁截面尺寸过小而剪力较大时,即使配箍率较高,也往往发生斜压破坏。为避免斜压破坏,同时也为了防止梁在使用过程中斜裂缝过宽,《标准》对截面尺寸规定如下:

当 $\frac{h_w}{b} \leqslant 4$ 时,应满足

$$V \leqslant 0.25 \beta_c f_c b h_0 \qquad (5.4\text{-}14)$$

当 $\frac{h_w}{b} \geqslant 6$ 时,应满足

$$V \leqslant 0.2 \beta_c f_c b h_0 \qquad (5.4\text{-}15)$$

当 $4 < \frac{h_w}{b} < 6$ 时,公式中系数按直线内插法确定。

式中,V——斜截面上的最大剪力设计值;

β_c——混凝土强度影响系数:当混凝土强度等级不超过 C50 时,取 $\beta_c = 1.0$;当混凝土强度等级为 C80 时,取 $\beta_c = 0.8$;其间按直线内插法确定;

f_c —— 混凝土抗压强度设计值;

b —— 矩形截面的宽度或 T 形和 I 形截面的腹板宽度;

h_0 —— 截面有效高度;

h_w —— 截面的腹板高度;对矩形截面,取有效高度;对 T 形截面,取有效高度减去翼缘高度;对 I 形截面,取腹板净高。

对 T 形或 I 形截面的简支受弯构件,当有实践经验时,式(5.4-14)中的系数可改用 0.3。

(2) 最小配箍率限制——防止斜拉破坏

当配箍率过小时,斜裂缝出现后,箍筋因不能承受突然增大的拉应力而导致斜拉破坏。为了避免此类破坏,《标准》规定配箍率 ρ_{sv} 应满足

$$\rho_{sv} = \frac{A_{sv}}{bs} \geqslant \rho_{sv,min} = 0.24 \frac{f_t}{f_{yv}} \qquad (5.4\text{-}16)$$

(3) 箍筋选配的构造要求

在斜截面受剪承载力计算中,当设计剪力值 V 符合下列要求时,即

1) 对一般受弯构件

$$V \leqslant 0.7 f_t b h_0 \qquad (5.4\text{-}17)$$

2) 对有明确集中荷载作用的独立梁

$$V \leqslant \frac{1.75}{\lambda + 1.0} f_t b h_0 \qquad (5.4\text{-}18)$$

时,可不必通过斜截面受剪承载力计算来配置箍筋,按构造配箍即可。无论按计算配箍还是按构造配箍,均应满足最小配箍率 $\rho_{sv,min}$、最大箍筋间距 s_{max} 和最小箍筋直径 d_{min} 的要求,分别见式(5.4-16)、表 5.4-1 和表 5.4-2 所示。

表 5.4-1 梁中最大箍筋间距 s_{max}(mm)

梁高 h/mm	$V > 0.7 f_t b h_0$	$V \leqslant 0.7 f_t b h_0$
$150 < h \leqslant 300$	150	200
$300 < h \leqslant 500$	200	300
$500 < h \leqslant 850$	250	350
$h \leqslant 800$	300	400

表 5.4-2 梁中箍筋最小直径 d_{min}(mm)

梁高 h/mm	箍筋直径
$h \leqslant 800$	6
$h > 800$	8

此外,对于计算不需配箍的梁:当截面高度 $h > 300$mm 时,应按构造要求沿梁全长设置箍筋;当 $h = (150 \sim 300)$mm 时,可仅在梁端部 1/4 跨度范围内设置箍筋,但当梁中部 1/2 范围内有集中荷载作用时,则应沿梁全长设置箍筋;当 $h < 150$mm 时,可不设箍筋。

5.5　受弯构件斜截面受剪承载力的计算方法

5.5.1　计算截面位置

斜截面受剪承载力计算时,为了保证任意斜截面均具有足够的抗剪承载力,《混凝土结构设计标准》(GB/T 50010—2010)规定,剪力设计值的计算应选取下列截面位置,如图 5.5-1 所示。

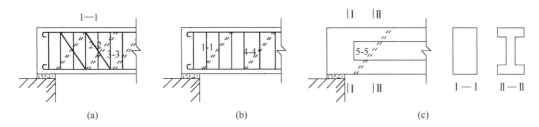

图 5.5-1　斜截面受剪承载力的计算截面位置

1. 支座边缘处的斜截面

如图 5.5-1(a)、(b)中的截面 1—1,通常支座边缘处的剪力设计值最大。

2. 弯起钢筋弯起点处的斜截面

如图 5.5-1(a)中的截面 2—2 和 3—3,无弯起钢筋通过区段的承载力会低于有弯起钢筋通过的区段,通常取钢筋弯起点处的斜截面作为计算截面。计算弯起钢筋时,一般取前一排弯起钢筋弯起点处的剪力值进行计算;计算第一排弯起钢筋时,则取支座边缘处的剪力值。

3. 箍筋直径或间距改变处的斜截面

如图 5.5-1(b)中的截面 4—4,因为与该斜截面相交的箍筋直径或间距改变,将影响梁的受剪承载力。

4. 截面尺寸改变处的斜截面

如图 5.5-1(c)中的截面 5—5,因为梁截面尺寸的变化,也将影响梁的受剪承载力。

上述斜截面均属受剪承载力的关键部位,计算时应取这些斜截面范围内的最大剪力。

5.5.2　计算步骤

钢筋混凝土受弯构件的设计,应同时防止梁的正截面破坏和斜截面破坏。通常先进行正截面承载力设计,确定截面尺寸和纵向钢筋,然后再进行斜截面受剪承载力的设计。斜截面受剪承载力的设计计算步骤如下。

1. 计算控制截面的剪力设计值 $V_{\max}$

2. 验算截面限制条件(防止斜压破坏)

若 $\dfrac{h_{\mathrm{w}}}{b} \leqslant 4$,应满足 $V \leqslant 0.25\beta_{\mathrm{c}} f_{\mathrm{c}} b h_0$;若 $\dfrac{h_{\mathrm{w}}}{b} \geqslant 6$,应满足 $V \leqslant 0.2\beta_{\mathrm{c}} f_{\mathrm{c}} b h_0$;若 $4 < \dfrac{h_{\mathrm{w}}}{b} < 6$,应按直线内插法确定。若不满足上述条件,应加大截面尺寸或提高混凝土强度等级。

3. 验算是否需要按计算配置箍筋

若 $V \leqslant 0.7 f_{\mathrm{t}} b h_0$(对一般受弯构件)或 $V \leqslant \dfrac{1.75}{\lambda + 1.0} f_{\mathrm{t}} b h_0$(对有明确集中荷载作用的独立梁),仅需按上节所述的箍筋选配构造要求配置箍筋即可,否则,需按计算配置箍筋,具体见下列步骤。

4. 若仅配置箍筋

对一般受弯构件,按式(5.4-7),计算 $\dfrac{A_{\mathrm{sv}}}{s} = \dfrac{V - 0.7 f_{\mathrm{t}} b h_0}{f_{\mathrm{yv}} h_0}$。

对有明确集中荷载作用的独立梁,按式(5.4-8),计算 $\dfrac{A_{\mathrm{sv}}}{s} = \dfrac{V - \dfrac{1.75}{\lambda + 1.0} f_{\mathrm{t}} b h_0}{f_{\mathrm{yv}} h_0}$。

根据计算结果选择箍筋的肢数、直径和间距,并使其符合最小配箍率 $\rho_{\mathrm{sv,min}}$、最大箍筋间距 $s_{\max}$ 和最小箍筋直径 $d_{\min}$ 的相关要求即可。

5. 若同时配置箍筋和弯起钢筋

先确定弯起钢筋量,再根据式(5.4-10)或式(5.4-11),即

$$V = 0.7 f_{\mathrm{t}} b h_0 + f_{\mathrm{yv}} \frac{A_{\mathrm{sv}}}{s} h_0 + 0.8 f_{\mathrm{y}} A_{\mathrm{sb}} \sin\alpha \quad (\text{对一般受弯构件})$$

或

$$V = \frac{1.75}{\lambda + 1.0} f_{\mathrm{t}} b h_0 + f_{\mathrm{yv}} \frac{A_{\mathrm{sv}}}{s} h_0 + 0.8 f_{\mathrm{y}} A_{\mathrm{sb}} \sin\alpha \quad (\text{对有明确集中荷载作用的独立梁})$$

计算出 $\dfrac{A_{\mathrm{sv}}}{s}$,并按相关要求选配箍筋即可。

5.5.3 计算例题

【例 5.5-1】 某钢筋混凝土矩形截面简支梁,支承条件、截面尺寸及纵筋配筋情况如图 5.5-2 所示。梁承受均布荷载设计值 $q = 70\mathrm{kN/m}$(包括自重),混凝土强度等级为 C25,箍筋采用 HPB300 级钢筋,纵筋为热轧 HRB400。试确定腹筋数量。

解 (1)确定相关参数

根据已知条件,查表可得:$f_{\mathrm{c}} = 11.9\mathrm{N/mm^2}$、$f_{\mathrm{t}} = 1.27\mathrm{N/mm^2}$、$f_{\mathrm{yv}} = 270\mathrm{N/mm^2}$、$f_{\mathrm{y}} = 360\mathrm{N/mm^2}$,$\beta_{\mathrm{c}} = 1.0$,取 $a_{\mathrm{s}} = 35\mathrm{mm}$,则 $h_0 = 550 - 35 = 515\mathrm{mm}$。

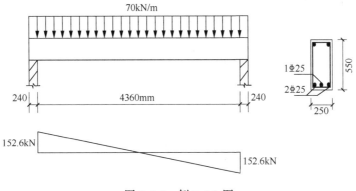

图 5.5-2　例 5.5-1 图

（2）求控制截面的剪力设计值 $V_{\max}$

支座边缘截面处剪力最大，其剪力设计值为

$$V_{\max} = \frac{1}{2}ql_0 = \frac{1}{2} \times 70 \times 4.36 = 152.6\text{kN}$$

（3）验算截面尺寸

$$\frac{h_w}{b} = \frac{h_0}{b} = \frac{515}{250} = 2.06 \leqslant 4，属厚腹梁；应采用下式验算为$$

$$0.25\beta_c f_c bh_0 = 0.25 \times 1.0 \times 11.9 \times 250 \times 515 = 383\text{kN} > 152.6\text{kN}$$

故截面尺寸满足要求。

（4）验算是否需要计算配置箍筋

$$若\ 0.7f_t bh_0 = 0.7 \times 1.27 \times 250 \times 515 = 114.46\text{kN} < 152.6\text{kN}$$

应按计算配置箍筋。

（5）若仅配置箍筋

由式（5.4-7），$V \leqslant V_{cs} = 0.7f_t bh_0 + f_{yv}\dfrac{A_{sv}}{s}h_0$，得

$$\frac{A_{sv}}{s} = \frac{nA_{sv1}}{s} \geqslant \frac{V - 0.7f_t bh_0}{f_{yv}h_0} = \frac{152\,600 - 0.7 \times 1.27 \times 250 \times 515}{270 \times 515} = 0.274\text{mm}^2/\text{mm}$$

依据表 5.4-1 梁中最大箍筋间距要求和表 5.4-2 梁中箍筋最小直径要求，此取 $\phi6@$ 150，2 肢箍，则

$$\frac{nA_{sv1}}{s} = \frac{2 \times 28.3}{150} = 0.377\text{mm}^2/\text{mm} > 0.274\text{mm}^2/\text{mm}$$

实际配箍率

$$\rho_{sv} = \frac{nA_{sv1}}{bs} = \frac{2 \times 28.3}{250 \times 150} = 0.151\% > \rho_{sv,\min} = 0.24\frac{f_t}{f_{yv}} = 0.24 \times \frac{1.27}{270} = 0.113\%$$

故所配双肢 $\phi6@150$ 的箍筋满足要求。

（6）若同时配置箍筋和弯起钢筋

根据已有的 3Φ25 纵向钢筋，可利用 1Φ25 以 45°弯起，则弯筋承担的剪力为

$$V_{sb} = 0.8f_y A_{sb}\sin\alpha = 0.8 \times 360 \times 490.9 \times \frac{\sqrt{2}}{2} = 100\text{kN}$$

混凝土和箍筋尚需承担的剪力为

$$V_{cs} = V - V_{sb} = 152.6 - 100 = 52.6 \text{kN}$$

再按第(4)步方法,即可计算得箍筋用量。

亦可根据经验直接选配箍筋并进行承载力验算。

若选配 $\phi6@200$ 的双肢箍,则

$$V = 0.7 f_t b h_0 + f_{yv} \frac{A_{sv}}{s} h_0$$

$$= 0.7 \times 1.27 \times 250 \times 515 + 270 \times \frac{2 \times 28.3}{200} \times 515 = 153.8 \text{kN} > 52.6 \text{kN}$$

满足要求。

【例 5.5-2】 某钢筋混凝土独立简支梁,截面尺寸 $b \times h = 200 \text{mm} \times 550 \text{mm}$,计算简图和截面剪力如图 5.5-3 所示(均布荷载中已计入梁自重)。混凝土强度等级为 C30,箍筋采用 HPB300 级钢筋。环境类别为一类。试配置箍筋。

解 (1)确定相关参数

根据已知条件,查表可得:$f_c = 14.3 \text{N/mm}^2$、$f_t = 1.43 \text{N/mm}^2$、$f_{yv} = 270 \text{N/mm}^2$,$\beta_c = 1.0$;假定放单排钢筋,可取 $a_s = 40 \text{mm}$,则 $h_0 = 550 - 40 = 510 \text{mm}$。截面剪力设计值已知。

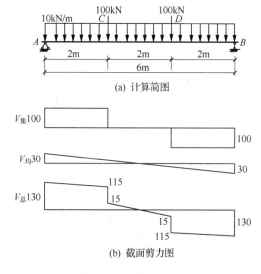

(a) 计算简图

(b) 截面剪力图

图 5.5-3 例 5.5-2 图

(2)验算截面尺寸

$$\frac{h_w}{b} = \frac{h_0}{b} = \frac{510}{200} = 2.55 \leqslant 4,\text{属厚腹梁;应采用下式验算:}$$

$$0.25 \beta_c f_c b h_0 = 0.25 \times 1.0 \times 14.3 \times 200 \times 510 = 364.65 \text{kN} > 130 \text{kN}$$

故截面尺寸满足要求。

由于该梁同时受集中荷载和均布荷载,且集中荷载在两支座截面上产生的剪力值均占总剪力值的 75% 以上:$\frac{V_{集}}{V_{总}} = \frac{100}{130} = 76.9\%$,故均应考虑剪跨比 λ 的影响,按式(5.4-8)

计算受剪承载力。

根据剪力的变化情况,可将该梁分为 AC、CD 和 DB 三个区段来计算。AC 段和 DB 段剪力设计值大小相等,可一并计算。

AC 段和 DB 段[分段后,继续进行第(3)步计算]。

(3)验算是否需要计算配置箍筋

$$\lambda = \frac{a}{h_0} = \frac{2000}{510} = 3.92 > 3,取\lambda = 3$$

$$\alpha_v = \frac{1.75}{\lambda + 1} = \frac{1.75}{3 + 1} = 0.4375$$

$$\alpha_v f_t b h_0 = 0.4375 \times 1.43 \times 200 \times 510 = 63.81\text{kN} < 130\text{kN}$$

应按计算配置箍筋。

(4)计算箍筋数量

由式(5.4-8),$V \leqslant V_{cs} = \frac{1.75}{\lambda + 1.0} f_t b h_0 + f_{yv} \frac{A_{sv}}{s} h_0$,得

$$\frac{A_{sv}}{s} = \frac{n A_{sv1}}{s} \geqslant \frac{V - \frac{1.75}{\lambda + 1} f_t b h_0}{f_{yv} h_0} = \frac{130\,000 - 0.4375 \times 1.43 \times 200 \times 510}{270 \times 510}$$

$$= 0.481\text{mm}^2/\text{mm}$$

查表 5.4-1 和表 5.4-2,可取 $\phi 8@150$,2 肢箍,则

$$\frac{n A_{sv1}}{s} = \frac{2 \times 50.3}{150} = 0.671\text{mm}^2/\text{mm} > 0.481\text{mm}^2/\text{mm}$$

实际配箍率

$$\rho_{sv} = \frac{n A_{sv1}}{bs} = \frac{2 \times 50.3}{200 \times 150} = 0.335\% > \rho_{sv,min} = 0.24 \frac{f_t}{f_{yv}} = 0.24 \times \frac{1.43}{270} = 0.127\%$$

满足要求。

CD 段:按上述第(3)步重新计算。

(5)验算是否需要计算配置箍筋

$$\lambda = \frac{a}{h_0} = \frac{2000}{510} = 3.92 > 3,取\lambda = 3$$

$$\alpha_v = \frac{1.75}{\lambda + 1} = \frac{1.75}{3 + 1} = 0.4375$$

$$\alpha_v f_t b h_0 = 0.4375 \times 1.43 \times 200 \times 510 = 63.81\text{kN} > 15\text{kN}$$

按构造配置箍筋即可,据表 5.4-1 和表 5.4-2,可取 $\phi 8@350$,2 肢箍,则

$$\rho_{sv} = \frac{n A_{sv1}}{bs} = \frac{2 \times 50.3}{200 \times 350} = 0.144\% > \rho_{sv,min} = 0.127\%$$

可以。

【例 5.5-3】　已知某承受均布荷载的独立简支梁,截面尺寸 $b \times h = 200\text{mm} \times 500\text{mm}$,梁的净跨为 4.5m,混凝土强度等级为 C30,箍筋采用 HPB300 级钢筋,已配双肢箍 $\phi 8@200$,并配有 HRB400 级弯起钢筋 $1\phi 20$,弯起角度为 45°,环境类别为一类。试按受剪承载力计算该梁可承受的均布荷载设计值 q。

解　(1)确定相关参数

根据已知条件,查表可得:$f_c=14.3\text{N/mm}^2$、$f_t=1.43\text{N/mm}^2$、$f_{yv}=270\text{N/mm}^2$,$f_y=360\text{N/mm}^2$,$A_{sv1}=50.3\text{mm}^2$,$A_{sb}=314.2\text{mm}^2$,$\beta_c=1.0$;查附表3-3:可得,$c=20\text{mm}$,则$a_s=20+8+\dfrac{20}{2}=38\text{mm}$,$h_0=500-38=462\text{mm}$。

(2)计算斜截面受剪承载力设计值V_u

$$V_u=V_{cs}+V_{sb}=0.7f_tbh_0+f_{yv}\frac{nA_{sv1}}{s}h_0+0.8f_yA_{sb}\sin\alpha$$

$$=0.7\times1.43\times200\times462+270\times\frac{2\times50.3}{200}\times462+0.8\times360\times314.2\times0.707$$

$$=219.21/\text{kN}$$

(3)验算梁截面尺寸及配箍率

$$\frac{h_w}{b}=\frac{h_0}{b}=\frac{462}{200}=2.31\leqslant4$$

属厚腹梁。

$0.25\beta_cf_cbh_0=0.25\times1.0\times14.3\times200\times462=330.33\text{kN}>V_u=219.2\text{kN}$

截面尺寸满足要求。

实际配箍率

$$\rho_{sv}=\frac{nA_{sv1}}{bs}=\frac{2\times50.3}{200\times200}=0.252\%>\rho_{sv,min}=0.24\frac{f_t}{f_{yv}}=0.24\times\frac{1.43}{270}=0.127\%$$

直径和间距也符合构造要求。

(4)按受剪承载力计算该梁可以承受的均布荷载设计值q

$$q=\frac{2V_u}{l_n}=\frac{2\times219.21}{4.5}=97.43\text{kN/m}$$

5.6　受弯构件纵向钢筋的构造要求

在钢筋混凝土构件的设计中,构造和计算同等重要。没有可靠的钢筋构造,材料强度就不能充分发挥,承力力的计算模型也可能不成立。在受弯构件斜截面承载力设计中,包括斜截面受剪承载力和斜截面受弯承载力两个方面,通常斜截面受弯承载力是不进行计算的,而是通过梁内纵向钢筋的弯起、截断、锚固及箍筋间距等构造措施来保证。本节将分别介绍这些构造措施。

5.6.1　纵筋的弯起

1. 抵抗弯矩图

依据荷载对梁的各个正截面产生的弯矩设计值M绘制的图形,称为弯矩图,即M图。以各截面混凝土和实际纵向受拉钢筋共同所能承受的弯矩M_u绘制的图形,称为抵抗弯矩图(或材料图),即M_u图。为满足$M_u\geqslant M$的要求,保证梁各个正截面具有足够的受弯承载力,M_u图必须包住M图。

图 5.6-1 为某承受均布荷载简支梁的配筋图、M 图和 M_u 图。

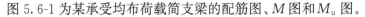

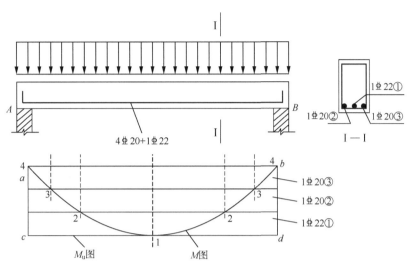

图 5.6-1　配有通长直筋简支梁的 M_u 图

该梁配有纵筋 2Φ20＋1Φ22,若纵筋总面积恰好等于计算面积,则 M_u 图的外围水平线正好与 M 图的弯矩最大点相切,若纵筋的总面积等于计算面积,则可根据实际配筋量 A_s,计算截面的总抵抗弯矩

$$M_u = A_s f_y \Big(h_0 - \frac{A_s f_y}{2\alpha_1 f_c b} \Big) \tag{5.6-1}$$

任一根纵向受拉钢筋所承担的抵抗弯矩 M_{ui} 则可近似按下式求得

$$M_{ui} = M_u \cdot \frac{A_{si}}{A_s} \tag{5.6-2}$$

如果 3 根钢筋的两端都伸入支座,则 M_u 图即为图 5.6-1 中的 $acdb$,每根钢筋所承受的抵抗弯矩见图中标示。

2. 保证正截面受弯承载力的弯起

由图 5.6-1 可见,除跨中区段外,M_u 图比 M 图大很多。在实际工程中,可将部分纵筋在支座附近弯起,不仅可以利用其受剪,还可以抵抗支座附近的负弯矩。由于梁底纵向拉筋不能截断,而且伸入支座的纵筋不能少于 2 根,所以图 5.6-1 中,只有①号筋 1Φ22 可以弯起。

弯起后的抵抗弯矩图见图 5.6-2 中 $aigefhjb$ 所围成的区域所示,图中 e、f 点分别垂直对应于弯起点 E、F,g、h 点分别垂直对应于弯起钢筋与梁轴线的交点 G、H。由图可知,①、②、③号钢筋分别仅在 1、2、3 点以内的截面才被充分利用,因此,称点 1、2、3 分别称为①、②、③号钢筋的充分利用点。过了点 2(或 3、4)后,就不再需要①(或②、③)号钢筋了,因此,点 2、3、4 也分别称为①、②、③号钢筋的不需要点(或理论断点)。

可近似认为弯起钢筋与梁轴线相交后,高出梁轴线部分不再提供抗弯承载力。为了保证正截面的受弯承载力,M_u 图上对应的弯起钢筋与梁轴线的交点必须在相应钢筋的

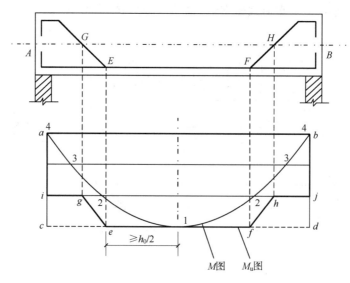

图 5.6-2　配有弯起钢筋简支梁的 M_u 图

不需要点外,即图中 g、h 点应分别在两个 2 点之外;再根据弯起钢筋的角度,即可由对应的 G、H 点找到相应的弯起点 E 和 F。

3. 保证斜截面受弯承载力的弯起

上述确定钢筋弯起点的方法是从正截面抗弯承载力的角度考虑的。为保证斜截面的抗弯承载力,要求①号钢筋弯起后与弯起前的受弯承载力等强。图 5.6-3 中,①号钢筋弯起前在斜裂缝顶端正截面Ⅰ-Ⅰ处能承受的弯矩为

$$M_{\mathrm{u},\mathrm{I}} = f_\mathrm{y} A_\mathrm{sb} z \tag{5.6-3}$$

弯起后,在斜截面Ⅱ-Ⅱ上能承受的弯矩为

$$M_{\mathrm{u},\mathrm{II}} = f_\mathrm{y} A_\mathrm{sb} z_\mathrm{b} \tag{5.6-4}$$

则 $M_{\mathrm{u},\mathrm{I}} = M_{\mathrm{u},\mathrm{II}}$,即 $z_\mathrm{b} = z$。

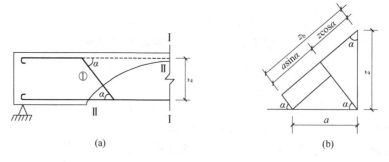

(a)　　　　　　　　　　　　　　(b)

图 5.6-3　由斜截面受弯承载力确定的弯起点位置

设①号筋弯起点距Ⅰ-Ⅰ截面的距离为 a,钢筋弯起角度为 α,由如图 5.6-3(b)所示的几何关系可得弯起钢筋至Ⅰ-Ⅰ截面受压区合力点的垂直距离 z_b 为

$$z_b = z\cos\alpha + a\sin\alpha \tag{5.6-5}$$

则

$$a = \frac{z_b - z\cos\alpha}{\sin\alpha} = \frac{z(1-\cos\alpha)}{\sin\alpha} \tag{5.6-6}$$

一般取 $\alpha = 45°\sim 60°$，近似取 $z = 0.9h_0$，可得 $a = (0.37\sim 0.52)h_0$。

为使用方便，《混凝土结构设计标准》(GB/T
50010—2010)取 $a = 0.5h_0$，即钢筋弯起点到该
钢筋充分利用点之间的距离不应小于 $0.5h_0$；梁
顶的负弯矩区段，弯起点也应遵循此规定。此
外，为了尽量使每条斜裂缝都能与至少一根弯起
钢筋相交，要求弯起钢筋的弯终点到支座边缘或
前一排弯起钢筋弯起点之间的距离，均不应大于
箍筋的最大间距 s_{max}，如图 5.6-4所示。

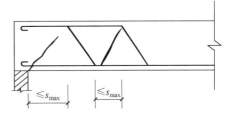

图 5.6-4　弯起钢筋的弯终点位置

5.6.2　纵筋的截断

受弯构件纵向受力钢筋的配置通常根据控制截面的最大正、负弯矩计算确定。一般
正弯矩区段内的纵向钢筋都是采用弯向支座的方式来减少多余量，因为梁的正弯矩图范
围较大，受拉区几乎覆盖整个跨度，故不宜截断。而配置在支座负弯矩区段内的纵筋，由
于负弯矩区段范围相对较小，往往采用截断的方式来减少纵筋的数量，但不宜在受拉区
截断。

同样，为了满足 $M_u \geqslant M$ 的要求，钢筋截断后的 M_u 图必须包住 M 图。需截断的钢筋
不仅要延伸至该钢筋的强度充分利用点之外，还必须延伸至其理论断点以外。此外，为了
防止被截断钢筋的黏结锚固长度不够而在梁顶部引起黏结裂缝或纵向劈裂裂缝，还必须
过其强度充分利用点后，再延伸一定长度后截断。

《混凝土结构设计标准》(GB/T 50010—2010)规定，梁支座负弯矩纵向受拉钢筋必须
截断时，其实际延伸长度 l_d，必须同时满足表 5.6-1 中 l_{d1} 和 l_{d2} 的要求，l_{d1} 指从钢筋充分
利用点外伸的长度，l_{d2} 指从钢筋不需要点外伸的长度。

表 5.6-1　负弯矩钢筋的延伸长度 l_d (mm)

截面条件	从充分利用点伸出的长度 l_{d1}	从钢筋不需要点外伸的长度 l_{d2}
$V \leqslant 0.7f_t bh_0$	$1.2l_a$	$20d$
$V > 0.7f_t bh_0$	$1.2l_a + h_0$	$20d$ 且 h_0
按以上规定确定的断点 仍在负弯矩受拉区内	$1.2l_a + 1.7h_0$	$20d$ 且 $1.3h_0$

注：l_a 为钢筋的锚固长度，见式(5.6-7)。

悬臂梁中，应有不小于两根上部钢筋伸至悬臂梁外端，并向下弯折不小于 $12d$；其余
钢筋不应在梁的上部截断，而应按规定的弯起点位置向下弯折，并在梁的下边锚固，弯终
点外的锚固长度在受压区不应小于 $10d$，在受拉区不应小于 $20d$。

5.6.3　纵筋的锚固

钢筋在各种受力和构造条件下的锚固长度一般均通过对基本锚固长度 l_{ab} 的修正得到,基本锚固长度的计算方法已在第 2.3.4 小节中叙述过,其计算为式(2.3-11),即

$$l_{ab} = \alpha \frac{f_y}{f_t} d$$

本节简要介绍几种实际工程中常见情况下的钢筋锚固长度的确定方法。

1. 考虑锚固条件的锚固长度

1）实际工程中,纵向受拉钢筋由于埋置方式和构造措施的不同,还应对其基本锚固长度按下式进行修正

$$l_a = \zeta_a l_{ab} \qquad\qquad (5.6\text{-}7)$$

式中, l_a——受拉钢筋的锚固长度;

　　 ζ_a——纵向受拉钢筋锚固长度修正系数,按下面规定取用(当多于一项时,可按连乘计算,但修正后的锚固长度不宜小于基本锚固长度的 60%,且不应小于 200mm;对预应力筋,可取 1.0):

①　当带肋钢筋的公称直径大于 25mm 时取 1.10。

②　有环氧树脂涂层时取 1.25。

③　施工过程中易受扰动的钢筋取 1.10。

④　锚固钢筋的保护层厚度为 3d 时 ζ_a 可取 0.8,保护层厚度为 5d 时 ζ_a 可取 0.7,中间按内插取值;保护层厚度大于 5d 时,锚固长度范围内应配置横向构造钢筋,其直径不应小于 d/4,间距不应大于 5d（板、墙等平面构件为 10d）,且均不应大于 100mm,此处 d 为锚固钢筋的直径。

2）当纵向受拉普通钢筋末端采用弯钩或机械锚固措施时,包括弯钩或锚固端头在内的锚固长度（投影长度）可取为基本锚固长度 l_{ab} 的 0.6 倍。钢筋弯钩和机械锚固的形式和技术要求应符合表 5.6-2 及图 5.6-5 的要求。

表 5.6-2　钢筋弯钩和机械锚固的形式及技术要求

锚固形式	技术要求
90°弯钩	末端 90°弯钩,弯钩内径 4d,弯后直段长度 12d
135°弯钩	末端 135°弯钩,弯钩内径 4d,弯后直段长度 5d
一侧贴焊锚筋	末端一侧贴焊长 5d 同直径钢筋
两侧贴焊锚筋	末端两侧贴焊长 3d 同直径钢筋
焊接锚板	末端与厚度 d 的锚板穿孔塞焊
螺栓锚头	末端旋入螺栓锚头

注：1. 焊缝和螺纹长度应满足承载力要求;

　　2. 螺栓锚头和焊接锚板的承压净面积不应小于锚固钢筋截面积的 4 倍;

　　3. 螺栓锚头的规格应符合相关标准要求;

　　4. 螺栓锚头和焊接锚板的钢筋净间距不宜小于 4d,否则应考虑群锚效应的不利影响;

　　5. 截面角部的弯钩和一侧贴焊锚筋的布筋方向宜向截面内侧偏置。

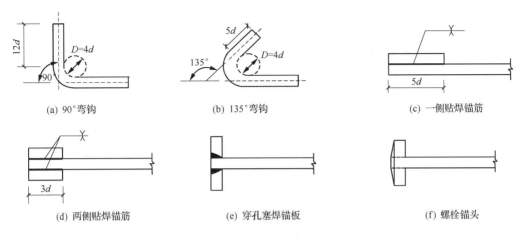

图 5.6-5　弯钩和机械锚固的形式和技术要求

3) 对纵向受压钢筋,当计算中充分利用其抗压强度时,锚固长度不应小于相应受拉锚固长度的 70%,且不应采用末端弯钩和贴焊锚筋的锚固措施。

2. 简支支座内的纵筋锚固长度

简支梁和连续梁简支端的下部纵向受力钢筋,应伸入支座一定的锚固长度。考虑支座处有横向压应力的有利作用,支座处的锚固长度可适当减小。《标准》规定,钢筋混凝土梁简支端的下部纵向受拉钢筋伸入支座范围内的锚固长度 l_{as},应符合表 5.6-3 中的条件。

表 5.6-3　钢筋混凝土梁简支端的纵筋锚固长度 l_{as}

$V \leqslant 0.7 f_t b h_0$	$l_{as} \geqslant 5d$
$V > 0.7 f_t b h_0$	$l_{as} \geqslant 12d$（变形钢筋）
	$l_{as} \geqslant 15d$（光圆钢筋）

3. 弯起钢筋弯终点外的锚固长度

弯起钢筋在弯终点外应留有平行于梁轴线方向的锚固长度,且在受拉区不应小于 $20d$,在受压区不应小于 $10d$。对光面弯起钢筋,在末端应设置弯钩。

5.6.4　纵筋的连接

当梁中钢筋长度不够时,可采用绑扎搭接、机械连接或焊接的方式进行连接。钢筋连接接头宜设在受力较小处,且在同一根钢筋上宜少设接头。在重要构件和关键受力部位,纵向受力钢筋不宜设置连接接头。

1. 绑扎搭接

受拉钢筋的搭接长度应根据位于同一连接区段内的搭接钢筋面积百分率,按式(5.6-8)计算,且不得小于 300mm。

$$l_l = \zeta_l l_a \tag{5.6-8}$$

式中，l_l——受拉钢筋的搭接长度；

ζ_l——受拉钢筋搭接长度修正系数，按表 5.6-4 取值。

表 5.6-4 受拉钢筋搭接长度修正系数

同一搭接范围内搭接钢筋接头面积百分率/%	≤25	50	100
ζ_l	1.2	1.4	1.6

纵向受压钢筋的搭接长度取受拉搭接长度 l_l 的 0.7 倍，且在任何情况下都不应小于 200mm。

钢筋绑扎搭接接头连接区段的长度为 $1.3l_l$，位于同一连接区段内的钢筋接头面积百分率应满足下述要求：对梁、板类及墙类构件，不宜大于 25%；对柱类构件，不宜大于 50%。当工程中确有必要增大受拉钢筋搭接接头面积百分率时，对梁类构件，不宜大于 50%；对板、墙、柱及预制类构件，可根据实际情况放宽。

绑扎搭接时，受拉钢筋直径不宜大于 25mm，受压钢筋直径不宜大于 28mm。

同一构件中相邻纵向受力钢筋的绑扎搭接接头宜相互错开。两接头的中心间距应大于 $1.3l_l$，凡搭接接头中点位于该连接区段长度内的搭接接头均属于同一连接区段，如图 5.6-6 所示。

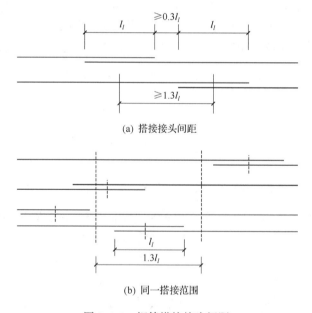

(a) 搭接接头间距

(b) 同一搭接范围

图 5.6-6 钢筋搭接接头间距

2. 机械连接

机械连接宜用于直径不小于 16mm 的受力钢筋连接。纵向受力钢筋的机械连接接头宜相互错开。机械连接区段的长度为 $35d$，d 为连接钢筋的较小直径。

位于同一连接区段内的纵向受拉钢筋接头面积百分率不宜大于 50%；但对板、墙、柱及预制类构件,可根据实际情况放宽。纵向受压钢筋的接头百分率可不受限制。直接承受动力荷载构件的机械连接接头,位于同一连接区段内的纵向受力钢筋接头面积百分率不应大于 50%。

机械连接套筒的保护层厚度宜满足有关钢筋最小保护层的规定;机械连接套筒的横向净间距不宜小于 25mm;套筒处箍筋的间距仍应满足相应的构造要求。

3. 焊接

焊接宜用于直径不大于 28mm 的受力钢筋的连接,焊接接头也应相互错开。钢筋焊接接头链接区段的长度为 35d 且不小于 500mm,d 为连接钢筋的较小直径。

纵向受拉钢筋的接头面积百分率不宜大于 50%,但对预制类构件,可根据实际情况放宽。纵向受压钢筋的结构百分率可不受限制。

此外,钢筋连接还应注意以下几条:

1) 轴心受拉构件和偏心受拉构件的纵向受力钢筋不得采用绑扎搭接。

2) 承受疲劳荷载构件的纵向受拉构件不得采用绑扎搭接接头,也不宜采用焊接接头。

3) 余热处理钢筋(RRB)不宜焊接;细晶粒钢筋(HRBF)及直径大于 28mm 的钢筋,其焊接应经试验确定。

5.6.5　其他纵向构造钢筋

1. 架立钢筋

架立钢筋的配置见第 4 章第 4.2.1 小节所述。

2. 腰筋

现代工程中,混凝土构件的截面尺寸越来越大。当梁截面高度较大时,往往在梁侧面产生垂直于梁轴线的收缩裂缝,为了控制这些裂缝,《标准》建议,当梁的腹板高度 $h_w \geqslant$ 450mm 时,在梁的两个侧面应沿高度方向配置纵向构造钢筋,又称腰筋。腰筋直径一般取 $10 \sim 14$mm、间距不宜大于 200mm,每侧腰筋(不包括梁上、下部受力钢筋及架立钢筋)的截面面积不应小于腹板截面面积 bh_w 的 0.1%。

思　考　题

5.1　钢筋混凝土受弯构件可能发生的破坏形式有哪些?

5.2　钢筋混凝土梁产生斜裂缝的原因是什么?斜裂缝主要有哪两类?

5.3　什么是剪跨比?剪跨比与梁相应截面的弯矩值 M 与剪力值 V 有何关系?

5.4　简述无腹筋梁的三种斜截面受剪破坏形态及其与剪跨比的关系。

5.5　有腹筋梁与无腹筋梁的斜截面受剪破坏特征有何异同?

5.6　简述剪跨比和配箍率对有腹筋梁受剪破坏形态的影响。

5.7　影响混凝土受弯构件斜截面受剪承载力的主要因素有哪些？

5.8　简述混凝土梁斜截面受剪承载力计算公式建立时引入的几点基本假设。

5.9　斜截面受剪承载力计算中的两个限制条件是什么？为何要设置这两个限制条件？

5.10　计算弯起钢筋承担的剪力时，为什么要乘以 0.8 的系数？

5.11　为何要限制箍筋和弯起钢筋的最大间距？

5.12　如何考虑斜截面承载力计算中的计算截面位置？

5.13　什么是抵抗弯矩图？如何绘制抵抗弯矩图？绘制抵抗弯矩图的目的是什么？

5.14　确定纵筋弯起位置时，如何既保证正截面的受弯承载力又保证斜截面的受弯承载力？

5.15　《标准》中对纵筋的截断位置的规定是什么？

5.16　什么是受拉钢筋的基本锚固长度？《标准》中对受拉钢筋和受拉钢筋的锚固长度分别有哪些规定？

5.17　常见的纵筋连接方式有哪几种？这几种连接方式适用的钢筋直径是多少？

习　　题

5.1　某钢筋混凝土矩形截面简支梁，截面尺寸为 $b \times h = 200\text{mm} \times 500\text{mm}$，$a_s = 35\text{mm}$，混凝土强度等级为 C30。已知支座边缘截面的最大剪力设计值 $V = 120\text{kN}$，箍筋采用 HPB300 级钢筋。求所需配置的箍筋。

5.2　某钢筋混凝土伸臂梁如习题 5.2 图所示。截面尺寸 $b \times h = 200\text{mm} \times 450\text{mm}$，均布荷载设计值 $g + q = 40\text{kN/m}$（含自重），混凝土强度等级为 C30，箍筋采用 HPB300 级钢筋。环境类别为一类。求 A、$B_\text{左}$ 和 $B_\text{右}$ 截面所需配置的箍筋。

5.3　已知如习题 5.3 图所示的承受单独集中荷载的简支梁，截面尺寸 $b \times h = 250\text{mm} \times 600\text{mm}$，$p_0 = 240\text{kN}$。采用 C30 级混凝土和 HPB300 级箍筋。求所需配置的箍筋。

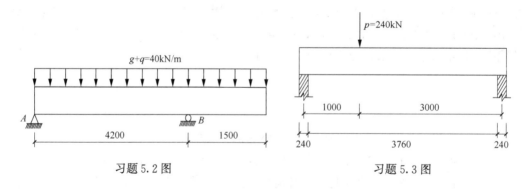

习题 5.2 图　　　　　　　　　　　　习题 5.3 图

5.4　某矩形截面简支梁同时受均布荷载和集中荷载作用，如习题 5.4 图所示，截面尺寸 $b \times h = 250\text{mm} \times 650\text{mm}$，$a_s = 60\text{mm}$。采用 C35 级混凝土和 HPB300 级箍筋。求所需配置的箍筋。

5.5　已知如习题 5.5 图所示简支梁,承受两个对称的集中荷载,荷载设计值 $P=$ 70kN(不计自重),截面尺寸 $b\times h=250\text{mm}\times550\text{mm}$,环境类别为一类。采用 C30 级混凝土和 HPB300 级箍筋。求:

1)所需配置的纵向钢筋。

2)所需配置的受剪箍筋(不利用弯起钢筋)。

3)利用弯起钢筋做腹筋时,所需的受剪箍筋。

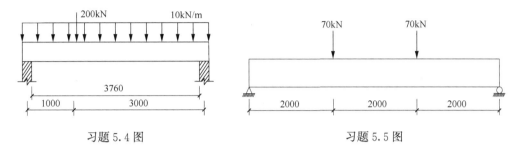

习题 5.4 图　　　　　　　　　　　　习题 5.5 图

5.6　某矩形截面简支梁,截面尺寸 $b\times h=250\text{mm}\times500\text{mm}$,净跨 $l=5.76\text{m}$,混凝土强度等级为 C30,若沿全长配置 HPB300 级双肢箍 $\phi8@200$,环境类别为一类。试按受剪承载力计算该梁可承受的均布荷载设计值 q。

第6章 现浇单向板肋梁楼盖的设计

6.1 概 述

6.1.1 单向板的界定

混凝土楼盖中的四边支承板可分为单向板和双向板两类。只在一个方向上弯曲或主要在一个方向上弯曲的板,称为单向板;在两个方向上弯曲,且不能忽略任一方向弯曲的板,称为双向板。

现举例说明荷载沿板的长、短跨方向传递的情况。图 6.1-1 所示为一四边简支板,长、短跨方向的计算跨度分别为 l_1 和 l_2,承受均布荷载 q。

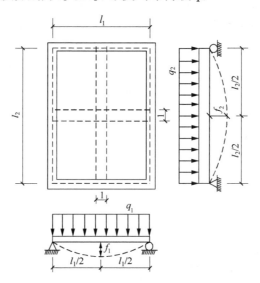

图 6.1-1 四边支承板的荷载传递

通过跨中取两条相互垂直的宽度为 1 的板带,设沿 l_1 和 l_2 方向传递的荷载分别为 q_1 和 q_2,则 $q = q_1 + q_2$。若不考虑相邻板的影响,这两条板带的受力与简支梁相同,其长、短跨中挠度 f_1 和 f_2 可分别表示为

$$f_1 = \frac{5q_1 l_1^4}{384EI}, \quad f_2 = \frac{5q_2 l_2^4}{384EI} \tag{6.1-1}$$

式中, EI ——板带的截面弯曲刚度。

由两条板带跨中挠度相等的条件可知

$$\frac{5q_1 l_1^4}{384EI} = \frac{5q_2 l_2^4}{384EI}$$

则

$$\frac{q_1}{q_2} = \left(\frac{l_2}{l_1}\right)^4 \tag{6.1-2}$$

可见,荷载沿长、短跨方向传递的比例与长、短两向计算跨度的 4 次方成反比。若 $l_1/l_2 = 1$,则 $q_1 = q_2$;若 $l_2/l_1 = 3$,则 $q_1/q_2 = 81$。由此可知,荷载沿短跨方向的传递量远大于沿长跨方向的传递量,当 $l_1/l_2 > 3$ 时,荷载沿长跨方向的传递量可以忽略不计。

《混凝土结构设计标准》(GB/T 50010—2010)对混凝土板的计算原则做了如下规定:

1) 两对边简支的板,应按单向板计算。

2) 四边简支的板,当 $l_2/l_1 \geqslant 3$ 时,应按单向板计算;当 $l_2/l_1 \leqslant 2$ 时,应按双向板计算;当 $2 < l_2/l_1 < 3$ 时,宜按双向板计算。

6.1.2　楼盖的结构类型

1) 按结构形式,楼盖可分为肋梁楼盖、井式楼盖、密肋楼盖和无梁楼盖,如图 6.1-2 所示。

① 肋梁楼盖,如图 6.1-2(a)、(b)所示。一般由板、主梁和次梁组成,分为单向板肋梁楼盖和双向板肋梁楼盖。主要传力路径为板→次梁→主梁→柱或墙→基础→地基。特点

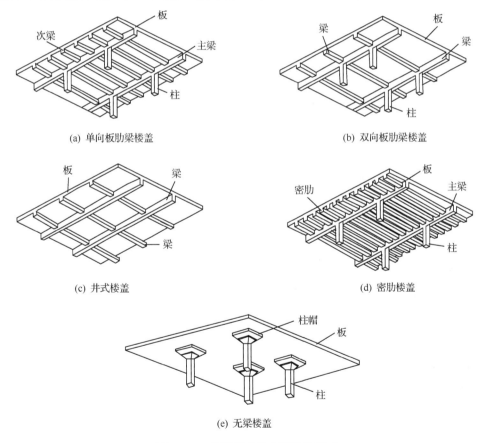

(a) 单向板肋梁楼盖

(b) 双向板肋梁楼盖

(c) 井式楼盖

(d) 密肋楼盖

(e) 无梁楼盖

图 6.1-2　现浇楼盖的主要结构形式

是受力明确、设计计算简单、方便在楼板上开洞,所以应用最多。

②井式楼盖,如图6.1-2(c)所示。两个方向的柱网及梁的截面相同,由于双向受力,梁高较肋梁楼盖小,适用于跨度较大且柱网呈方形的结构。

③密肋楼盖,如图6.1-2(d)所示。特点是梁肋间距小、板厚和肋高小、结构自重轻。预制塑料模壳的出现弥补了其支模复杂的缺点,近年来应用增多。

④无梁楼盖,如图6.1-2(e)所示。板直接支承在柱上,荷载直接由板传递给柱或墙。特点是结构高度小、净空大、支模简单,但用钢量大,常用于仓库、商店等柱网布置呈方形的建筑。

2)按施工方法,楼盖可分为现浇式楼盖、装配式楼盖和装配整体式楼盖三种。

①现浇式楼盖。它具有刚度大、整体性好、抗震抗冲击性能好、防水性好、对不规则平面的适应性强和开洞容易等优点。缺点是需要大量的模板,现场作业量大,工期也较长。

②装配式楼盖。优点是采用混凝土预制构件,便于工业化生产,主要用在多层房屋结构中。但整体性、防水性和抗震性能均较差,也不便于开设孔洞,对高层建筑、有抗震设防要求的建筑、有防水或开设孔洞要求的楼面,均不宜采用。

③装配整体式楼盖。它兼具现浇式楼盖和装配式楼盖的优点,但需要进行混凝土二次浇筑,在一定程度上影响了施工进度和造价。

6.2　单向板肋梁楼盖的结构布置

单向板肋梁楼盖的结构布置包括柱网布置、主梁布置和次梁布置,板支承于其上。其中,板的跨度由次梁的间距决定,次梁的跨度由主梁的间距决定,主梁的跨度由柱或墙的间距决定。根据实践经验,单向板的跨度取1.7～3.0m为宜,次梁的跨度常取4～6m,主梁的跨度常取5～8m。

单向板肋梁楼盖的常见结构平面布置方案如下:

1)主梁横向布置,次梁纵向布置,如图6.2-1(a)所示。其优点是主梁和柱可以形成横向框架,增强房屋的横向抗侧刚度。同时,由于主梁与外纵墙垂直,不妨碍外纵墙开设较大高度的窗户,利于室内采光。

2)主梁纵向布置,次梁横向布置,如图6.2-1(b)所示。这种布置方案适用于横向柱距比纵向柱距大得多的情况,优点是可减小主梁高度、增加室内净高。与前一种方案相

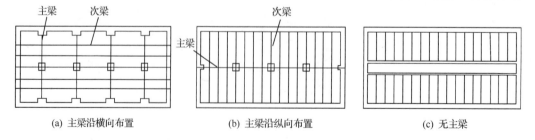

(a) 主梁沿横向布置　　　　　(b) 主梁沿纵向布置　　　　　(c) 无主梁

图 6.2-1　单向板肋梁楼盖的结构平面布置方案

比,房屋的横向抗侧刚度降低。

3) 不设主梁,仅布置次梁,如图 6.2-1(c)所示。这种布置方案仅适用于有中间走廊、纵墙间距较小的纵墙承重结构房屋。

6.3　梁、板计算简图的确定

6.3.1　计算模型及计算假定

1. 计算模型

在现浇单向板肋梁楼盖中,板、次梁和主梁的计算模型一般为连续板或连续梁。其中,次梁可作为板的支座,主梁可作为次梁的支座,柱或墙可作为主梁的支座。对于支承在混凝土柱上的主梁,其计算模型应根据梁柱线刚度比确定,当梁柱线刚度比不小于 3 时,主梁可简化为多跨连续梁,否则应按梁、柱刚接的框架梁进行计算。

2. 计算假定

为了简化计算,通常做如下计算假定:

1) 支座可以自由转动,但没有竖向位移。

2) 不考虑薄膜效应对板内力的影响。

3) 在确定板传递给次梁以及次梁传递给主梁的荷载时,分别忽略板、次梁的连续性,按简支构件计算竖向反力。

4) 跨数超过 5 的连续梁、板,当各跨荷载、刚度相同,且跨度相差不超过 10% 时,可按 5 跨的连续梁、板计算;当连续梁、板的跨数小于 5 时,应按实际跨数计算。

6.3.2　计算单元的选取

结构内力分析时,为减少计算工作量,通常不是对整个结构进行分析,而是从实际结构中选取有代表性的一部分作为计算对象,将其称为计算单元。单向板与主、次梁的计算单元选取如下所示。

1. 单向板

单向板一般取 1m 宽的板带作为计算单元,如图 6.3-1 所示。阴影线表示的楼面均布荷载即为该板带承受的荷载,这一负荷范围称为从属面积,即计算构件负荷的楼面面积。

2. 主、次梁

位于楼盖中部的主、次梁的截面形状都是 T 形截面,位于楼盖周边的主、次梁则是「形截面。每侧翼缘的计算宽度取相邻梁中心距的 1/2。次梁承受板传递来的均布线荷载,主梁承受次梁传递来的集中荷载,次梁的负荷范围及次梁传递给主梁的集中荷载范围如图 6.3-1 所示。

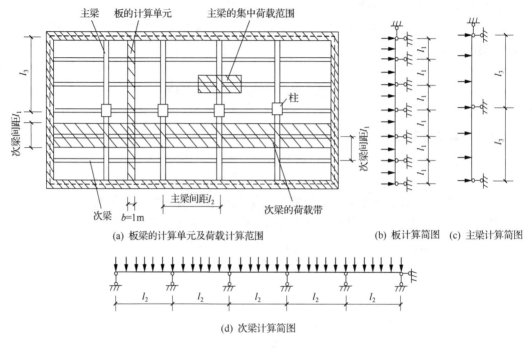

(a) 板梁的计算单元及荷载计算范围 　　　　(b) 板计算简图　(c) 主梁计算简图

(d) 次梁计算简图

图 6.3-1　单向板肋梁楼盖的计算简图

6.3.3　计算跨度的确定

梁、板的计算跨度是指在弯矩计算时采用的跨间长度。计算跨度不一定等于跨度,其值与支承条件、采用的计算理论有关。

1. 按弹性理论计算

计算跨度应取两支座反力之间的距离,即中间跨取支承中心线之间的距离,边跨根据支承情况按表 6.3-1 确定。

表 6.3-1　梁、板的计算跨度 l_0

计算理论	跨数	支承情况	计算跨度	
			梁	板
按弹性理论计算	单跨	两端与支承构件整体连接	$l_0 = l_c$（支座轴线间距离）	$l_0 = l_n$（净跨）
		两端支承在墙上	$l_0 = l_n + a \leqslant 1.05 l_n$	$l_0 = l_n + a \leqslant l_n + h$
		一端与支承构件整体连接,一端支承在墙上	$l_0 = l_n + \dfrac{a}{2} + \dfrac{b}{2} \leqslant 1.025 l_n + \dfrac{b}{2}$	$l_0 = l_n + \dfrac{a}{2} \leqslant l_n + \dfrac{h}{2}$
	多跨	两端与支承构件整体连接	$l_0 = l_c$	$l_0 = l_c$
		两端支承在墙上	$l_0 = l_n + a \leqslant 1.05 l_n$	$l_0 = l_n + a \leqslant l_n + h$
		一端与支承构件整体连接,一端支承在墙上	$l_0 = l_n + \dfrac{a}{2} + \dfrac{b}{2} \leqslant 1.025 l_n + \dfrac{b}{2}$	$l_0 = l_n + \dfrac{a}{2} + \dfrac{b}{2} \leqslant l_n + \dfrac{b}{2} + \dfrac{h}{2}$

计算理论	跨数	支承情况	计算跨度	
			梁	板
按塑性理论计算	多跨	两端与支承构件整体连接	$l_0 = l_n$ (净跨)	$l_0 = l_n$ (净跨)
		两端支承在墙上	$l_0 = l_n + a \leqslant 1.05 l_n$	$l_0 = l_n + a \leqslant l_n + h$
		一端与支承构件整体连接，一端支承在墙上	$l_0 = l_n + \dfrac{a}{2} \leqslant 1.025 l_n$	$l_0 = l_n + \dfrac{a}{2} \leqslant l_n + \dfrac{h}{2}$

注：l_0— 板、梁的计算跨度；l_c— 支座中心线间距离；l_n— 板、梁的净跨；a— 梁、板端的支承长度；b— 中间支座宽度或与构件整浇的端支承长度；h— 板厚。

2. 按塑性理论计算

计算跨度应由塑性铰的位置确定，具体计算方法如表 6.3-1 所示。

6.3.4　板和次梁的折算荷载

第 6.3.1 节中对支座可以自由转动的假定忽略了被支承构件的转动约束，实际上，主梁对次梁的转动变形、次梁对板的转动变形都有一定的约束作用，这种约束作用来自作为支座的主梁或次梁的抗扭刚度。对于多跨连续梁、板，在各跨恒荷载作用下，支座处连续梁或板的转角一般很小，支座抗扭刚度对结构内力的影响不大；但在活荷载不利布置情况下，支座处结构转角较大，此时支座的抗扭刚度将使实际转角小于按铰支时的转角，导致支座负弯矩（绝对值）增大而跨中正弯矩减小。

为了在连续梁板计算时考虑支座约束的影响，采用增大恒荷载、相应减小活荷载，并保持总荷载不变的方法来计算内力。这样的荷载称为折算荷载，其荷载的取值如下：

（1）连续板

$$\text{折算恒载} \quad g' = g + \frac{q}{2}, \text{折算活载} \quad q' = \frac{q}{2} \tag{6.3-1}$$

（2）连续次梁

$$\text{折算恒载} \quad g' = g + \frac{q}{4}, \text{折算活载} \quad q' = \frac{3q}{4} \tag{6.3-2}$$

式中，g、q——实际的恒荷载和活荷载。

6.4　连续梁、板按弹性理论计算的结构内力

6.4.1　活荷载的最不利布置

楼盖上作用的荷载包括恒荷载和活荷载，其中恒荷载比较固定地满布于各跨，而活荷载的作用位置是变化的。活荷载单独作用于连续梁或板的某跨时，在本跨及其他跨上引起的内力是不同的，设计时应考虑在梁、板内某一截面上引起最大内力（绝对值）的活荷载布置，这种布置称为活荷载的最不利布置。

根据图 6.4-1 所示的在不同跨上布置活荷载时梁的弯矩图和剪力图,可看出内力与活荷载位置的关系。例如,当活荷载单独作用于某跨时,该跨跨中为正弯矩,邻跨跨中为负弯矩,之后各跨跨中正负弯矩相间。经过分析,可以得出活荷载的最不利布置的原则。

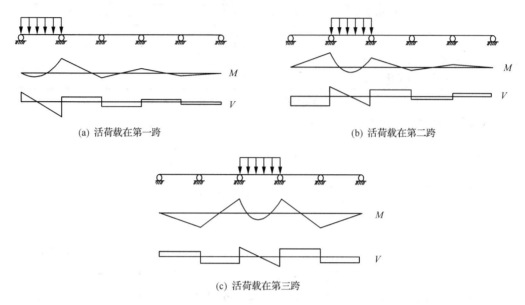

(a) 活荷载在第一跨   (b) 活荷载在第二跨

(c) 活荷载在第三跨

图 6.4-1　活荷载单独作用在连续梁不同跨时的内力图

1) 欲求某跨跨内最大正弯矩,应在本跨布置活荷载,然后隔跨布置。

2) 欲求某跨跨内最大负弯矩,本跨不布置活荷载,而在其左右邻跨布置,然后隔跨布置。

3) 欲求某支座最大负弯矩或支座左、右截面最大剪力,应在该支座左右两跨布置活荷载,然后隔跨布置。

图 6.4-2 是五跨连续梁的最不利荷载组合方式及相应的内力图。每种组合产生的最大及最小内力(绝对值)值如下:

① $g + q(1,3,5)$ 组合:M_{1max}、M_{3max}、M_{5max}、M_{2min}、M_{4min}、V_{Armax}、V_{Flmax},如图 6.4-2(a) 所示。

② $g + q(2,4)$ 组合:M_{2max}、M_{4max}、M_{1min}、M_{3min}、M_{5min},如图 6.4-2(b) 所示。

③ $g + q(1,2,4)$ 组合:M_{Bmax}、V_{Blmax}、V_{Brmax},如图 6.4-2(c) 所示。

④ $g + q(2,3,5)$ 组合:M_{Cmax}、V_{Clmax}、V_{Crmax},如图 6.4-2(d) 所示。

⑤ $g + q(1,3,4)$ 组合:M_{Dmax}、V_{Dlmax}、V_{Drmax},如图 6.4-2(e) 所示。

⑥ $g + q(2,4,5)$ 组合:M_{Emax}、V_{Elmax}、V_{Ermax},如图 6.4-2(f) 所示。

6.4.2　连续梁、板的内力计算

明确了活荷载的最不利组合后,可按一般结构力学方法计算内力。对于等跨连续梁、板,可由附表 5-3 查出相应的弯矩、剪力系数,利用下列公式分别计算各控制截面的最大弯矩和剪力。

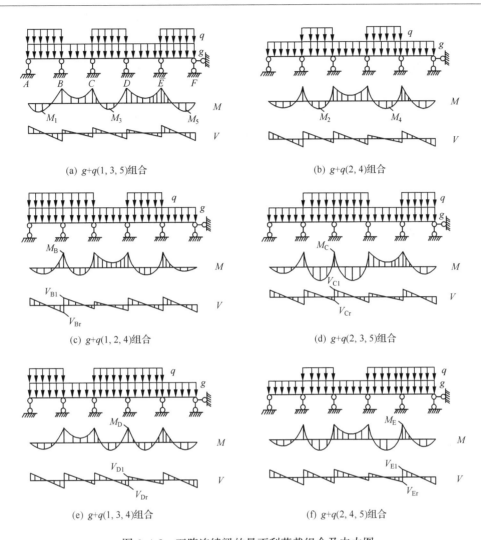

(a) $g+q(1, 3, 5)$组合　　　　　　　　　　(b) $g+q(2, 4)$组合

(c) $g+q(1, 2, 4)$组合　　　　　　　　　　(d) $g+q(2, 3, 5)$组合

(e) $g+q(1, 3, 4)$组合　　　　　　　　　　(f) $g+q(2, 4, 5)$组合

图 6.4-2　五跨连续梁的最不利荷载组合及内力图

1) 在均布荷载或三角形荷载作用下

$$M = k_1 q l^2 \tag{6.4-1a}$$

$$V = k_2 q l \tag{6.4-1b}$$

2) 在集中荷载作用下

$$M = k_3 Q l \tag{6.4-2a}$$

$$V = k_4 Q \tag{6.4-2b}$$

式中，q——单位长度上的均布荷载或三角形荷载设计值；

　　　Q——集中荷载设计值；

　　　l——计算跨度；

　　　k_1、k_3——附表 5-3 中查得的弯矩系数；

　　　k_2、k_4——附表 5-3 中查得的剪力系数。

6.4.3　连续梁、板的内力包络图

分别求出恒荷载和各最不利布置的活荷载在连续梁、板各截面引起的内力(弯矩或剪力),并按同一比例叠画在同一张图上,其外包线组成的图形称为内力包络图。内力包络图能够显示出每一跨内各截面的最大弯矩和最大剪力变化的情况,可以将其作为确定截面上部纵筋截断位置与下部纵筋弯起位置的依据。

图 6.4-3 为同时承受集中恒荷载和集中活荷载的两跨连续梁,(a)~(c)分别为恒荷

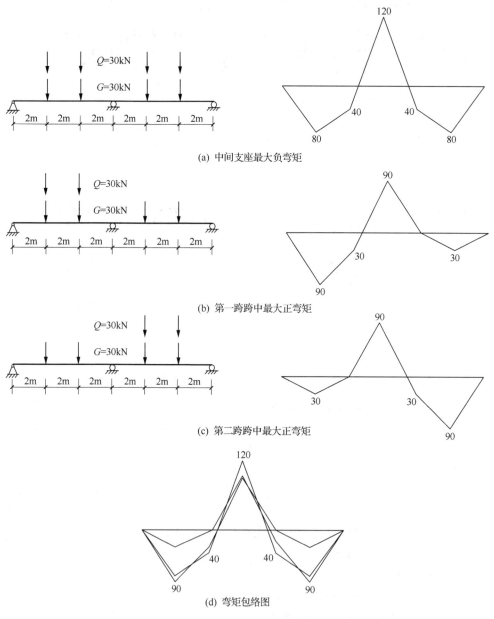

(a) 中间支座最大负弯矩

(b) 第一跨跨中最大正弯矩

(c) 第二跨跨中最大正弯矩

(d) 弯矩包络图

图 6.4-3　弯矩包络图的确定步骤

载和活荷载的一种最不利布置组合作用下的弯矩图,(d)为(a)~(c)的叠加,其外包线为弯矩包络图。

6.4.4　支座处的弯矩和剪力设计值

对配筋计算起控制作用的截面称为控制截面。一般对于梁、板的跨内部分,内力最大值截面即为控制截面;但对于支座部位,起控制作用的截面常是支座边缘处的截面,而不是内力最大的支座中心截面。因为按弹性理论计算连续梁、板的内力时,计算跨度取的是支座中心线间的距离,梁或板支座中心处的截面内力虽然最大,但由于该处梁或板与支座整浇在一起,截面高度很大,并不需要太多的钢筋;而支座边缘处的内力虽然比支座中心处稍小,但该处梁或板的截面高度也骤降为梁或板的截面高度,反而需要配置更多的钢筋。

因此,应取支座边缘处的内力作为设计依据,可按以下公式进行计算。

(1) 支座边缘处的弯矩

$$M = M_c - V_c \cdot \frac{b}{2} \tag{6.4-3}$$

(2) 支座边缘处的剪力

$$均布荷载\ V = V_c - (g+q) \cdot \frac{b}{2} \tag{6.4-4}$$

$$集中荷载\ V = V_c \tag{6.4-5}$$

式中, M_c ——支座中心处的弯矩;

V_c ——支座中心处的剪力,可取按单跨简支梁计算的支座中心剪力;

b ——支座宽度;

g、q ——作用在梁或板上的均布恒荷载和均布活荷载。

6.5　受弯构件塑性铰和结构内力重分布

6.5.1　钢筋混凝土构件的塑性铰

1. 塑性铰的形成

以跨中受集中荷载作用的钢筋混凝土简支梁[图 6.5-1(a)]为例,来说明塑性铰的形成过程;图 6.5-1(b)为简支梁在不同荷载值下的弯矩图,其中 M_{cr} 为开裂弯矩, M_y 为受拉钢筋刚屈服时的截面弯矩, M_u 为极限弯矩;图 6.5-1(c)中的 ϕ_y 和 ϕ_u 分别为对应的截面曲率。受拉钢筋屈服时会有些许伸长,裂缝会继续向上延展,截面受压区高度随之减小,内力臂增加,截面弯矩也会有所增加,但弯矩增量不大,而截面曲率的增量很大,其在 M-ϕ 图上近似呈水平线。这种在梁跨中塑性变形较集中的区域形成的仿佛能够转动的"铰",称为"塑性铰"。理论上认为弯矩图上对应于 $M > M_y$ 的部分为塑性铰的范围,故称图 6.5-1(b)中对应的长度 l_p 为塑性铰的长度。

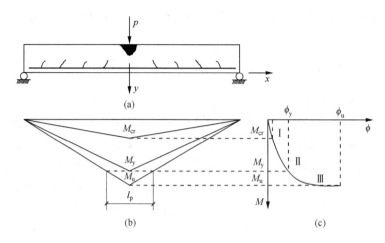

图 6.5-1　钢筋混凝土受弯构件的塑性铰

2. 塑性铰与理想铰的区别

塑性铰与理想铰的区别主要在以下三个方面：

1) 理想铰不能承受任何弯矩，而塑性铰能承受一定的弯矩（$M_y \leqslant M \leqslant M_u$）。

2) 理想铰集中于一点，塑性铰有一定的长度。

3) 理想铰在两个方向都可产生无限的转动，而塑性铰则是有限转动的单向铰，只能在弯矩作用方向做有限的转动。

3. 塑性铰的分类

塑性铰分为钢筋胶和混凝土铰两种。对于配置有明显屈服点钢筋的适筋梁，受拉钢筋首先屈服，钢筋的转动能力较大，称其为"钢筋铰"，塑性铰多出现在受弯构件的适筋截面或大偏心受压构件中。当截面配筋率大于界限配筋率时，钢筋不会屈服，转动主要由受压区混凝土的非弹性变形引起，称其为"混凝土铰"，混凝土铰的转动能力很小，截面破坏突然，多出现在受弯构件的超筋截面或小偏心受压构件中。

在混凝土静定结构中，一旦塑性铰出现，结构即变成可变体系而丧失了承载力；但在超静定结构中，构件某一截面出现塑性铰仅相当于减少一个多余约束，构件仍能继续承受荷载，直至结构成为可变体系。为了使结构有足够的变形能力，塑性铰应设计成"钢筋铰"。

6.5.2　超静定结构的内力重分布

1. 内力重分布

除了静力平衡条件，尚需要变形协调条件才能确定内力的结构称为超静定结构。塑性内力重分布是指截面间的内力分布相对于线弹性分布所发生的变化，是针对超静定结构而言的，静定结构不存在塑性内力重分布。

按弹性理论方法设计混凝土连续梁、板时，当计算简图和荷载确定以后，截面内力与荷载呈线性关系，即各截面间弯矩、剪力的分布规律是不变的；一旦任何一个截面的内力达到其内力设计值,就认为整个结构达到其承载能力。而实际上,到了带裂缝工作阶段,由于裂缝的形成和开展,构件截面刚度发生改变,截面内力与荷载不再呈线性关系;当进入破坏阶段出现塑性铰后,结构的计算简图也发生改变,导致各截面间的内力关系改变得更大。这种由于超静定混凝土结构的非弹性性质而引起的各截面间的内力不再符合线弹性关系的现象,称为内力重分布或塑性内力重分布。

2. 内力重分布与应力重分布的区别

为了避免混淆,再介绍一下应力重分布的概念。应力重分布是指由于钢筋混凝土的非弹性性质,同一截面上的应力分布不再服从线弹性分布的现象,在静定和超静定混凝土结构中都存在。内力重分布现象只存在于超静定混凝土结构中,静定结构是不具有的,因为静定结构的内力与截面抗弯刚度无关。

3. 考虑内力重分布的适用范围

以下情况不宜考虑内力重分布:
1) 在使用阶段不允许出现裂缝或对裂缝宽度严格限制的结构。
2) 处于侵蚀性环境中的结构。
3) 直接承受动力荷载的结构。
4) 预应力结构和二次受力的叠合结构。
5) 要求有较高安全储备的结构。

6.5.3 弯矩调幅的概念和原则

对于钢筋混凝土超静定结构,考虑塑性内力重分布的计算方法主要有极限平衡法、塑性铰法、变刚度法、强迫转动法、弯矩调幅法和非线性全过程分析法等。在这些方法中,弯矩调幅法的计算过程相对简单,被多数国家的设计规范采用。我国规范也推荐使用弯矩调幅法来计算钢筋混凝土连续梁、板和框架的内力。

1. 弯矩调幅法的概念

弯矩调幅法,是指把连续梁、板或框架按弹性理论方法计算得到的弯矩值和剪力值进行适当调整,通常是对绝对值较大的截面弯矩进行一定程度的折减,用以考虑结构因非弹性变形引起的塑性内力重分布,然后按调整后的内力进行截面设计,是一种较实用的设计方法。

截面弯矩的调整幅度通常用调幅系数 β 来表示,即

$$\beta = \frac{M_e - M_a}{M_e} \tag{6.5-1}$$

式中, M_e ——按弹性理论计算得到的弯矩设计值;
　　　M_a ——调幅后的弯矩设计值。

2. 弯矩调幅应遵循的设计原则

根据试验研究和实践经验,应用弯矩调幅法进行结构承载能力极限状态计算时,应遵

循以下原则及规定。

1）为保证塑性铰有足够的转动能力，钢筋和混凝土应选用具有较好塑性的材料。受力钢筋宜采用 HPB300、HRB400、HRBF400、HRB500、HRBF500 级热轧钢筋；混凝土强度等级宜在 C25～C45 范围内选用。

2）为避免塑性铰出现过早（正常使用阶段不应出现塑性铰）、转动幅度过大，以及由此引发的构件的裂缝宽度及变形过大，应控制弯矩的调整幅度。一般，弯矩调幅系数 β 对梁不宜超过 0.25，对板不宜超过 0.20。

3）为保证塑性铰既不过早出现，又有足够的转动能力，调幅后的构件截面相对受压区高度应满足 $0.1 \leqslant \xi \leqslant 0.35$。

4）调幅后，按静力平衡条件计算得到的跨中弯矩 M 应满足

$$M \geqslant 1.02M_0 - \frac{M_A + M_B}{2} \tag{6.5-2}$$

式中，M_0——按简支梁计算的跨中弯矩设计值；

M_A、M_B——连续梁或板的左、右支座截面调幅后的弯矩设计值。

5）调幅后，支座及跨中截面的弯矩值均不宜小于 $\dfrac{M_0}{3}$。

6）为防止结构在调幅预期的内力重分布出现前发生剪切破坏，应在可能发生塑性铰的区段将计算所需的箍筋量增加 20%。增大的区段如下：当承受集中荷载时，取支座边缘至第一个集中荷载间的区段；当承受均布荷载时，取距支座边缘为 $1.05h_0$ 的区段，其中 h_0 为梁截面有效高度。而且，为了避免发生斜拉破坏，配箍率应满足下式要求，即

$$\rho_{sv} = \frac{A_{sv}}{bs} \geqslant 0.36 \frac{f_t}{f_{yv}} \tag{6.5-3}$$

6.6　连续梁、板按塑性理论计算的结构内力

超静定混凝土结构在受力过程中，由于混凝土的非弹性变形、裂缝的萌生和扩展、钢筋的锚固滑移，以及塑性铰的形成和转动等因素的影响，结构构件的刚度已发生很大变化，不再适合按刚度不变的弹性理论计算结构内力。

在设计混凝土连续梁、板时，为适当考虑结构的塑性内力重分布，常采用 6.5.3 节的实用设计方法——弯矩调幅法来计算结构的内力。

6.6.1　弯矩调幅法计算结构内力的步骤

应用弯矩调幅法计算结构内力的基本步骤如下：

1）用弹性理论法计算结构在荷载最不利布置下支座截面的弯矩最大值 M_e。

2）对支座截面弯矩 M_e 进行调幅，调幅后的弯矩设计值 $M_a = (1-\beta)M_e$。

3）按调幅后的支座弯矩值 M_a 计算跨中弯矩 M。

4）校核调幅后的支座弯矩 M_a 和跨中弯矩 M，使其满足弯矩调幅法的相关原则。

5）按最不利荷载布置和调幅后的支座弯矩，由平衡条件求得控制截面的剪力设计值。

为了设计方便，对于工程中常见的承受均布荷载和间距相同、大小相等的集中荷载的

连续梁、板,通过考虑塑性内力重分布的弯矩调幅法计算得出内力包络图,从而给出各控制截面的内力系数,计算截面内力时可直接查表取用。

6.6.2　用弯矩调幅法计算等跨连续梁、板

1. 等跨连续梁

等跨连续梁承受均布荷载和间距相同、大小相等的集中荷载时,各跨跨中及支座截面的弯矩设计值 M 和剪力设计值 V 按下式计算。

1) 承受均布荷载时

$$M = \alpha_m (g + q) l_0^2 \qquad (6.6\text{-}1)$$

$$V = \alpha_v (g + q) l_n \qquad (6.6\text{-}2)$$

2) 承受间距相同、大小相等的集中荷载时

$$M = \eta \alpha_m (G + Q) l_0 \qquad (6.6\text{-}3)$$

$$V = \alpha_v n (G + Q) \qquad (6.6\text{-}4)$$

式中, g、q ——分别为沿梁、板单位长度上的永久性荷载设计值和可变荷载设计值;

G、Q ——分别为作用在梁上的一个集中永久性荷载设计值和集中可变荷载设计值;

l_0 ——计算跨度,按表 6.3-1 选用;

l_n ——净跨度;

α_m ——连续梁、板考虑塑性内力重分布的弯矩计算系数,按表 6.6-1 选用;

α_v ——连续梁考虑塑性内力重分布的剪力计算系数,按表 6.6-2 选用;

η ——集中荷载修正系数,按表 6.6-3 选用;

n ——跨内集中荷载的个数。

表 6.6-1　连续梁和连续单向板考虑塑性内力重分布的弯矩计算系数 α_m

支承情况		截面位置					
		端支座	边跨跨中	离端第二支座	离端第二跨跨中	中间支座	中间跨跨中
		A	I	B	II	C	III
梁、板支承在墙上		0	$\dfrac{1}{11}$	二跨连续: $-\dfrac{1}{10}$ 三跨以上连续: $-\dfrac{1}{11}$	$\dfrac{1}{16}$	$-\dfrac{1}{14}$	$\dfrac{1}{16}$
与梁整浇连接	板	$-\dfrac{1}{16}$	$\dfrac{1}{14}$				
	梁	$-\dfrac{1}{24}$	$\dfrac{1}{14}$				
梁与柱整浇连接		$-\dfrac{1}{16}$	$\dfrac{1}{14}$				

注：1. 表中系数适用于荷载比 $q/g > 0.3$ 的等跨连续梁和连续单向板。

2. 连续梁或连续单向板的各跨长度不等,但当相邻两跨的长跨与短跨之比值 < 1.10 时,仍可采用表中弯矩系数值。计算支座弯矩时应取相邻两跨的较长跨度值,计算跨中弯矩时应取本跨长度。

表 6.6-2　连续梁考虑塑性内力重分布的剪力计算系数 α_v

支承情况	截面位置				
	端支座 A 内侧	离端第二支座 B		中间支座 C	
		外侧	内侧	外侧	内侧
支承在墙上	0.45	0.60	0.55	0.55	0.55
与梁或柱整浇连接	0.50	0.55			

表 6.6-3　集中荷载修正系数 η

荷载情况	截面位置					
	A	I	B	II	C	III
跨中中点作用一个集中荷载	1.5	2.2	1.5	2.7	1.6	2.7
跨中三分点作用两个集中荷载	2.7	3.0	2.7	3.0	2.9	3.0
跨中四分点作用三个集中荷载	3.8	4.1	3.8	4.5	4.0	4.8

注：A、B、C 表示端支座、离端第二支座和中间支座；I、II、III 表示边跨、第二跨、中间跨的跨内最大弯矩处。

2. 等跨连续板

承受均布荷载的等跨连续单向板，各跨跨中及支座截面的弯矩设计值 M 按式(6.6-1)计算。

6.6.3　用弯矩调幅法计算不等跨连续梁、板

1. 不等跨连续梁

不等跨连续梁的内力计算可类似按弯矩调幅法的计算步骤进行，具体如下：

1) 按荷载的最不利布置，用弹性理论分别求出连续梁各支座截面的弯矩最大值 M_e。

2) 采用调幅系数 β（不宜超过 0.2），对支座截面弯矩按如下公式进行调整。

① 连续梁支承在墙上时，调幅后的弯矩为

$$M_a = (1-\beta)M_e \tag{6.6-5}$$

② 连续梁两端与梁或柱整体连接时，调幅后的弯矩为

$$M_a = (1-\beta)M_e - \frac{V_0 b}{3} \tag{6.6-6}$$

式中，V_0——按简支梁计算的支座剪力设计值；

　　　b——支座宽度。

3) 连续梁各跨中截面的弯矩不宜调整，其弯矩设计值 M 取考虑荷载最不利布置并按弹性理论求得的最不利弯矩值和按式(6.5-2)，即

$$M \geqslant 1.02M_0 - \frac{M_A + M_B}{2}$$

求得的弯矩较大值。

4) 连续梁各控制截面的剪力设计值，可按荷载最不利布置，根据调整后的支座弯矩由静力平衡条件求得，也可近似取考虑活荷载最不利布置按弹性理论计算得到的剪力值。

2. 不等跨连续板

不等跨连续板的内力计算可按以下步骤进行：

1）从较大跨度板开始,在下列范围内选定跨中的弯矩设计值。

① 边跨:

$$\frac{(g+q)l_0^2}{14} \leqslant M \leqslant \frac{(g+q)l_0^2}{11}$$ (6.6-7)

② 中间跨:

$$\frac{(g+q)l_0^2}{20} \leqslant M \leqslant \frac{(g+q)l_0^2}{16}$$ (6.6-8)

2）根据选定的跨中弯矩设计值,由静力平衡条件确定较大跨度的两端支座弯矩设计值。

3）以 2）中求得的支座弯矩设计值为已知值,重复上述条件和步骤确定邻跨的跨中弯矩和相邻支座的弯矩设计值。

6.7　单向板肋梁楼盖的截面设计及构造

6.7.1　单向板的截面设计与配筋构造

1. 单向板的计算步骤

1）确定板的厚度。先根据板的类型和跨度初选板厚:单向板,$h \geqslant l/30$;双向板,$h \geqslant l/40$;同时应满足表 4.2-1 中现浇混凝土板的最小厚度要求。

2）确定荷载设计值。根据板的构造及用途确定恒荷载设计值和活荷载设计值。

3）确定计算单元。沿板的长边方向截取 1m 宽的板带作为计算单元。

4）确定计算简图。根据板的支承情况,按塑性理论确定板边跨、中间跨的计算跨度。

5）内力计算。按塑性理论法,通过查表得到相关内力系数,求得各控制截面的内力。

6）配筋计算。按正截面受弯承载力计算配筋,不需进行斜截面计算。

注意:为了考虑四边与梁整体连接的中间区格单向板拱效应的有利影响,对中间跨的跨中弯矩和支座弯矩各折减 20%,但边跨的跨中弯矩及边支座弯矩不折减。

2. 单向板的配筋构造

（1）受力钢筋

1）受力筋的直径。板的受力钢筋常用 HPB300、HRB400 和 HRBF400 等钢筋,常用的钢筋直径为 6～12mm,板厚度较大时,直径可选用 14～18mm。

2）受力筋的间距。钢筋的间距一般为 70～200mm;当板厚 $h \leqslant 150$mm 时,不宜大于 200mm,当板厚 $h > 150$mm 时,不宜大于 1.5h,且不宜大于 250mm。

3）受力钢筋的配筋方式。连续板受力钢筋的配筋方式分为分离式和弯起式两种,如图 6.7-1 所示。

① 弯起式配筋。将跨中钢筋在支座附近弯起 1/2～2/3,用来承受支座负弯矩,如图 6.7-1（a）所示。其特点是整体性好、节约钢筋,但施工较复杂。

钢筋的弯起角度一般为 30°,当板厚>120mm 时,可采用 45°。

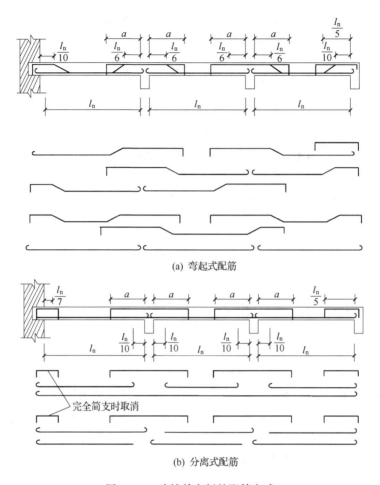

(a) 弯起式配筋

(b) 分离式配筋

图 6.7-1　连续单向板的配筋方式

当相邻跨度相差不超过 20% 时，可取 $a = l_n/4 (q/g \leqslant 3)$ 或 $a = l_n/3 (q/g > 3)$，其中 g、q 分别为恒荷载和活荷载的设计值。

当相邻跨度相差超过 20%，或各跨荷载相差较大时，钢筋的弯起和截断应按弯矩包络图确定。

② 分离式配筋。跨中和支座部位全部采用单独选配的直钢筋，如图 6.7-1(b) 所示。其特点是构造简单、施工方便，但锚固效果较差；当板厚超过 120mm 且承受较大动荷载时不宜采用。

(2) 构造钢筋

连续单向板中除了按计算配置受力钢筋，通常还应布置以下四种构造钢筋。

1) 分布钢筋。其应与受力钢筋垂直布置，且应放置在受力钢筋的内侧。其作用是：①与受力钢筋组成钢筋网，以便施工中固定受力钢筋的位置；②承受由于温度变化和混凝土收缩产生的内力；③承受并分散板上局部荷载产生的内力；④对于四边简支板，可承受在计算中未计入但实际存在的长跨方向的弯矩。

分布钢筋宜采用 HPB300 级钢筋，常用直径是 6mm 和 8mm。单位长度上分布钢筋的截面面积不宜小于单位宽度上受力钢筋截面面积的 15%,且不宜小于该方向板截面面积的 0.15%;分布钢筋的间距不宜大于 250mm,直径不宜小于 6mm;对于集中荷载较大或温度变化较大的情况,分布钢筋的截面面积应适当增加,其间距不宜大于 200mm。

2) 垂直于主梁的附加负筋。靠近主梁的竖向荷载会直接传递给主梁,在主梁梁肋附近的板面引起负弯矩,因此需在主梁上部的板面配置附加钢筋。附加负筋的直径不宜小于 8mm,沿梁长度方向的配置间距不应大于 200mm,且单位长度内的总截面面积不宜小于板中单位宽度内受力钢筋截面面积的 1/3,伸入板中的长度从梁肋边算起不小于计算跨度 l_0 的 1/4,如图 6.7-2 所示。

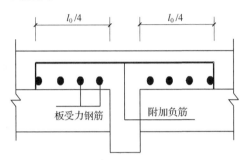

图 6.7-2　垂直于主梁的附加负筋

3) 嵌入承重墙的附加负筋。由于墙的约束作用,靠近承重墙的单向板的板面会产生一定的负弯矩。在板角部位,除因荷载传递使板在两个正交方向产生负弯矩外,温度收缩影响产生的角部拉应力也可能在板角处引起斜裂缝。为了防止上述裂缝,应在板的上部配置构造钢筋,如图 6.7-3 所示。同时,应符合以下规定:①钢筋直径不宜小于 8mm,间距不宜大于 200mm,伸入板内的长度从墙边算起不宜小于板短跨的 1/7;②对于两边嵌固于墙内的板角部分,应配置双向上部构造钢筋,其伸入板内的长度从墙边算起不宜小于板

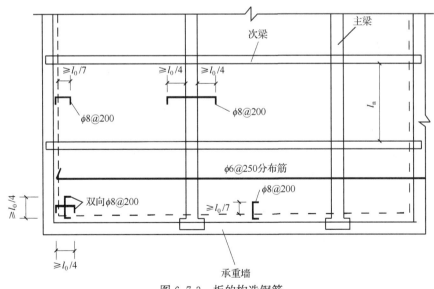

图 6.7-3　板的构造钢筋

短跨的 1/4;③对于沿板的受力方向布置的上部构造钢筋,其截面面积不宜小于该方向跨中受力钢筋截面面积的 1/3;沿非受力方向布置的上部构造钢筋,可根据经验适当减少。

4) 防温度收缩裂缝的构造钢筋。温度变化和混凝土收缩会在现浇楼板内引起拉应力,使楼板产生温度收缩裂缝。为控制此类裂缝,在温度收缩应力较大的现浇板区域,应在板的表面配置双向构造钢筋,钢筋间距不宜大于 200mm,配筋率不宜小于 0.1%。此类构造钢筋可利用原有钢筋贯通布置,也可另行设置,并与原有钢筋按受拉钢筋的要求搭接或在周边构件中锚固。

6.7.2　次梁的截面设计与构造要求

1. 次梁的计算步骤

1) 确定次梁的截面尺寸。次梁的跨度一般为 4~6m,梁高常取跨度的 1/18~1/12,梁宽为梁高的 1/3~1/2。

2) 确定荷载设计值。次梁承受的荷载包括梁自重和板传递来的荷载,需根据荷载性质分别确定恒荷载设计值和活荷载设计值。

3) 确定计算简图。根据次梁的支撑情况,按塑性理论确定次梁边跨、中间跨的计算跨度。

4) 内力计算。按塑性理论法,通过查表得到相关内力系数,求得各控制截面的内力。

5) 正截面承载力计算。按正截面受弯承载力条件,计算并选配纵筋;跨内按 T 形截面计算,支座处按矩形截面计算。

6) 斜截面承载力计算。按斜截面受剪承载力条件,计算并选配箍筋和弯起钢筋。

2. 次梁的配筋构造

次梁的一般构造要求与第 4、5 章受弯构件的配筋构造相同。本节将对钢筋的构造要求做些补充说明。

(1) 纵向受力筋的弯起与截断

次梁的配筋方式分为弯起式和连续式 2 种,如图 6.7-4 所示。次梁中受力纵筋钢筋的弯起和截断,原则上应按弯矩包络图确定。但对于相邻跨跨度相差不超过 20%、承受均布荷载且活荷载与恒荷载之比 $q/g \leqslant 3$ 的次梁,可根据设计经验按图 6.7-4 确定。

1) 纵向受力筋的弯起,如图 6.7-4(a)所示。第一排弯起钢筋的弯终点距支座边缘的距离为 50mm;第二排、第三排的弯终点距支座边缘的距离分别为 h 和 $2h$。

2) 支座处负钢筋的截断。若支座负钢筋的总面积为 A_s,则第一批截断钢筋的面积不得超过 $A_s/2$,延伸长度从支座边缘算起不小于 $l_n/5+20d$(d 为截断钢筋的直径);第二批截断钢筋的面积不得超过 $A_s/4$,延伸长度不小于 $l_n/3$;余下钢筋的面积不小于 $A_s/4$,且不少于两根,可用来承担部分负弯矩并兼做架立钢筋,其伸入边支座的锚固长度不得小于 l_a。

(2) 纵向受力筋伸入支座的锚固长度

次梁下部除弯起外的纵向受力筋,不得在跨间截断,应全部伸入支座。下部钢筋伸入

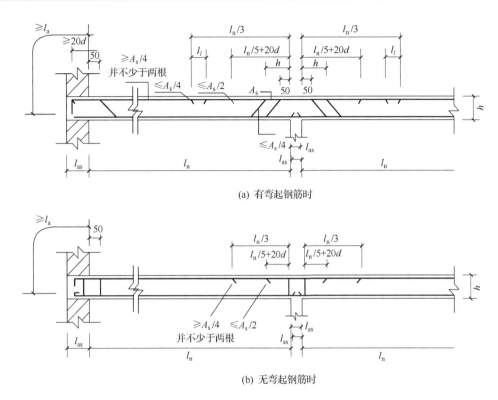

(a) 有弯起钢筋时

(b) 无弯起钢筋时

图 6.7-4　次梁的钢筋构造

支座的锚固长度 l_a 应符合第 5.6.3 节的相关规定。

6.7.3　主梁的截面设计与构造要求

1. 主梁的计算步骤

1）确定主梁的截面尺寸。主梁的跨度常取 5～8m，截面高度一般取跨度的 1/14～1/8，梁宽取梁高的 1/3～1/2。

2）确定主梁上的荷载。主梁主要承受自重和次梁传递来的集中荷载，为了简化计算，可将主梁的自重等效成集中荷载，并假定其作用点与次梁传递来的集中荷载的位置相同。

3）确定计算简图。根据主梁的支承情况，按弹性理论确定主梁边跨、中间跨的计算跨度。

4）内力计算。按弹性理论法，考虑活荷载的最不利布置，画出 M、V 包络图，求得各控制截面的内力。因为主梁是重要构件，需要较大的安全储备，故内力计算时一般不宜考虑塑性内力重分布。

5）正截面承载力计算。按正截面受弯承载力条件，计算并选配纵筋；跨内按 T 形截面计算，支座处按矩形截面计算。

在主梁支座处，板、次梁和主梁截面的上部纵向钢筋相互交叉重叠，且主梁负筋位于板和次梁的负筋之下,如图 6.7-5 所示,导致主梁支座截面的有效高度 h_0 降低。一般,当主梁负筋为一排时,取 $h_0 = h - (60 \sim 65)\text{mm}$;两排时,取 $h_0 = h - (80 \sim 85)\text{mm}$,其中 h 为截面高度。

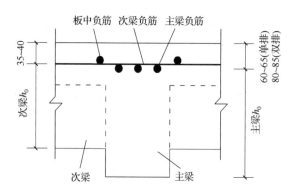

图 6.7-5 主梁支座处的截面有效高度

6) 斜截面承载力计算。按斜截面受剪承载力条件,计算并选配腹筋(包括箍筋、弯起钢筋和独立钢筋)。

2. 主梁的配筋构造

主梁的一般构造要求与次梁相同,其配筋的特殊构造要求如下所示。

（1）纵向受力筋的弯起与截断

主梁受力纵筋的弯起和截断应根据弯矩包络图确定,并满足第 5.6.1 节和第 5.6.2 节中的相关构造要求。

（2）附加横向钢筋

在次梁与主梁相交的一定区域内,应设置附加横向钢筋(箍筋和吊筋),以承受次梁传递来的集中荷载,防止斜裂缝的发生。附加钢筋宜优先选用附加箍筋,其布置长度应为 $s = 3b + 2h_1$,如图 6.7-6 所示。

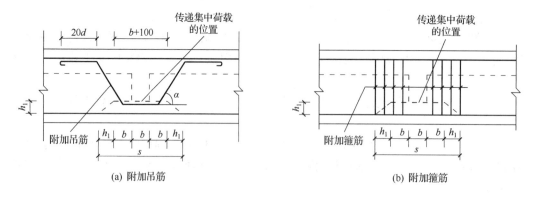

(a) 附加吊筋   (b) 附加箍筋

图 6.7-6 主梁附加钢筋构造布置图

所需附加钢筋的面积由式(6.5-1)确定,即

$$F \leqslant 2f_{y}A_{sb}\sin\alpha + mnf_{yv}A_{sv1}$$

式中，F ——由次梁传递来的集中荷载设计值；

　　　f_{y} ——吊筋的抗拉强度设计值；

　　　A_{sb} ——吊筋的横截面面积；

　　　α ——吊筋与主梁轴线的夹角；

　　　m ——附加箍筋的排数；

　　　n ——同一截面内附加箍筋的肢数；

　　　f_{yv} ——附加箍筋的抗拉强度设计值；

　　　A_{sv1} ——单肢附加箍筋的横截面面积。

6.8　单向板肋梁楼盖设计实例

　　某多层工业厂房采用现浇钢筋混凝土单向板肋梁楼盖，四周支承在砖砌体墙上，结构平面如图 6.8-1 所示。相关设计资料如下：①楼面做法，20mm 水泥砂浆抹面（$\gamma = 20$kN/m³），板底及梁底、梁侧用 20mm 厚石灰砂浆抹底（$\gamma = 17$kN/m³）；②材料选用，混凝土强度等级采用 C25，梁中受力纵筋及吊筋采用 HRB400 级钢筋，梁中其余钢筋及板中钢筋均采用 HPB300 级钢筋；③楼面活荷载标准值 $q = 7$kN/m²。试设计此单向板肋梁楼盖。

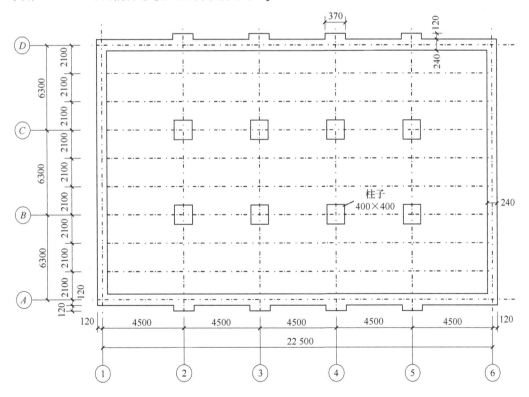

图 6.8-1　楼盖结构平面布置图

确定主梁的跨度为 6.3m，次梁的跨度为 4.5m，主梁每跨内布置两根次梁，板的跨度为 2.1m。

1. 板的设计

（1）确定荷载设计值

根据板的构造及用途确定恒荷载设计值和活荷载设计值。

板的恒荷载标准值为

20mm 水泥砂浆面层	$0.02 \times 20 = 0.4\text{kN/m}^2$
80mm 钢筋混凝土板	$0.08 \times 25 = 2\text{kN/m}^2$
20mm 板底石灰砂浆	$0.02 \times 17 = 0.34\text{kN/m}^2$
小计	2.74kN/m^2

板的活荷载标准值为 7kN/m^2。

恒荷载分项系数取 1.3；因为本例题是工业建筑楼盖且楼面活荷载标准值大于 4.0kN/m^2，所以活荷载分项系数取 1.4。于是

板的恒荷载设计值为

$$g = 2.74 \times 1.3 = 3.56\text{kN/m}^2$$

板的活荷载设计值为

$$q = 7 \times 1.4 = 9.8\text{kN/m}^2$$

板的荷载总设计值为

$$g + q = 13.36\text{kN/m}^2，近似取为 g + q = 13.4\text{kN/m}^2$$

（2）确定计算单元

沿板的长边方向切取 1m 宽的板带作为计算单元。

（3）确定计算简图

根据板的支承情况，按塑性理论确定板边跨、中间跨的计算跨度。

次梁截面为 200mm×400mm，现浇板在墙上的支承长度不小于 100mm，取板在墙上的支承长度为 120mm，板厚为 80mm，板的实际结构如图 6.8-2 所示。按塑性内力重分布设计，板的计算跨度按表 6.3-1 确定如下。

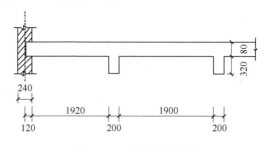

图 6.8-2　板的支承形式

边跨按以下两项中的较小值确定：

$$l_{01} = l_n + h/2 = (2100 - 120 - 200/2)\text{mm} + 80\text{mm}/2 = 1920\text{mm}$$

$$l_{01} = l_n + a/2 = (2100 - 120 - 200/2)\text{mm} + 120\text{mm}/2 = 1940\text{mm}$$

因此,边跨的计算跨度取 $l_{01} = 1920\text{mm}$。

中跨为

$$l_{02} = l_n = 2100\text{mm} - 200\text{mm} = 1900\text{mm}$$

跨度差 $= \dfrac{1920 - 1900}{1900} \times 100\% = 1.05\% < 10\%$,故可按等跨连续板计算,计算简图如图 6.8-3 所示。

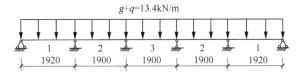

图 6.8-3　板的计算简图

(4) 内力计算

按塑性理论法,通过查表得到相关内力系数,求得各控制截面的内力。

由表 6.6-1 可查得板的不同截面位置的弯矩系数 α_m 分别为:边跨跨中处为 1/11;离端第二支座处为 $-1/11$;中间跨跨中处为 1/16;中间支座处为 $-1/14$。按照公式 $M = \alpha_m (g+q) l_0^2$ 进行计算,板的弯矩设计值的计算过程见表 6.8-1。

表 6.8-1　板弯矩设计值的计算

截面位置	边跨跨中 1	离端第二支座 B	中间跨中 2	中间支座 C
弯矩系数 α_m	1/11	$-1/11$	1/16	$-1/14$
计算跨度 l_0/m	1.92	1.92	1.90	1.90
$M = \alpha_m (g+q) l_0^2 / (\text{kN} \cdot \text{m})$	4.49	-4.49	3.02	-3.45

(5) 配筋计算

按正截面受弯承载力计算配筋,不需进行斜截面计算。

板厚 80mm,板截面有效高度 $h_0 = 80 - 20 = 60\text{mm}$。C25 混凝土,$\alpha_1 = 1$,$f_c = 11.9\text{N/mm}^2$;HPB300 钢筋,$f_y = 270\text{N/mm}^2$。为了考虑四边与梁整体连接的中间区格单向板拱效应的有利影响,对中间跨的跨中弯矩和支座弯矩各折减 20%,但边跨的跨中弯矩及边支座弯矩不折减,故 M_2、M_3 和 M_c 值各降低 20%。板截面配筋的计算过程见表 6.8-2。

板的配筋图绘制。板中除配置计算钢筋外,还应配置构造钢筋,如分布钢筋和嵌入墙内板的附加钢筋,钢筋直径不宜小于 8mm,间距不宜大于 200mm;钢筋从混凝土梁边、柱边、墙边伸入板内的长度不宜小于 $l_0/4$,砌体墙支座处钢筋伸入板边的长度不宜小于 $l_0/7$,其中计算跨度 l_0 对单向板按受力方向考虑。板内配筋图如图 6.8-4 所示。

表 6.8-2　板的配筋计算

截面		1	B	2,3	C
弯矩设计值/(kN·m)		4.49	−4.49	3.02 (2.46)	−3.45 (−2.76)
$\alpha_s = M/\alpha_1 f_c b h_0^2$		0.105	0.105	0.070 (0.056)	0.081 (0.064)
$\xi = 1 - \sqrt{1 - 2\alpha_s}$		0.111	0.111	0.073 (0.058)	0.085 (0.066)
轴线 ①—② ⑤—⑥	计算配筋/mm² $A_s = \xi b h_0 \alpha_1 f_c / f_y$	294.0	294.0	193.0	225.0
	实际配筋/mm²	$\phi 6/8 @130$ $A_s = 302$	$\phi 6/8 @130$ $A_s = 302$	$\phi 6 @130$ $A_s = 218$	$\phi 6 @130$ $A_s = 218$
轴线 ②—⑤	计算配筋/mm² $A_s = \xi b h_0 \alpha_1 f_c / f_y$	294.0	294.0	153.0	175.0
	实际配筋/mm²	$\phi 6/8 @130$ $A_s = 302$	$\phi 6/8 @130$ $A_s = 302$	$\phi 6 @130$ $A_s = 218$	$\phi 6 @130$ $A_s = 218$

注:为了考虑四边与梁整体连接的中间区格单向板拱效应的有利影响,对中间跨的跨中弯矩和支座弯矩各折减20%,但边跨的跨中弯矩及边支座弯矩不折减。

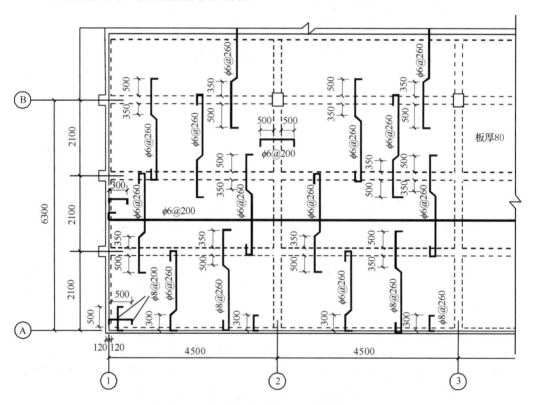

图 6.8-4　板内配筋示意图(尺寸单位:mm)

2. 次梁的设计

按考虑内力重分布设计,根据本车间楼盖的实际使用情况,楼盖的次梁和主梁的活荷载不考虑梁从属面积的荷载折减。

(1) 确定荷载设计值

恒荷载设计值

板传来恒荷载	$3.56 \times 2.1 = 7.48 \text{kN/m}$	
次梁自重	$0.2 \times (0.4-0.08) \times 25 \times 1.3 = 2.08 \text{kN/m}$	
次梁粉刷	$0.02 \times (0.4-0.08) \times 2 \times 17 \times 1.3 = 0.28 \text{kN/m}$	

小计 $g = 9.84 \text{kN/m}$

活荷载设计值

$$q = 9.8 \times 2.1 = 20.58 \text{kN/m}$$

荷载总设计值

$$g + q = 9.84 + 20.58 = 30.42 \text{kN/m}$$

(2) 确定次梁的计算简图

次梁在砖墙上的支承长度为 240mm。主梁截面为 $250 \text{mm} \times 600 \text{mm}$。计算跨度如下。

1) 边跨:

$$l_{01} = l_n + a/2 = (4500 - 120 - 250/2) + 240/2 = 4375 \text{mm} > 1.025 l_n$$
$$= 1.025 \times 4255 = 4361 \text{mm}, \text{取} \ l_{01} = 4360 \text{mm}$$

2) 中间跨:

$$l_{02} = l_n = 4500 - 250 = 4250 \text{mm}$$

因跨度相差小于 10%,可按等跨连续梁计算。次梁的计算简图如图 6.8-5 所示。

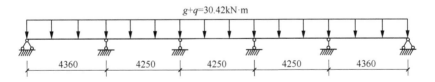

图 6.8-5 次梁的计算简图(尺寸单位:mm)

(3) 内力的计算

由表 6.6-1 和表 6.6-2 可分别查得弯矩系数和剪力系数。

弯矩设计值为

$$M_1 = -M_B = (g+q)l_{01}^2/11 = 30.42 \times 4.36^2/11 = 52.57 \text{kN} \cdot \text{m}$$
$$M_2 = (g+q)l_n^2/16 = 30.42 \times 4.25^2/16 = 34.34 \text{kN} \cdot \text{m}$$
$$M_C = -(g+q)l_n^2/14 = -30.42 \times 4.25^2/14 = -39.25 \text{kN} \cdot \text{m}$$

剪力设计值为

$$V_2 = 0.45(g+q)l_{n1} = 0.45 \times 30.42 \times 4.255 = 58.25\text{kN}$$

$$V_{BL} = 0.60(g+q)l_{n1} = 0.60 \times 30.42 \times 4.255 = 77.66\text{kN}$$

$$V_{Br} = 0.55(g+q)l_{n2} = 0.55 \times 30.42 \times 4.25 = 71.11\text{kN}$$

$$V_C = 0.55(g+q)l_{n2} = 0.55 \times 30.42 \times 4.25 = 71.11\text{kN}$$

（4）配筋的计算

1）正截面受弯承载力的计算——计算受力纵筋。正截面受弯承载力计算时，跨内按 T 型截面计算，翼缘宽度取 $b'_f = l/3 = 4500/3 = 1500\text{mm}$；$b'_f = b + s_n = 200 + 1900 = 2100 > 1500\text{mm}$，故取 $b'_f = 1500\text{mm}$。除支座 B 截面纵向钢筋按两排布置外，其余截面均布置一排。C25 混凝土，$\alpha_1 = 1.0$，$f_c = 11.9\text{N/mm}^2$，$f_t = 1.27\text{N/mm}^2$；纵向钢筋采用 HRB400，$f_y = 360\text{N/mm}^2$，箍筋采用 HPB300，$f_{yv} = 270\text{N/mm}^2$。经判别跨内截面均属于第一类 T 型截面。次梁正截面受弯承载力计算过程列于表 6.8-3。

表 6.8-3 次梁正截面受弯承载力计算

截面	边跨跨中 1	离端第二支座 B	中间跨中 2	中间支座 C
弯矩设计值/(kN·m)	52.57	−52.57	34.34	−39.25
$\alpha_s = M/\alpha_1 f_c b h_0^2$	$\dfrac{52.57 \times 10^6}{1.0 \times 11.9 \times 1500 \times 365^2}$ $= 0.0221$	$\dfrac{52.57 \times 10^6}{1.0 \times 11.9 \times 200 \times 340^2}$ $= 0.1911$	$\dfrac{34.34 \times 10^6}{1.0 \times 11.9 \times 1500 \times 365^2}$ $= 0.0144$	$\dfrac{-39.25 \times 10^6}{1.0 \times 11.9 \times 200 \times 365^2}$ $= 0.1238$
$\xi = 1 - \sqrt{1 - 2\alpha_s}$	0.0223	0.214 < 0.35	0.0145	0.1328 < 0.35
$A_s = \xi b h_0 \alpha_1 f_c / f_y / \text{mm}^2$	404.0	481.0	262.0	320.0
选配钢筋/mm²	3C14(弯 1) $A_s = 461$	2C12 + 2C14 $A_s = 534$	2C12 + 1C14(弯 1) $A_s = 379.9$	2C12 + 1C14 $A_s = 379.9$

支座截面 ξ 均小于 0.35，符合塑性内力重分布的原则。

2）斜截面受剪承载力计算——复核截面尺寸、腹筋计算和最小箍筋率验算。验算截面尺寸如下：

$h_w = h_0 - h'_f = 365 - 80 = 285\text{mm}$，因 $h_w/b = 285/200 = 1.425 < 4$，截面尺寸按下式验算：

$0.25\beta_c f_c b h_0 = 0.25 \times 1.0 \times 11.9 \times 200 \times 365 \times 10^{-3} = 217.2\text{kN} > V_{\max} = 77.66\text{kN}$

故截面尺寸满足要求。

$$0.7 f_t b h_0 = 0.7 \times 1.27 \times 200 \times 365 \times 10^{-3} = 64.9\text{kN} < V_B, V_C$$

因此，B 和 C 支座需要按计算配置箍筋。采用 $\phi 8$ 的双肢箍筋，并计算 B 支座左侧截面。由式(5.4-7)，$V \leqslant V_{cs} = 0.7 f_t b h_0 + f_{yv} \dfrac{A_{sv}}{s} h_0$，得

$$\frac{A_{sv}}{s} = \frac{n A_{sv1}}{s} \geqslant \frac{V - 0.7 f_t b h_0}{f_{yv} h_0} = \frac{77660 - 0.7 \times 1.27 \times 200 \times 365}{270 \times 365} = 0.130\text{mm}^2/\text{mm}$$

依据表 5.4-1 梁中最大箍筋间距要求和表 5.4-2 梁中箍筋最小直径要求，此取 $\phi 8$@200，2 肢箍，则

$$\frac{nA_{\text{svl}}}{s} = \frac{2 \times 50.3}{200} = 0.503 \text{ mm}^2/\text{mm} > 0.130 \text{ mm}^2/\text{mm} \times 1.2 = 0.156 \text{mm}^2/\text{mm}$$

弯矩调幅时要求配箍率下限为

$$\rho_{\text{sv,min}} = 0.36 \times \frac{f_{\text{t}}}{f_{\text{yv}}} = 0.36 \times \frac{1.27}{270} \times 100\% = 0.169\%$$

实际配箍率为

$$\rho_{\text{sv}} = \frac{nA_{\text{svl}}}{bs} = \frac{2 \times 50.3}{200 \times 200} \times 100\% = 0.25\% > 0.169\%$$

故所配双肢 $\phi 8@200$ 的箍筋满足要求。因各个支座处的剪力相差不大,为方便施工,沿梁全长均配置双肢 $\phi 8@200$。

（5）施工图的绘制

次梁配筋图如图 6.8-6 所示,其中次梁纵筋弯起、截断位置和锚固长度等按图 6.7-2 所述的构造要求确定。

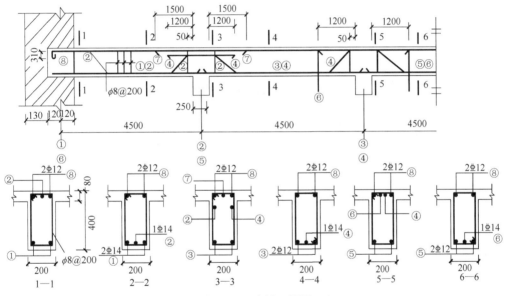

图 6.8-6　次梁配筋图

3. 主梁的设计

主梁按弹性理论设计。

（1）确定荷载设计值

主梁主要承受次梁传来的荷载和主梁的自重以及粉刷层重,为简化计算,主梁自重、粉刷层重也简化为集中荷载,作用位置与次梁传来的荷载相同。

次梁传递来恒荷载　　　　　　　　$9.84 \times 4.5 = 44.28\text{kN}$

主梁自重（含粉刷）

$$[(0.6-0.08) \times 0.25 \times 2.1 \times 25 + 2 \times (0.6-0.08) \times 0.02 \times 2.1 \times 17] \times 1.3 = 9.83\text{kN}$$

恒荷载为

$$G = 44.28 + 9.83 = 54.11\text{kN},取 G = 55\text{kN}$$

活荷载为

$$Q = 20.58 \times 4.5 = 92.61\text{kN},取 Q = 93\text{kN}$$

（2）确定主梁的计算简图

主梁端部支承在带壁柱墙上，支承长度为 370mm；中间支承在 400mm×400mm 的混凝土柱上。主梁按连续梁计算。其计算跨度为

1）边跨 $l_{n1} = 6300 - 200 - 120 = 5980\text{mm}$，因 $0.025l_{n1} = 149.5\text{mm} < a/2 = 185\text{mm}$，取 $l_{01} = 1.025l_{n1} + b/2 = 1.025 \times 5980 + 400/2 = 6329.5\text{mm}$，近似取 $l_{01} = 6330\text{mm}$。

2）中跨 $l_{02} = 6300\text{mm}$。

因跨度不相差 10%，主梁的计算简图如图 6.8-7 所示。

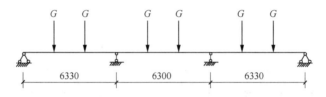

图 6.8-7　主梁的计算简图

（3）内力计算及内力包络图

1）弯矩设计值。计算公式 $M = k_1Gl + k_2Ql$，计算结果见表 6.8-4。其中，k_1 和 k_2 由附表 5-3 查得计算跨度 l 的选取：边跨取 6.33m，中间跨取 6.3m，支座取 6.315m。

表 6.8-4　主梁弯矩计算

项次	荷载简图	边跨跨中 $\dfrac{k}{M_1}$	中间支座 $\dfrac{k}{M_B}$	中间跨跨中 $\dfrac{k}{M_2}$	中间支座 $\dfrac{k}{M_C}$
1		$\dfrac{0.244}{84.95}$	$\dfrac{-0.267}{-92.74}$	$\dfrac{0.067}{23.26}$	$\dfrac{-0.267}{-92.74}$
2		$\dfrac{0.289}{170.13}$	$\dfrac{-0.133}{-78.11}$	$\dfrac{-0.133}{-77.92}$	$\dfrac{-0.133}{-78.11}$
3		$\dfrac{-0.044}{-25.90}$	$\dfrac{-0.133}{-78.11}$	$\dfrac{0.200}{117.18}$	$\dfrac{-0.133}{-78.11}$
4		$\dfrac{0.229}{134.81}$	$\dfrac{-0.311}{-182.74}$	$\dfrac{0.170}{99.60}$	$\dfrac{-0.089}{-52.27}$

项次	荷载简图	边跨跨中 $\dfrac{k}{M_1}$	中间支座 $\dfrac{k}{M_B}$	中间跨跨中 $\dfrac{k}{M_2}$	中间支座 $\dfrac{k}{M_C}$
组合项次 M_{min}/(kN·m)		①+③ 59.05	①+④ −275.48	①+② −54.66	①+④ −170.85
组合项次 M_{max}/(kN·m)		①+② 255.08		①+③ 140.44	

2）剪力设计值。计算公式 $V=k_3 G+k_4 Q$ 计算结果见表 6.8-5。

表 6.8-5　主梁剪力计算

项次	荷载简图	端支座 $\dfrac{k}{V_A}$	中间支座 $\dfrac{k}{V_{Bl}}$	中间支座 $\dfrac{k}{V_{Br}}$
1	$G\ G\quad G\ G\quad G\ G$	$\dfrac{0.733}{40.32}$	$\dfrac{-1.267}{-69.69}$	$\dfrac{1.00}{55.00}$
2	$Q\ Q\qquad\qquad Q\ Q$	$\dfrac{0.866}{80.54}$	$\dfrac{-1.134}{-105.46}$	$\dfrac{0}{0}$
4	$Q\ Q\quad Q\ Q$	$\dfrac{0.689}{64.08}$	$\dfrac{-1.311}{-121.92}$	$\dfrac{1.222}{113.65}$
组合项次 $\pm V_{max}$/kN		①+② 120.86	①+④ −191.61	①+④ 168.65

3）内力包络图。荷载组合①+②时，出现第一跨跨内最大弯矩和第二跨跨内最小弯矩。此时，$M_A=0$，$M_B=-92.74-78.11=-170.85\text{kN·m}$，以这两个支座弯矩值的连线为基线，叠加边跨在集中荷载 $G+Q=55+93=148\text{kN}$ 作用下的简支梁弯矩图，则第一个集中荷载下的弯矩值为 $\frac{1}{3}(G+Q)l_{01}-\frac{1}{3}M_B=255.30\text{kN·m}\approx M_{1max}$；第二个集中荷载下的弯矩值为 $\frac{1}{3}(G+Q)l_{01}-\frac{2}{3}M_B=198.35\text{kN·m}$。

中间跨跨中弯矩最小时，两个支座弯矩值均为 170.85kN·m，以此支座弯矩连线为基线叠加集中荷载 $G=55\text{kN}$ 作用下的简支梁弯矩图，则集中荷载处的弯矩值为 $\frac{1}{3}Gl_{02}-M_B=-55.35\text{kN·m}\approx M_{2min}$。

荷载组合①+④时，支座最大负弯矩 $M_B=-275.48\text{kN·m}$，其他两个支座的弯矩为 $M_A=0$，$M_C=-145.01\text{kN·m}$。在这三个支座弯矩间连直线，以此连线为基线，于第一跨、第二跨分别叠加集中荷载为 $G+Q$ 时的简支梁弯矩图，则集中荷载处的弯矩值顺次为

220.45、128.63、78.81、122.30。

荷载组合①+③时,出现边跨跨内弯矩最小与中间跨跨中弯矩最大。此时,$M_B=M_C$=−170.85kN·m,第一跨在集中荷载 G 作用下的弯矩值分别为 59.10kN·m,2.15 kN·m;第二跨在集中荷载 $G+Q$ 作用下的弯矩值为 139.95kN·m≈M_{2max}。

主梁的弯矩包络图如图 6.8-8(a)所示。

根据表 6.8-5 中的数据可画出剪力包络图。

荷载组合①+②时,V_{Amax}=120.86kN,至第一集中荷载处剪力降为 120.86−148=−27.14kN,至第二集中荷载处剪力降为−27.14−148=−175.14kN;荷载组合①+④时,V_B 最大,其 V_{Bl}=−191.61kN,则第一跨集中荷载处剪力顺次为(从右至左)−43.6kN,104.4kN,其余剪力值可照此计算。主梁的剪力包络图如图 6.8-8(b)所示。

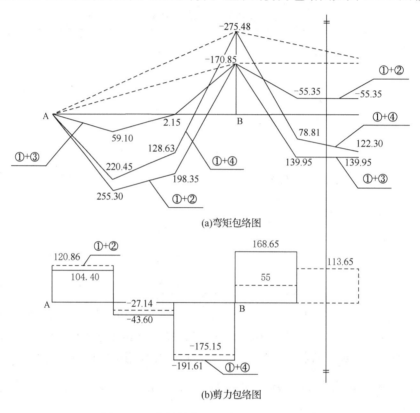

图 6.8-8 主梁的弯矩包络图和剪力包络图

(4) 配筋的计算

C25 混凝土,α_1=1.0,f_c=11.9N/mm²,f_t=1.27N/mm²;纵向钢筋采用 HRB400,f_y=360N/mm²,箍筋采用 HPB300,f_{yv}=270N/mm²。

1)正截面受弯承载力。跨内按 T 型截面计算,因 h_f'/h_0=80/565=0.14>0.1,翼缘计算宽度按 $l/3$=6.3/3=2.1m 和 $b+s_n$=4.75m 中较小值,取 b_f'=2.1m。

B 支座边的弯矩设计值应按照按下式进行计算 $M_B=M_{Bmax}-V_0\dfrac{b}{2}$=−275.48+148

$\times \dfrac{0.4}{2} = -245.88 \text{kN} \cdot \text{m}$，纵向受力钢筋除 B 支座截面为二排外，其余均为一排。跨内截面经判别都属于第一类 T 型截面。正截面受弯承载力的计算过程列于表 6.8-6。

表 6.8-6　主梁正截面承载力计算

截面	1	B	2	
弯矩设计值/ (kN·m)	255.30	−245.88	140.44	−55.35
$\alpha_s = M/\alpha_1 f_c b h_0^2$	$\dfrac{255.30 \times 10^6}{1.0 \times 11.9 \times 2100 \times 565^2}$ $= 0.0320$	$\dfrac{245.88 \times 10^6}{1.0 \times 11.9 \times 250 \times 530^2}$ $= 0.2942$	$\dfrac{140.44 \times 10^6}{1.0 \times 11.9 \times 2100 \times 565^2}$ $= 0.0176$	$\dfrac{55.35 \times 10^6}{1.0 \times 11.9 \times 250 \times 565^2}$ $= 0.0583$
γ_s	0.984	0.821	0.991	0.970
$A_s = M/\gamma_s f_y h_0 /\text{mm}^2$	1276	1570	697	281
选配钢筋/mm²	2C18+3C20 $A_s = 1450$	3C18+3C20 $A_s = 1704$	2C18+1C20 $A_s = 823.2$	2C18 $A_s = 509$

主梁纵向钢筋的弯起和截断按弯矩包络图确定。

2)斜截面受剪承载力。验算截面尺寸为 $h_w = h_0 - h_f' = 530 - 80 = 450 \text{mm}$，因 $h_w/b = 450/250 = 1.8 < 4$，截面尺寸按下式验算，即

$$0.25 \beta_c f_c b h_0 = 0.25 \times 1.0 \times 11.9 \times 250 \times 530 = 394.2 \text{kN} > V_{max} = 176.1 \text{kN}$$

知截面尺寸满足要求。

计算所需腹筋，采用 $\phi 8@190 \text{mm}$ 双肢箍筋，

$$V_{cs} = 0.7 f_t b h_0 + f_{yv} \frac{n A_{sv1}}{s} h_0$$

$$= 0.7 \times 1.27 \times 250 \times 530 + 270 \times \frac{2 \times 50.3}{190} \times 530$$

$$= 193.56 \text{kN}$$

因 $V_A = 120.86 \text{kN} < V_{cs}$、$V_{Br} = 168.65 \text{kN} < V_{cs}$、$V_{Bl} = 191.61 \text{kN} < V_{cs}$，无须配置弯起钢筋即可满足斜截面承载力要求。但为了利用纵筋抵抗支座部位的负弯矩，仍要将部分纵筋在支座附近弯起。

验算最小配筋率，即

$$\rho_{sv} = \frac{A_{sv}}{bs} = \frac{100.6}{250 \times 190} = 0.002 > 0.24 \frac{f_t}{f_{yv}} = 0.00113$$

满足要求。

次梁两侧附加横向钢筋的计算为：次梁传来的集中力 $F_1 = 44.28 + 93 = 137.28 \text{kN}$，$h_1 = 600 - 400 = 200 \text{mm}$，附加箍筋布置范围 $s = 2h_1 + 3b = 2 \times 200 + 3 \times 200 = 1000 \text{mm}$。取附加箍筋 $\varphi 8@190 \text{mm}$ 双肢，则在长度 s 内可布置附加箍筋的排数，取 $m = 1000/190 + 1 \approx 6$ 排，次梁两侧各布置 3 排。另加吊筋 $1 \oplus 18$，$A_{sb} = 254.5 \text{mm}^2$，有

$$2 f_y A_{sb} \sin\alpha + m \cdot n f_{yv} A_{sv1} = 2 \times 360 \times 254.5 \times 0.707 + 6 \times 2 \times 270 \times 50.3$$

$$= 292.52 \text{kN} > F_1$$

故满足要求。

主梁边支座下需设置梁垫,计算从略。

（5）施工图的绘制

按相同比例在同一坐标图上绘出弯矩包络图和抵抗弯矩图（图 6.8-8）。图中钢筋的弯起点、弯终点位置以及截断位置等应按 5.6 节所述的构造要求确定。

板内配筋、次梁配筋和主梁配筋图分别如图 6.8-4、图 6.8-6 和图 6.8-9 所示。

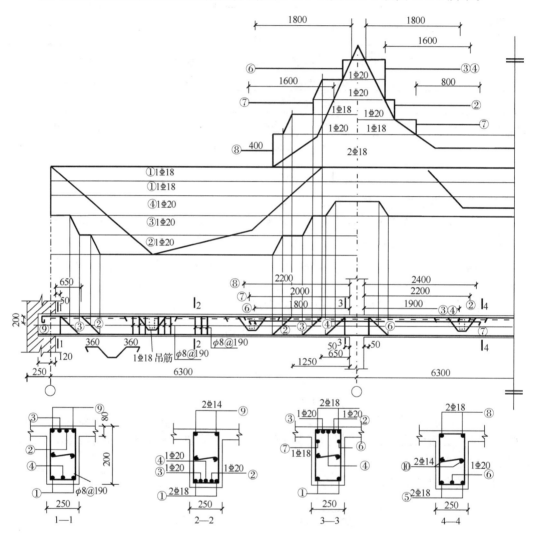

图 6.8-9 主梁配筋图

注:⑧号筋与⑨号筋的搭接长度为 300mm。

思 考 题

6.1 按结构型式和施工方法,钢筋混凝土楼盖可分别分为哪几种类型?分别简述其特点及应用范围。

6.2　如何判别单向板和双向板？二者的受力特点有何不同？

6.3　单向板肋梁楼盖的常见结构平面布置方案有哪几种？

6.4　设计时如何选取主梁、次梁和板的计算单元？

6.5　按弹性理论计算时，连续梁、板的计算跨度如何确定？

6.6　按塑性理论计算时，连续梁、板的计算跨度如何确定？

6.7　为何要考虑连续次梁和板的折算荷载？

6.8　进行连续梁、板的内力计算时，为何要进行活荷载最不利布置？最不利布置的原则是什么？

6.9　如何绘制连续梁的内力包络图？

6.10　什么是塑性铰？塑性铰与理想铰有何区别？

6.11　什么是内力重分布？内力重分布和应力重分布有何区别？

6.12　连续梁、板设计中，为什么要进行弯矩调幅？弯矩调幅应遵循的原则是什么？

6.13　用弯矩调幅法计算结构内力的基本步骤是什么？

习　题

6.1　某两跨钢筋混凝土矩形截面连续梁，计算简图如习题 6.1 图所示，截面尺寸和跨度均相等，承受均布恒荷载设计值 $g = 8kN/m$，均布活荷载设计值 $q = 25kN/m$。求：

1）按弹性理论计算该连续梁的弯矩，并画出弯矩包络图。

2）用弯矩调幅法确定该连续梁的弯矩，并画出调幅后的弯矩包络图。

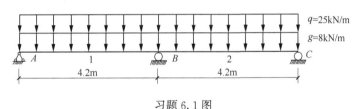

习题 6.1 图

6.2　某两跨钢筋混凝土连续梁，如习题 6.2 图所示，截面尺寸 $b \times h = 200mm \times 500mm$，混凝土强度等级为 C30，钢筋强度等级为 HRB400，中间支座及跨中均配置 3Φ18 受力钢筋。求：

1）按弹性理论计算时，该梁能承受的极限荷载 P_1。

2）按考虑内力重分布的方法计算时，该梁能承受的极限荷载 P_u。

3）支座截面的调幅系数 β。

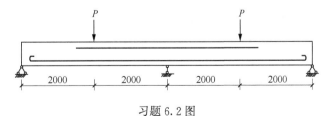

习题 6.2 图

第7章 受压构件截面承载力计算

受压构件是指以承受轴向压力为主的构件,是建筑结构中应用最广泛的基本构件之一,如一般建筑中的柱子、墙体、混凝土屋架的上弦杆等,均属于受压构件。

对于受压构件,通常配置纵向钢筋和箍筋。其中,纵向钢筋与混凝土共同工作提高构件的抗压承载力,同时承担由于荷载偏心引起的弯矩以及由于混凝土收缩及温度变化引起的拉应力等。箍筋与纵筋一起形成骨架,防止纵筋压屈,同时改善构件破坏的脆性,另外还承担作用于受压构件上的剪力。

受压构件根据轴向力在截面上作用位置的不同,分为轴心受压构件、单向偏心受压构件和双向偏心受压构件。当轴向压力作用于构件截面重心时,为轴心受压构件;当轴向压力的作用点只对构件正截面的一个主轴有偏心距时,为单向偏心受压构件;对构件正截面的两个主轴都有偏心距时,为双向偏心受压构件,如图7.0-1所示。

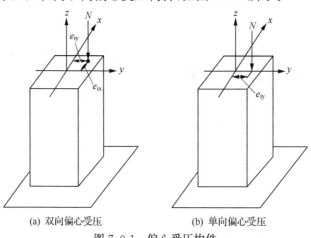

(a) 双向偏心受压   (b) 单向偏心受压

图 7.0-1 偏心受压构件

根据箍筋的配筋方式,受压柱又分为配有普通箍筋的普通钢箍柱和采用螺旋箍筋(或焊接环形箍筋)的螺旋箍筋柱(焊接箍筋柱)。螺旋钢箍柱(焊接箍筋柱)中的箍筋可以间接地提高轴心受压柱的承载力,当轴心受压柱的截面为圆形或多边形,可以采用这种箍筋形式提高受压承载力。构造形式如图7.0-2所示。

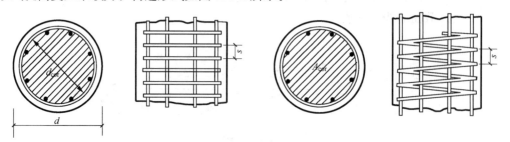

图 7.0-2 螺旋钢箍柱(焊接箍筋柱)

根据受压柱的长细比,分为短柱和长柱。当长细比满足下列条件时,为短柱,否则为长柱。

矩形截面柱 $l_0/b \leqslant 8$

圆形截面柱 $l_0/d \leqslant 7$

任意截面柱 $l_0/i \leqslant 28$

式中,b——矩形截面短边尺寸;

$\quad d$——圆截面直径;

$\quad i$——截面的最小回转半径;

$\quad l_0$——柱的计算长度,按表 7.0-1 取值。

表 7.0-1　框架结构各层柱的计算长度

楼盖类型	柱的类别	l_0
现浇楼盖	底层柱	1.0H
	其余各层柱	1.25H
装配式楼盖	底层柱	1.25H
	其余各层柱	1.5H

注:表中 H 对于底层柱为从基础顶面到一层楼盖顶面的高度;对于其余各层柱为上、下两层楼盖顶面之间的高度。

在实际工程中,柱子细长比不宜过大,长细比越大,承载力越低,使用时不能充分利用材料的强度,一般采用的柱的长细比为 $l_0/b \leqslant 30$(矩形柱)或 $l_0/d \leqslant 25$(圆形柱)。

7.1　受压构件的构造要求

为保证受压构件截面受力合理以及便于制作模板,轴心受压构件截面通常采用方形,有时根据建筑要求,也可采用圆形、多边形;偏心受压构件通常采用矩形或工字形截面;有时根据建筑设计要求,也采用异形截面,如图 7.1-1 所示。

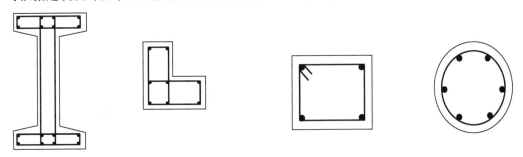

图 7.1-1　柱截面形状

为避免柱子长细比过大,使用时不能充分利用材料强度,柱子的截面尺寸不宜太小。对于一般矩形柱,截面尺寸不宜小于 250mm×250mm;对于圆形柱,截面尺寸直径不宜小于 300mm;为施工制作方便,对于工字形柱,翼缘厚度不宜小于 120mm,腹板厚度不宜小于 100mm。

7.1.1 材料

1. 混凝土

受压构件的承载力受混凝土强度等级影响较大,采用高强度混凝土可降低构件截面尺寸、节约钢材。但由于高强度混凝土脆性比普通混凝土高,因此对于地震烈度较高的地区也不宜采用强度过高的混凝土。对于受压构件,常用的混凝土强度等级为 C25~C50。

2. 纵向钢筋

（1）布置

在配筋布置时,矩形截面柱不应少于 4 根;当柱截面高度达到或超过 600mm 时,在柱的侧面上应设置不小于 10mm 的纵向构造钢筋。圆柱宜沿周边均匀布置,不宜少于 8 根,不应小于 6 根。柱纵向钢筋的净距不应小于 50mm,且纵向受力钢筋中距不宜大于 300mm。

（2）钢筋类型及配筋率

纵向钢筋通常采用的类型为 HRB300 和 HRB400。受压构件在破坏时,钢筋所起的作用受到混凝土极限压应变的限制,因此纵筋的强度等级不宜过高。

纵向受力钢筋直径不宜小于 12mm,全部纵向钢筋的配筋率不宜大于 5%;单侧最小配筋率不应小于 0.2%。对于强度等级为 400MPa 的纵筋,全截面最小配筋率不应小于 0.55%;对于强度等级为 300MPa 的纵筋,全截面最小配筋率不应小于 0.6%,具体见附表 3-6。

3. 箍筋

（1）箍筋的布置

箍筋受压构件的箍筋应做成封闭式,箍筋末端应作成 135° 的弯钩,且长度不应小于 $10d$,其中 d 为箍筋直径。

当柱截面短边大于 400mm,且各边纵筋配置根数超过 3 根时,或当柱截面短边不大于 400mm,但各边纵筋配置根数超过 4 根时,应设置复合箍筋,如图 7.1-2 所示。

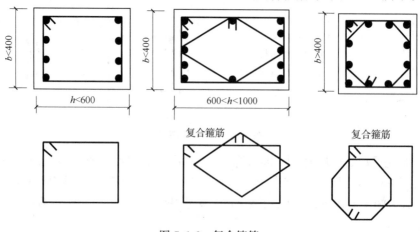

图 7.1-2 复合箍筋

对于截面形状复杂的柱,不得采用具有内折角的箍筋,如图 7.1-3 所示。

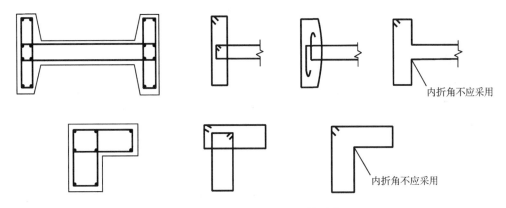

图 7.1-3 I 字形、L 形柱箍筋形式

(2) 箍筋直径及间距

对于受压构件的箍筋,直径不应小于纵筋最大直径的 1/4,且不小于 6mm。箍筋间距不应大于 400mm 以及截面短边尺寸,且不应大于 15d(d 为纵筋最小直径)。

受压构件全部纵向钢筋的配筋率超过 3% 时,箍筋直径不应小于 8mm,箍筋间距不应大于 200mm,且不应大于 10d(d 为纵筋最小直径)。

7.2 轴心受压构件正截面承载力计算

在实际工程中,由于荷载作用位置的偏差、施工制作时的误差等原因,真正的轴心受压构件几乎是不存在的,但有些构件,如混凝土屋架的受压腹杆,由于上述原因引起的偏心距很小,一般可忽略不计,可以近似按轴心受压构件设计。

对于轴心受压构件,一般根据其箍筋的配筋方式,分为普通钢箍柱与螺旋钢箍柱。

7.2.1 轴心受压普通箍筋柱承载力计算

1. 短柱的破坏形态

轴心受压短柱的试验表明,在轴心荷载作用下,柱子截面的应变基本上是均匀分布的。当荷载较小时,混凝土和纵筋均处于弹性阶段,柱子压缩变形与荷载成正比,且混凝土和钢筋的应变相等。随着荷载的增大,钢筋仍处于弹性阶段,混凝土则进入塑性变形阶段,变形增大的速度高于荷载增长速度,即在钢筋与混凝土变形相同的情况下,混凝土所分担的轴力占总荷载的比例随荷载的增大而减小。在临近破坏时,一般纵筋先达到屈服强度,此时可继续增加一些荷载,混凝土保护层开始剥落,箍筋之间失去混凝土保护的纵筋因压屈而向外凸出,混凝土最后被压碎,柱子即被破坏,如图 7.2-1(a) 所示。

试验表明,钢筋混凝土短柱在达到最大荷载时的压应变一般在 0.0025~0.0035,高于素混凝土棱柱体构件的压应变 0.0015~0.002,其主要原因是柱中的纵筋及箍筋起到调整混凝土应力的作用,使混凝土的塑性性质得到了较好的发挥,改善了受压破坏的脆性

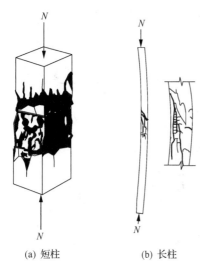

(a) 短柱　　　　(b) 长柱

图 7.2-1　轴心受压构件的破坏

性质。在工程设计时,一般取构件的压应变达到 0.002 作为轴心受压构件破坏的控制条件。

2. 长柱的破坏形态

从前述可知,实际工程中理想的轴心受压构件几乎是不存在的,多种因素会产生初始偏心距,在竖向荷载作用下将产生附加弯矩以及侧向挠度,而侧向挠度又增大荷载的偏心距,侧向弯矩则降低柱子的轴向承载力。

对于短柱,附加弯矩的影响较小,可忽略不计。但对于长细比较大的柱子,附加弯矩的影响不可忽略。长柱在弯矩与轴力的共同作下发生破坏,破坏时,离轴力较近的一侧先出现受压的纵向裂缝,随后混凝土被压碎,纵筋被压屈向外凸出,另一侧混凝土受拉,出现垂直于纵轴方向的横向裂缝,如图 7.2-1(b)所示。

试验表明,侧向弯矩的存在降低了柱子的轴向承载力,长柱的破坏荷载低于其他条件相同时的短柱破坏荷载,长细比越大,承载能力降低得越多。《标准》采用稳定系数 φ 来表示长柱受压承载力降低的程度,如式(7.2-1)所示,即 φ 为长柱受压承载力 N_u^l 和短柱受压承载力 N_u^s 的比值。

$$\varphi = \frac{N_u^l}{N_u^s} \tag{7.2-1}$$

由国内外所做的试验结果可知,长细比越大,φ 值越小,即构件的受压承载力降低得越多,如图 7.2-2 所示。由试验得出的经验回归公式如下:

1) $l_0/b < 8$ 时,柱子承载力没有降低,即 $\varphi = 1$。

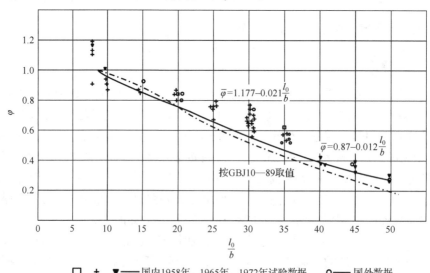

□ ＋ ▼——国内1958年、1965年、1972年试验数据　　○——国外数据

图 7.2-2　φ 值实验结果及标准取值

2) $l_0/b = 8 \sim 34$ 时，$\varphi = 1.177 - 0.021 l_0/b$。

3) $l_0/b = 35 \sim 50$ 时，$\varphi = 0.87 - 0.012 l_0/b$。

《标准》在上述试验结果的基础上，对 φ 的取值如表 7.2-1 所示。与试验公式相比，对于长细比较大的构件，表中 φ 的取值要低一些，主要考虑荷载初始偏心距和长期荷载作用对构件承载力的不利影响较大，以保证安全；对于长细比 $l_0/b < 20$ 的构件，表中 φ 的取值略高一些，主要是根据实际工程经验，以节约用钢量。

表 7.2-1　钢筋混凝土轴心受压构件的稳定系数

l_0/b	l_0/d	l_0/i	φ	l_0/b	l_0/d	l_0/i	φ
≤8	≤7	≤28	1.0	30	26	104	0.52
10	8.5	35	0.98	32	28	111	0.48
12	10.5	42	0.95	34	29.5	118	0.44
14	12	48	0.92	36	31	125	0.4
16	14	55	0.87	38	33	132	0.36
18	15.5	62	0.81	40	34.5	139	0.32
20	17	69	0.75	42	36.5	146	0.29
22	19	76	0.70	44	38	153	0.26
24	21	83	0.65	46	40	160	0.23
26	22.5	90	0.60	48	41.5	167	0.21
28	24	97	0.56	50	43	174	0.19

注：表中 l_0 为构件计算长度；b 为矩形截面的短边尺寸；d 为圆形截面的直径；i 为截面最小回转半径。

构件的计算长度 l_0 与构件两端的支承情况有关，即：

1）两端铰支时，$l_0 = l$。

2）两端固定时，$l_0 = 0.5l$。

3）一端固定，一端自由时，$l_0 = 2l$。

式中，l 为支点间构件的实际长度。

实际结构中，构件端部的支承情况不会像上述几种情况那样明确。《标准》根据工程中的具体情况，对单层房屋的排架柱、多层房屋的框架柱的计算长度 l_0 做了具体规定，表 7.0-1 为多层房屋框架柱 l_0 的计算表。

3. 轴心受压构件承载力计算公式

由上述分析可知，轴心受压构件在破坏时其截面的应力如图 7.2-3 所示。受压承载力由钢筋与混凝土共同承担，通过稳定系数 φ 考虑长细比对承载力的影响，并考虑可靠度的调整系数 0.9，轴心受压构件承载力为

$$N_u = 0.9\varphi(f_c A + f'_y A'_s) \tag{7.2-2}$$

式中，N_u——轴向压力设计值；

　　φ——钢筋混凝土轴心受压构件稳定系数，见表 7.2-1；

　　f_c——混凝土轴心抗压强度设计值；

　　A——构件截面面积，当纵筋配筋率大于 3% 时，采用 $A_c = A - A'_s$ 代替。

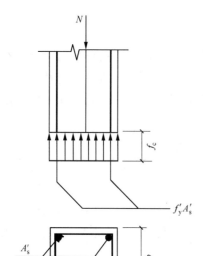

图 7.2-3　轴心受压构件破坏
时的应力图

f'_y——纵筋抗压强度设计值；

A'_s——全部纵筋截面面积。

【例 7.2-1】　某现浇钢筋混凝土二层框架结构，底层中柱，$l_0 = 3.9$m，承受轴向压力设计值 $N_u = 1450$kN，柱截面的尺寸 300mm×300mm，混凝土的强度等级为 C30，纵筋采用 HRB400 级钢筋，箍筋采用 HPB300 级钢筋。试配置纵向钢筋。

解　（1）确定稳定系数

由 $l_0/b = 3900/300 = 13$，查表 7.2-1，可得

$$\varphi = \frac{0.95 + 0.92}{2} = 0.935$$

（2）计算 A'_s

$$A'_s = \frac{N_u/0.9\varphi - f_c A}{f'_y}$$

$$= \frac{1450 \times 10^3/(0.9 \times 0.935) - 14.3 \times 300 \times 300}{360}$$

$$= 1211\text{mm}^2$$

选用钢筋 4⏀20，实配 $A'_s = 1256\text{mm}^2$。

（3）验算配筋率

$$\rho' = \frac{A'_s}{A} = \frac{1256}{300 \times 300} = 1.40\% \begin{cases} > \rho'_{\min} = 0.55\% \\ < \rho'_{\max} = 5\% \end{cases}$$

单侧配筋率 $\rho' = \dfrac{1256/2}{300 \times 300} \times 100\% = 0.70\% > 0.2\%$，故符合要求。

7.2.2　轴心受压螺旋箍筋柱承载力计算

1. 螺旋箍筋柱的受力特点

由轴心受压普通箍筋柱的受力分析可以看出，通常情况下，增大柱正截面承载力的方法有提高柱的截面尺寸以及钢筋的配筋率，或提高混凝土和钢筋的强度等级。但当柱截面尺寸因使用功能受到限制，提高材料强度等级以及纵筋配筋率也无法满足设计要求时，可采用螺旋箍筋柱或焊接箍筋柱以提高承载力。

螺旋形箍筋柱或焊接箍筋柱的截面一般采用圆形或正多边形。纵向钢筋沿截面周边布置，外面配置间距较密的螺旋形箍筋或焊接环筋，如图 7.0-2 所示。

由第 2 章可知，当混凝土横向变形受到约束时，混凝土的抗压强度将会提高。在轴向压力作用下，螺旋箍筋柱的混凝土产生横向变形，而这种变形受到螺旋形箍筋的约束，从而提高箍筋内侧核芯混凝土的抗压强度。因此，配置螺旋箍筋可提高柱子的轴心抗压承载力，这种箍筋又称为间接钢筋。图 7.2-4 为材料等级、截面尺寸和纵筋配筋率相同的普通箍筋柱、螺旋形箍筋柱以及素混凝土柱的轴力与变形关系曲线。

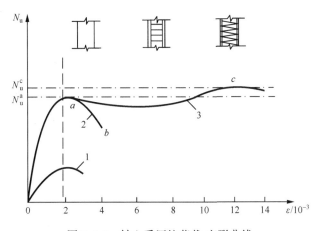

图 7.2-4　轴心受压柱荷载-变形曲线
1—素混凝土；2—普通钢箍；3—螺旋钢箍

由图 7.2-4 可以看出：

1）随着荷载的增大，三个柱子中混凝土的压应力也逐渐增加，当达到其轴心抗压强度 f_c 时，素混凝土柱及钢筋混凝土柱的曲线达到荷载峰值，即极限荷载；螺旋箍筋柱达到第一个峰值。

2）过了 f_c 点之后，素混凝土柱及钢筋混凝土柱的承载力下降，变形增大，构件破坏。对于螺旋箍筋柱，箍筋外围的混凝土保护层开始剥落，混凝土截面面积减少，使承载力有所下降，达到第一个低谷；但核芯部分混凝土由于受到螺旋箍筋的约束，抗压强度超过轴心抗压强度，仍能继续受压。

3）随着荷载的增大，核芯部分混凝土压应力逐渐增大，曲线又逐渐回升，起约束作用的螺旋箍筋的拉应力也不断增大。当螺旋箍筋达到抗拉屈服强度时，不能再约束核芯部分混凝土的横向变形，混凝土的抗压强度也不能再提高，此时构件达到极限荷载，其大于普通箍筋柱的极限荷载。

由上述分析可以看出，螺旋箍筋可以提高混凝土柱的极限承载力以及柱的变形能力。

2. 螺旋箍筋柱的计算公式

根据上述分析，可知螺旋箍筋柱的极限承载力计算公式为

$$N_u = f_{cc}A_{cor} + f'_y A'_s \tag{7.2-3}$$

式中，f_{cc}——箍筋屈服时，受到约束的核芯混凝土的抗压强度值；

$\quad A_{cor}$——构件的核心截面面积，取间接钢筋内表面范围内的混凝土截面面积，即图 7.0-2 中阴影部分面积。

由式（2.2-5）可知，三向受压的混凝土的轴心抗压强度为

$$f''_c = f'_c + k\sigma_r$$

下面根据力的平衡方程求解箍筋屈服时 σ_r 的大小。

取螺旋箍筋平面隔离体，如图 7.2-5 所示。当箍筋屈服时，根据力的平衡条件可得

$$\sigma_r s d_{cor} = 2f_{yv}A_{ss1} \tag{7.2-4}$$

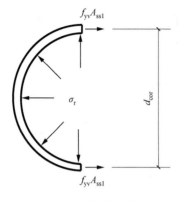

由式(7.2-4)可得

$$\sigma_r = \frac{2f_{yv}A_{ss1}}{sd_{cor}} = \frac{2f_{yv}A_{ss1}d_{cor}\pi}{\dfrac{\pi d_{cor}^2}{4}s} = \frac{f_{yv}A_{ss0}}{2A_{cor}} \quad (7.2\text{-}5)$$

式中,$A_{ss0} = \dfrac{\pi d_{cor}A_{ss1}}{s}$——间接钢筋的换算截面面积。

根据力的平衡条件,柱子的极限承载力为

$$N_u = f_{cc}A_{cor} + f'_y A'_s = (f_c + \beta\sigma_r)A_{cor} + f'_y A'_s \quad (7.2\text{-}6)$$

将式 $\sigma_r = \dfrac{f_{yv}A_{ss0}}{2A_{cor}}$ 代入式(7.2-6),可得

$$N_u = f_c A_{cor} + \frac{\beta}{2}f_{yv}A_{ss0} + f'_y A'_s \quad (7.2\text{-}7)$$

图 7.2-5 螺旋箍筋柱
受力示意图

令 $2\alpha = \dfrac{\beta}{2}$,并考虑可靠度调整系数 0.9,可得螺旋箍筋柱极限承载力的计算公式,即

$$N_u = 0.9(f_c A_{cor} + 2\alpha f_{yv}A_{ss0} + f'_y A'_s) \quad (7.2\text{-}8)$$

式中,α——间接钢筋对混凝土约束的折减系数,当混凝土强度等级不超过 C50 时,取 1,强度等级为 C80 时,取 0.85,其间按线性内插法确定;

A_{cor}——构件的核心截面面积,取间接钢筋内表面范围内的混凝土截面面积;

d_{cor}——构件的核心截面直径,取间接钢筋内表面之间的距离;

A_{ss1}——螺旋式或焊接式单根间接钢筋的截面面积;

s——间接钢筋的间距;

f_{yv}——间接钢筋的抗拉强度设计值。

3. 螺旋箍筋柱计算公式的应用条件

1) 如螺旋箍筋配置过多,极限承载力提高过大,则混凝土保护层会在远未达到极限承载力之前产生剥落,从而影响正常使用。因此,《标准》规定,按螺旋箍筋计算的承载力不应大于按普通箍筋柱计算的承载力的 50%。

2) 对于长细比过大的柱,由于纵向弯曲变形较大,截面不是全部受压,螺旋箍筋的约束作用得不到有效发挥,因此对于长细比 $l_0/d > 12$ 的柱不考虑螺旋箍筋的约束作用。

3) 螺旋箍筋的约束效果与其截面面积 A_{ss1} 和间距 s 有关,为保证约束效果,螺旋箍筋的换算面积 A_{ss0} 不得小于全部纵筋 A'_s 面积的 25%;其间距 s 不应大于 80mm 及 $d_{cor}/5$,且不宜小于 40mm。

4) 当按螺旋箍筋柱计算所得的承载力小于按普通箍筋柱计算所得的承载力时,不考虑间接箍筋的作用。

【例 7.2-2】 某现浇钢筋混凝土圆形截面柱,直径 400mm,柱子计算高度 $l_0 = 4.5$m,承担轴向压力设计值 $N_u = 3500$kN,混凝土强度等级为 C30,纵筋采用 HRB400 级钢筋,箍筋采用 HPB300 级钢筋,混凝土保护层厚度 20mm。试配置钢筋。

解　(1) 按普通箍筋柱设计

1) 计算稳定系数：由 $l_0/d = 4500/400 = 11.25$ 查表可得 $\varphi = 0.935$。

2) 计算构件截面面积：

$$A = 0.25 \times 400^2 \times 3.14 = 125.6 \times 10^3 \text{mm}^2$$

3) 计算纵筋面积：

$$A_s' = \frac{N_u/0.9\varphi - f_c A}{f_y'} = \frac{3500 \times 10^3/(0.9 \times 0.935) - 14.3 \times 125.6 \times 10^3}{360} = 6564 \text{mm}^2$$

4) 验算配筋率：因 $\rho' = \dfrac{A_s'}{A} = \dfrac{6564}{125.6 \times 10^3} \times 100\% = 5.2\% > 5\%$，配筋过大，故不可以。

(2) 按螺旋箍筋柱设计

1) 验算 l_0/d 的适用条件：$l_0/d = 11.25 < 12$，故可按螺旋箍筋柱进行设计。

2) 计算核芯混凝土面积：

$$d_{cor} = 400 - 2 \times 30 = 340 \text{mm}$$

$$A_{cor} = 0.25 \times 340^2 \times 3.14 = 90.8 \times 10^3 \text{mm}^2$$

3) 选用纵向钢筋 A_s'：选用纵筋配筋率 $\rho' = 3.5\%$，则 $A_s' = 3.5\% \times 125.6 \times 10^3 = 4396 \text{mm}^2$；选用钢筋 9$\Phi$25，实配 $A_s' = 4418 \text{mm}^2$。

(3) 计算螺旋箍筋

计算间接钢筋换算截面面积：

$$A_{ss0} = \frac{N_u/0.9 - f_c A_{cor} - f_y' A_s'}{2\alpha f_{yv}}$$

$$= \frac{3500 \times 10^3/0.9 - 14.3 \times 90.8 \times 10^3 - 360 \times 4418}{2 \times 1 \times 270} = 1852$$

螺旋箍筋选用 ϕ10，$A_{ss1} = 78.5 \text{mm}^2$。

$$s = \frac{\pi d_{cor} A_{ss1}}{A_{ss0}} = \frac{3.14 \times 340 \times 78.5}{1852} = 45.3 \text{mm}$$

选取 $s = 45 \text{mm} < 80$ 以及 340/5mm，且 $> 40 \text{mm}$。

(4) 验算适用条件

$$A_{ss0} = \frac{\pi d_{cor} A_{ss1}}{s} = \frac{3.14 \times 340 \times 78.5}{45} = 1862 > A_s'/4 = 1105 \text{mm}^2$$

根据实际配筋，螺旋箍筋柱受压承载力为

$$N_{u1} = 0.9(f_c A_{cor} + 2\alpha f_{yv} A_{ss0} + f_y' A_s')$$

$$= 0.9 \times (14.3 \times 90.8 \times 10^3 + 2 \times 1 \times 270 \times 1862 + 360 \times 4418)$$

$$= 3505 \times 10^3 \text{N} > 3500 \times 10^3 \text{N}$$

按普通箍筋柱计算受压承载力，即

$$A_c = A - A_s = 125.6 \times 10^3 - 4418 = 121.2 \times 10^3 \text{mm}^2$$

$$N_{u2} = 0.9\varphi(f_c A_c + f_y' A_s')$$

$$= 0.9 \times 0.935 \times (14.3 \times 121.2 \times 10^3 + 360 \times 4418)$$

$$= 2797 \times 10^3 \text{N}$$

$1.5 N_{u2} > N_{u1} > N_{u2}$，故满足要求。

7.3　偏心受压构件的破坏形态

7.3.1　偏心受压短柱的破坏形态

试验研究表明,偏心受压短柱的破坏形态与偏心距 e_0 的大小、纵向钢筋用量的多少等有关,分为以下几种情况。

1) 偏心距 e_0 很小时,如图 7.3-1(a)所示。

此时构件全截面受压。中和轴位于截面以外,靠近轴向力 N 一侧的压应力较大。随着荷载增大,该侧混凝土先被压碎,构件破坏,A'_s 的应力达到受压屈服强度;远离轴向力 N 一侧的混凝土未被压碎,该侧钢筋 A_s 受压,但不一定屈服。

2) 偏心距 e_0 较小时,如图 7.3-1(b)所示。

当偏心距较第一种情况稍大时,截面出现小部分受拉区,中和轴离 A_s 很近。构件破坏时,靠近轴向力 N 的受压一侧的混凝土被压碎,A'_s 的应力达到受压屈服强度;远离轴向力 N 一侧的混凝土在拉应力作用下,出现少量横向裂缝,该侧钢筋 A_s 可能受压,也可能受拉,但由于距中和轴很近,其应力较小。

3) 偏心距 e_0 较大时,受拉钢筋数量较大,如图 7.3-1(c)所示。

偏心距较大时,截面部分受压,部分受拉。构件破坏时,靠近轴向力 N 的受压一侧的混凝土被压碎,A'_s 的应力达到受压屈服强度;远离轴向力 N 一侧的混凝土在拉应力作用下出现横向裂缝,A_s 受拉,但由于配筋量较大,其应力未能达到受拉屈服强度。这种破坏无明显预兆,破坏形态类似于受弯构件的超筋梁。

4) 偏心距 e_0 较大时,受拉钢筋数量适当,如图 7.3-1(d)所示。

在荷载作用下,截面部分受压,部分受拉。随着荷载的增加,首先在受拉区出现横向裂缝。但与第 3 种情况不同的是,随着荷载增加,受拉区裂缝不断开展延伸,由于受拉钢筋 A_s 数量适当,其应力增长较快,首先达到受拉屈服强度,进入流幅阶段,中和轴向受压区移动,使受压区高度迅速减小,最后,受压区边缘混凝土达到极限压应变,混凝土被压碎,构件破坏,破坏形态与受弯构件中的适筋梁相似。

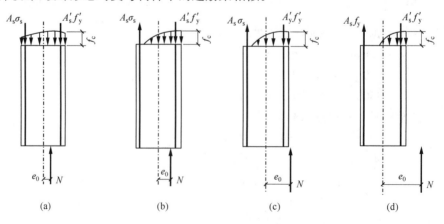

图 7.3-1　受压短柱破坏特点

　　另外,对于第 1 种情况,偏心距很小,若 A'_s 比 A_s 多很多,可能会使截面的实际形心和构件的几何中心不重合,会发生离轴向力作用点较远一侧的混凝土先被压坏的现象,这种破坏称为"反向破坏"。

　　根据偏心受压构件的破坏原因及破坏特点,上述四种破坏情况可以归纳为以下两类。

　　1) 受拉破坏——大偏心受压破坏,上述第 4 种情况,即属于这类破坏形态。截面既有受压区,也有受拉区。随荷载的增大,远离轴向力一侧的受拉钢筋 A_s 首先达到受拉屈服强度,裂缝向受压区扩展,最终导致受压区混凝土压碎从而使截面破坏。这种破坏形态与适筋梁的破坏形态相似,承载力主要取决于受拉侧钢筋,属于延性破坏类型。图 7.3-2 (a) 为大偏心受压构件破坏时的立面展开图。

　　2) 受压破坏——小偏心受压破坏,上述第 1、2、3 三种情况,即属于这类破坏形态。截面既可能全部受压,也可能存在受拉区。其破坏特征是破坏时离轴向力较近的一侧混凝土受压边缘的压应变达到混凝土极限压应变值而被破坏,破坏时同侧受压钢筋的应力也达到抗压屈服强度;而离轴向力较远的一侧钢筋 A_s,可能受拉也可能受压,受压时,可能会发生受压屈服,但受拉时,不会达到受拉屈服强度。这种破坏无明显预兆,属脆性破坏。图 7.3-2(b) 为存在受拉区的小偏心受压构件破坏时的立面展开图。

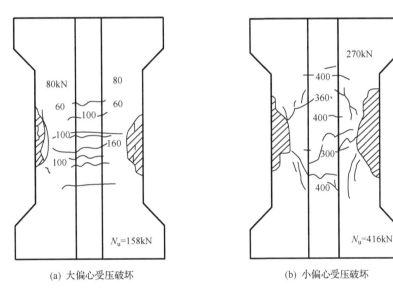

(a) 大偏心受压破坏　　　　　　　　(b) 小偏心受压破坏

图 7.3-2　偏心受力构件破坏形态

　　在大偏心受压破坏和小偏心受压破坏之间的界限状态,称为界限破坏。破坏特征是在受拉钢筋 A 的应力达到抗拉屈服强度的同时,受压区边缘混凝土的应变正好达到极限压应变。此时的轴向力称为界限轴向压力 N_b,此时的混凝土受压区高度 x_b 称为界限破坏时截面中和轴高度。

　　图 7.3-3 为偏心受压构件破坏时,沿截面高度的平均应变分布情况。对应于界限破坏,破坏时 $x_b = \xi_b h_0$,其中相对受压区高度 ξ_b 可由第 4 章计算式(4.4-10)确定。如破坏时混凝土受压区高度 $x < x_b$,为大偏心受压破坏;$x > x_b$,为小偏心受压破坏。

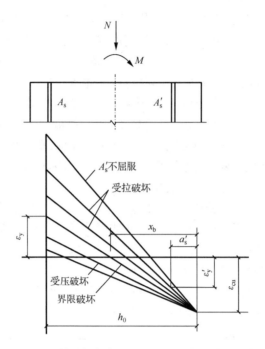

图 7.3-3　偏压构件各种类型破坏时截面应变分布

ε_{cu}—混凝土极限压应变；ε_{y}—纵筋受拉屈服应变；ε'_{y}—纵筋受压屈服应变；x_{b}—界限破坏时截面受压区高度

7.3.2　偏心受压构件的 P-δ 效应以及破坏形式

1. 初始偏心距 e_i

轴向压力 N 对截面重心的偏心距 $e_0 = M/N$ 也称为荷载偏心距。由于构件的施工误差、混凝土的非均匀性等因素，可能会造成截面实际重心位置有偏差，即可能产生附加偏心距 e_a。为安全起见，在设计计算时，采用初始偏心距 e_i 代替荷载偏心距 e_0，即

$$e_i = e_0 + e_a \tag{7.3-1}$$

式中，e_a——附加偏心距，取 20mm 和偏心方向截面最大尺寸的 1/30 两者中的较大值。

2. P-δ 效应

在偏心轴力的作用下，受压构件会产生纵向弯曲，从而增大了跨中截面的偏心矩和曲率，如图 7.3-4 所示。其中，构件的任一截面处，由轴力产生的弯矩为 $Ne_i + Ny$。其中，Ne_i 为由于初始偏心距引起的弯矩，称为一阶弯矩；Ny 为由于构件弯曲引起的弯矩，称为附加弯矩，也称二阶弯矩或二次弯矩。这种由于轴向压力的存在，从而在挠曲变形的构件中产生弯矩和曲率增量的荷载效应称为 P-δ 效应，也称为二阶效应。

3. 柱的破坏形式

根据长细比的不同，偏心受压柱可能发生两种形式的破坏，即材料破坏和失稳破坏。图 7.3-5 为仅长细比不同，其他情况如截面尺寸、配筋、支承、偏心距等完全相同的三个偏

心受压构件,从施加荷载开始至破坏的轴向力 N_u 和弯矩 M_u 的关系曲线。图中,曲线 $ABCD$ 是构件在材料破坏时,极限承载力 $N_u\text{-}M_u$ 的关系曲线。

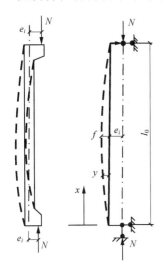

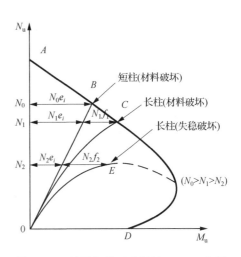

图 7.3-4　长柱受力特征　　　　　图 7.3-5　柱子加载至破坏的 $N_u\text{-}M_u$ 曲线

　　从图 7.3-5 中可以看出,对于偏心受力构件,当长细比较小时,二阶弯矩一般较小,截面的弯矩与轴力近似呈线性关系,即 M 与 N 比例为一常数,如直线 OB 所示。当荷载达到 B 点时,构件达到极限承载力,发生材料破坏。这种柱子称为短柱。

　　随着构件长细比的增大,二阶弯矩不能忽略,截面弯矩与轴力不能再看成线性关系,截面弯矩的增大速度高于轴力的增大速度,其变化轨迹是一条曲线,如曲线 OC 所示。当荷载增大至 C 点时,构件达到极限承载力,发生材料破坏。这种偏心受力构件称为长柱。

　　对于长细比很大的柱子,二阶弯矩的影响非常大,在偏心轴力的作用下,二次弯矩增加很快,随着轴力的增加,构件还未达到材料破坏时就会发生破坏,如曲线 OE 所示。当轴力达到 N_2 点时,此时即使增加很小的轴向力,也可引起弯矩的不收敛而使构件失去平衡,导致构件破坏,即"失稳破坏"。但此时的钢筋应力并未达到屈服强度,混凝土也未达到极限压应变值,即这种破坏不是由材料引起的。这种偏心受力构件称为细长柱。

　　由上述分析可以看出,对于钢筋混凝土偏心受压构件,在设计计算时,必须考虑二阶效应的影响。

7.3.3　不同情况下的 $P\text{-}\delta$ 效应

　　纵向弯曲引起的 $P\text{-}\delta$ 效应随着构件两端弯矩的不同而不同,可分为以下三种情况。

　　1) 构件两端作用有相等($M_2=M_1$)端弯矩的情况,如图 7.3-6 所示。图 7.3-6(a)中的偏心受压构件,可用构件两端作用有轴向压力 N 和端弯矩 $M=Ne_i$ 的计算简图代替,如图 7.3-6(b)所示。可见,构件上任一截面的弯矩由两部分组成,即一阶弯矩 M 和二阶弯矩 M_y。跨中截面的侧向变形最大,由侧向变形引起的二阶弯矩也最大,即这个截面上的弯矩 $M=Ne_i+Nf$ 为构件的最大弯矩。这个截面就是构件的最危险的截面,又称为临界截面。

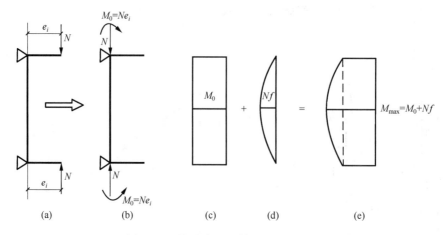

图 7.3-6　两端弯矩相等时的 P-δ 效应

2）两端弯矩不相等（$M_2 > M_1$）但符号相同的情况，如图 7.3-7 所示。对于这种情况，由图 7.3-7 可以看出，构件的最大挠度发生在离 M_2 作用的端部附近某处，即临界截面距离 M_2 作用的端部较近处，截面的弯矩为 $M_{max} = M_0 + Nf < M_2 + Nf$，该值比两端弯矩相等的情况小。可以证明，$M_2$ 和 M_1 的差值越大，杆件临界截面上的弯矩越小，即 P-δ 效应影响越小。

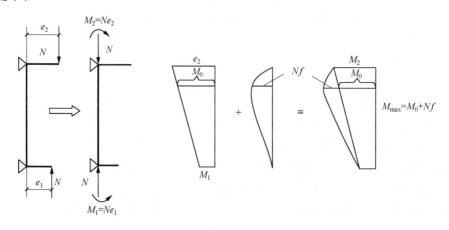

图 7.3-7　两端弯矩不等但符号相同时的 P-δ 效应

3）两端弯矩不相等、符号相反（$|M_2| > |M_1|$）的情况，如图 7.3-8 所示。从图 7.3-8 中可以看出，端部的一阶弯矩最大，二阶弯矩在离 M_2 作用的端部较近的某处最大。根据一阶弯矩和二阶弯矩的相对大小，其临界截面的位置有两种可能：可能位于柱端，此时 $M_{max} = M_2$，即二阶弯矩的存在并不引起最大弯矩的增加；或者临界截面位于离 M_2 作用的端部较近的某处，$M_{max} = M_0 + Nf < M_2 + Nf$。

从上述分析可知，P-δ 二阶效应不但与构件长细比有关，也与构件两端弯矩情况有关。

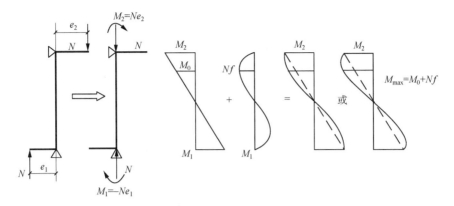

图 7.3-8 　两端弯矩不等,符号相反时的 P-δ 效应

1) 当构件两端作用有相等的端弯矩时,二阶弯矩最大处即为临界截面。

2) 当两个端弯矩不相等但符号相同时,一阶弯矩最大处与二阶弯矩最大处分别位于不同截面,即临界截面上的弯矩要小于最大一阶弯矩与最大二阶弯矩之和。

3) 当两端弯矩符号相反时,临界截面处的弯矩可能与一阶弯矩相同,也可能大于一阶弯矩,但均小于最大一阶弯矩与最大二阶弯矩之和。

可以看出,两端弯矩相差越大,附加弯矩的影响越小。

《规范》规定,对于截面对称的偏心受压构件,当杆端弯矩比 M_1/M_2 不大于 0.9 且轴压比不大于 0.9 时,如果构件的长细比满足式(7.3-2),可不考虑附加弯矩的影响。

$$l_c/i \leqslant 34 - 12(M_1/M_2) \tag{7.3-2}$$

式中, M_1 、 M_2 ——分别为构件两端的弯矩设计值,绝对值较大端为 M_2 ,绝对值较小端为 M_1 ,当构件按单曲率弯曲时, M_1/M_2 取正值,否则取负值;

　　　 l_c ——构件的计算长度,近似取构件上下支撑点之间的距离;

　　　 i ——偏心方向的截面回转半径,对于矩形截面, $i = 0.289h$,其中 h 为偏心方向截面边长。

当不满足上述条件时,应考虑 P-δ 二阶效应的影响。《标准》采用最大端弯矩值 M_2 乘以弯矩增大系数 η_{ns} ,并引入构件端截面偏心距调节系数 C_m 的方法,来近似考虑二阶效应,即

$$M = C_m \eta_{ns} M_2 \tag{7.3-3}$$

7.3.4 　弯矩增大系数 η_{ns} 及构件端截面偏心距调节系数 C_m

试验表明,两端弯矩相同时,两端铰接柱的侧向挠度曲线近似符合正弦曲线,如图 7.3-9 所示,即

$$y = f\sin\frac{\pi x}{l_c} \tag{7.3-4}$$

由式(7.3-4)可得柱高中点处的截面曲率为

$$\varphi = -\frac{\mathrm{d}^2 y}{\mathrm{d}x^2}\bigg|_{x=l_c/2} = f\frac{\pi^2}{l_c^2}$$

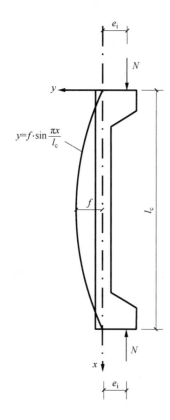

图 7.3-9 柱的挠度曲线

$$\approx 10 \frac{f}{l_c^2} \qquad (7.3-5)$$

即

$$f = \frac{l_c^2}{10} \cdot \varphi \qquad (7.3-6)$$

因此,计算侧向最大挠度的问题转化为求解曲率 φ 的问题。

根据平截面假定,截面曲率又可表示为

$$\varphi = \frac{\varepsilon_c + \varepsilon_s}{h_0} \qquad (7.3-7)$$

式中,ε_c、ε_s——分别为截面混凝土受压区边缘的压应变和受拉钢筋的拉应变。

对于偏心受压构件,破坏时的截面极限曲率受多种因素的影响,如破坏形式、长细比等,变化较为复杂。但在界限破坏时,ε_c 和 ε_s 值均较明确,因此可以界限破坏时的曲率为基础,再进行修正。

对于界限破坏的情况,破坏时混凝土受压区边缘的应变值为 $\varepsilon_c = 0.0033 \times 1.25$,其中 1.25 是考虑柱在长期荷载作用下混凝土徐变引起的应变增大系数。钢筋的应变 $\varepsilon_s = \varepsilon_y = f_y/E_s$,近似取 0.002,则界限破坏时控制截面处的曲率为

$$\varphi = \frac{0.0033 \times 1.25 + 0.002}{h_0} = \frac{1}{163.3} \frac{1}{h_0}$$

$$(7.3-8)$$

对于小偏心受压构件,离纵向力较远一侧钢筋可能受拉但达不到屈服强度或受压,即截面破坏时的曲率小于界限破坏时曲率。因此,在计算破坏曲率时,引进修正系数 ζ_c,其称为截面曲率修正系数,参考国外规范和试验结果可计算为

$$\zeta_c = 0.5 f_c A/N \qquad (7.3-9)$$

当 $\zeta_c > 1$ 时,取 $\zeta_c = 1$。

式中,A——构件截面面积;

N——与弯矩设计值 M_2 相应的轴向压力设计值。

因此,最大挠度为

$$f = \frac{l_c^2}{10} \cdot \varphi = \frac{1}{1633} \frac{l_c^2}{h_0} \zeta_c \qquad (7.3-10)$$

则临界截面处的弯矩为

$$M = \eta_{ns} M_2 = M_2 + Nf \qquad (7.3-11)$$

即

$$\eta_{ns} = 1 + \frac{f}{M_2/N} = 1 + \frac{1}{1633 M_2/N} \frac{l_c^2}{h_0} \zeta_c \qquad (7.3-12)$$

近似取 $h_0 = 0.9h$ 代入上式，将上式中的荷载偏心矩 M_2/N 换成初始偏心距 $M_2/N + e_a$，并将参数取整后可得

$$\eta_{ns} = 1 + \frac{1}{1300(M_2/N + e_a)/h_0} \left(\frac{l_c}{h}\right)^2 \zeta_c \tag{7.3-13}$$

即两端弯矩相同时，临界截面处的弯矩值为

$$M = \eta_{ns} M_2 \tag{7.3-14}$$

考虑两端弯矩不相等时的情况，根据试验结果，引入构件端截面偏心距调节系数 C_m 对式(7.3-14)进行修正，最后得到考虑二阶效应影响后的弯矩设计值，即

$$M = C_m \eta_{ns} M_2 \tag{7.3-15}$$

$$C_m = 0.7 + 0.3 M_1/M_2 \tag{7.3-16}$$

$$\eta_{ns} = 1 + \frac{1}{1300(M_2/N + e_a)/h_0} \left(\frac{l_c}{h}\right)^2 \zeta_c \tag{7.3-17}$$

$$\zeta_c = 0.5 f_c A/N \tag{7.3-18}$$

当 $C_m \eta_{ns} < 1.0$ 时，取 $C_m \eta_{ns} = 1.0$。

式中，C_m——构件端截面偏心距调节系数，小于 0.7 时，取 $C_m = 0.7$；

　　　η_{ns}——弯矩增大系数；

　　　N——与弯矩设计值 M_2 相应的轴向压力设计值；

　　　e_a——附加偏心矩，取 20mm 和偏心方向截面最大尺寸的 1/30 两者中的较大值；

　　　ζ_c——曲率修正系数，当计算值大于 1.0 时，取 $\zeta_c = 1.0$；

　　　A——构件截面面积；

　　　l_c——构件的计算长度，可近似取偏心受压构件相应主轴方向上下支撑点之间的距离。

7.4　大、小偏心受压构件基本计算公式

对于偏心受压构件，在计算时，第 4 章中的受弯构件正截面承载力计算的基本假定同样也适用，即：

1) 符合平截面假定。

2) 不考虑混凝土的抗拉强度。

3) 采用等效矩形代替混凝土的曲线压应力图形。

7.4.1　大偏心受压构件基本计算公式

偏心受压构件破坏特征与受弯构件中的适筋梁类似，即远离轴向力一侧的钢筋已受拉屈服，离轴向力较近一侧的混凝土被压碎。根据计算假定及大偏心受压破坏特点，截面计算简图如图 7.4-1 所示。

根据构件在破坏时轴向力平衡条件及对受拉钢筋合力点取矩的弯矩平衡条件，可得以下基本计算公式，即

$$N_u = \alpha_1 f_c bx + f'_y A'_s - f_y A_s \qquad (7.4\text{-}1)$$

$$N_u e = \alpha_1 f_c bx (h_0 - 0.5x) + f'_y A'_s (h_0 - a'_s) \qquad (7.4\text{-}2)$$

$$e = e_i + 0.5h - a_s \qquad (7.4\text{-}3)$$

$$e_i = e_0 + e_a \qquad (7.4\text{-}4)$$

$$e_0 = M/N \qquad (7.4\text{-}5)$$

式中，e——轴向压力 N 作用点到受拉钢筋 A_s 合力点的距离；

$\quad e_i$——初始偏心距；

$\quad e_a$——附加偏心矩，取 20mm 和偏心方向截面尺寸的 1/30 两者中的较大值；

$\quad e_0$——轴向压力对截面重心的偏心矩；

$\quad M$——考虑轴向力产生的二阶效应后截面的弯矩设计值，按 7.3-15 所述进行计算。

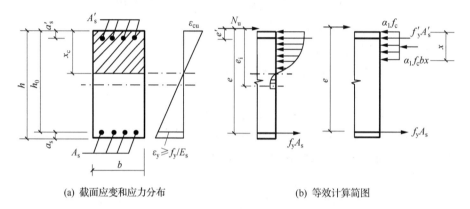

(a) 截面应变和应力分布　　　　(b) 等效计算简图

图 7.4-1　大偏心构件受压破坏的截面计算简图

适用条件如下：

1）为保证构件为大偏心破坏，即破坏时受拉钢筋已受拉屈服，$x \leqslant x_b$。

2）为保证构件破坏时，受压钢筋应力达到屈服应力，与双筋梁类似，$x \geqslant 2a'_s$。

7.4.2　小偏心受压构件基本计算公式

小偏心构件受压破坏时，A_s 可能受拉，也可能受压。受压时，多数情况下应力都比较小，达不到抗压屈服强度。但当轴向压力 N_u 很大，偏心距很小，全截面受压时，A_s 也可能会屈服。截面计算简图如图 7.4-2 所示。

根据构件在破坏时轴向力平衡条件及对受拉钢筋合力点或受压钢筋合力点取矩的弯矩平衡条件，可得以下基本计算公式，即

$$N_u = \alpha_1 f_c bx + f'_y A'_s - \sigma_s A_s \qquad (7.4\text{-}6)$$

$$N_u e = \alpha_1 f_c bx (h_0 - 0.5x) + f'_y A'_s (h_0 - a'_s) \qquad (7.4\text{-}7)$$

$$N_u e' = \alpha_1 f_c bx (0.5x - a'_s) - \sigma_s A_s (h_0 - a'_s) \qquad (7.4\text{-}8)$$

$$e = e_i + 0.5h - a_s \qquad (7.4\text{-}9)$$

$$e' = 0.5h - e_i - a'_s \qquad (7.4\text{-}10)$$

式中，e、e'——轴向压力 N 作用点至钢筋 A_s 合力点和钢筋 A'_s 合力点的距离；

　　　　σ_s——钢筋 A_s 的应力值，以受拉方向为正。

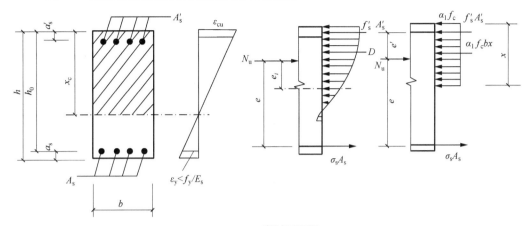

(a) A_s 受拉但不屈服

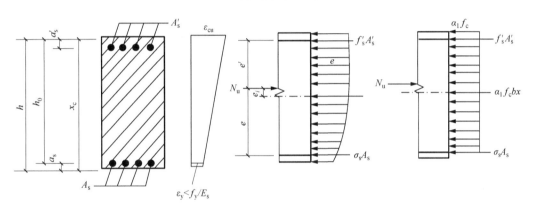

(b) A_s 受压

图 7.4-2　小偏心构件受压破坏的截面计算简图

　　根据平截面假定 $\sigma_s = E_s \varepsilon_s = E_s \varepsilon_{cu} \left(\dfrac{\beta_1}{x/h_0} - 1 \right)$，但将该式代入上述方程进行配筋计算时，需求解 x 的三次方程，为简化计算，根据试验资料回归分析

$$\varepsilon_s = \frac{f_y}{E_s} \cdot \frac{\xi - \beta_1}{\xi_b - \beta_1} \tag{7.4-11}$$

因此可得

$$\sigma_s = \varepsilon_s E_s = f_y \cdot \frac{\xi - \beta_1}{\xi_b - \beta_1} \tag{7.4-12}$$

　　如前所述，对于小偏心受压构件，当偏心距很小，轴向力很大（一般 $N > f_c bh$）时，如果 A'_s 的配筋比 A_s 大很多，构件的实际形心位置可能发生变化，构件的破坏可能发生在远离轴向力一侧，即反向破坏。

　　图 7.4-3 为反向破坏时截面应力图，附加偏心矩 e_a 可正可负，当取为 $-e_a$ 时，根据力

矩平衡，A_s 的配筋较大。

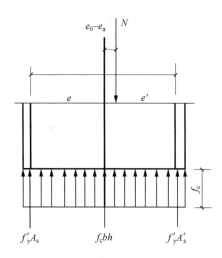

图 7.4-3　反向破坏截面应力

因此，为避免反向破坏，《标准》规定，对于小偏心受压构件，当 $N > f_c bh$ 时，除按正常轴向压力与弯矩平衡公式计算外，还应满足下列条件，如不满足，应增大 A_s 的配筋量。

$$N_u e' \leqslant f_c bh(h_0' - 0.5h) + f_y' A_s(h_0' - a_s) \qquad (7.4\text{-}13)$$

$$e' = 0.5h - a_s' - (e_0 - e_a) \qquad (7.4\text{-}14)$$

式中，h_0'——纵向受压钢筋合力点至截面远边的距离，即 $h_0' = h - a_s'$。

7.5　非对称配筋矩形截面偏心受压构件的配筋设计

当偏心受压构件截面两侧所配钢筋的面积不相同时，称这种配筋为非对称配筋。

在配筋计算时，由于大小偏心受压构件破坏特征不相同，其承载力的计算公式也不相同。因此，在配筋计算时应首先对构件进行大小偏心破坏的判别。

7.5.1　大小偏心构件破坏的判别

根据大小偏心受压构件的破坏特点可知，当混凝土构件偏心受力破坏时，截面受压区高度 $x < x_b$ 时为大偏心受压破坏，反之为小偏心受压破坏。但在进行配筋设计时，由于 A_s、A_s' 尚未确定，无法从基本公式中求出 x 值，即无法判断是大偏心受压破坏还是小偏心受压破坏。因此，需要再寻求一种可供初步判别的条件。

由 7.3.1 节可知，当偏心距比较小时，一般为小偏心受压构件；当偏心距较大时，破坏类型还取决于 A_s 配筋量的大小。因此，根据实际经验，则

当 $e_i \leqslant 0.3h_0$ 时，可先按小偏心受压构件进行计算配筋，然后根据所配钢筋检验假定是否正确。

当 $e_i > 0.3h_0$ 时，可先按大偏心受压构件进行配筋设计，然后根据所配钢筋检查假定是否正确。

7.5.2　大偏心受压构件的截面设计

非对称配筋的大偏心受压构件的配筋设计,主要有如下两种类型。

1) 第一种类型。已知荷载设计值 N、M_1、M_2,构件的几何尺寸 $b \times h$、l_c,材料(混凝土和钢筋)的强度等级,求 A_s 和 A'_s。

① 据式(7.3-2),判断是否需考虑 $P\text{-}\delta$ 效应,并计算 M。

② 求 e_i 值并初步判断大小偏压,当 $e_i > 0.3h_0$,先按大偏心受压构件进行计算,即按步骤 3 计算。

③ 计算 A_s 和 A'_s。

从大偏心受压基本计算公式(7.4-1)和式(7.4-2)可以看出,两个基本方程中共有 A_s、A'_s 和 x 三个未知数,需增加一个已知条件方可求解。与双筋受弯构件配筋计算类似,为使纵向钢筋 A_s 和 A'_s 总用量最小,可充分发挥混凝土的作用,即取 $x = x_b = \xi_b h_0$ 作为补充条件,代入式(7.4-2),可得

$$A'_s = \frac{Ne - \alpha_1 f_c b x_b (h_0 - 0.5 x_b)}{f'_y (h_0 - a'_s)} \tag{7.5-1}$$

如果求得的 $A'_s \geqslant \rho'_{\min} bh$,代入式(7.4-1),可得

$$A_s = \frac{\alpha_1 f_c b x_b + f'_y A'_s - N}{f_y} \tag{7.5-2}$$

如果求得的 $A'_s < \rho'_{\min} bh$,则应取 $A'_s = \rho'_{\min} bh$,然后按第二种类型,即已知 A'_s 的情况进行计算。

④ 选配钢筋并验算配筋率、验算假定是否正确。

求出 A_s 和 A'_s 后,并选配钢筋,钢筋面积应满足《标准》规定的单侧最小配筋率、全截面最小配筋率和最大配筋率的要求。

根据实配钢筋,检验原大偏心受压破坏的假定是否正确,如果不正确需要重新选配钢筋。

⑤ 验算受压承载力在垂直于弯矩作用平面是否满足要求。

当作用于偏心受压构件上的轴向压力 N 较大,截面宽度 b 又较小时,垂直于弯矩作用平面的轴向压力可能起控制作用。因此,在按照偏心受力构件完成配筋计算后,还应按轴心受压构件验算垂直于弯矩作用平面的受压承载力是否满足要求,如不满足,需重新进行截面设计。

2) 第二种类型。已知荷载设计值 N、M_1、M_2,构件的几何尺寸 $b \times h$、l_c,材料(混凝土和钢筋)的强度等级,离轴力较近一侧钢筋的面积 A'_s,求 A_s。

① 根据式(7.3-2),判断是否需考虑 $P\text{-}\delta$ 效应,并计算 M。

② 求 e_i 值并初步判断大小偏压,当 $e_i > 0.3h_0$,先按大偏心受压构件进行计算,即按步骤 3 计算。

③ 计算 x 值。

从大偏心受压基本计算公式(7.4-1)和式(7.4-2)可以看出,两个基本方程中有 A_s 和 x 两个未知数,可通过联立方程求解:可先根据式(7.4-2)求解关于 x 的二次方程,求出 x,

然后带入式(7.4-1)可求得 A_s。

由于求解 x 时需求二次方程,计算略显烦琐,因此也可采用双筋梁正截面计算中的求解方法求解 x。

将 Ne 分为 M_{u1} 和 M_{u2} 两部分,M_{u1} 为已知 A'_s 与相应受拉钢筋 $A_{s1} = f'_y A'_s / f_y$ 组成的弯矩,即

$$M_{u1} = f'_y A'_s (h_0 - a'_s) \tag{7.5-3}$$

M_{u2} 为受压区混凝土与相应受拉钢筋 A_{s2} 组成的弯矩,即

$$M_{u2} = Ne - M_{u1} = Ne - f'_y A'_s (h_0 - a'_s) \tag{7.5-4}$$

$$\alpha_s = \frac{M_{u2}}{\alpha_1 f_c b h_0^2} \tag{7.5-5}$$

$$x = \xi h_0 = (1 - \sqrt{1 - 2\alpha_s}) h_0 \tag{7.5-6}$$

④ 根据 x 的不同情况,计算 A_s。

求出的 x 可能会出现以下几种情况:

(a) 当 $x > \xi_b h_0$ 时,表明混凝土受压区高度较大,原配置 A'_s 较小,可按 A'_s 为未知情况重新计算确定 A'_s 和 A_s,或改用小偏心受压公式计算。

(b) 当 $2a'_s < x < \xi_b h_0$ 时,则可将其代入式(7.4-1)得

$$A_s = \frac{\alpha_1 f_c b x + f'_y A'_s - N}{f_y} \tag{7.5-7}$$

(c) 当 $x \leqslant 2a'_s$ 时,表明 A'_s 未达到受压屈服条件,近似取 $x = 2a'_s$,对 A'_s 取矩,计算 A_s 为

$$A_s = \frac{N(e_i - 0.5h + a'_s)}{f_y (h_0 - a'_s)} \tag{7.5-8}$$

⑤ 选配钢筋,并验算配筋率以及大偏心受压假定是否正确。

求出 A_s 后,选配钢筋,并验算钢筋单侧最小配筋率、全截面最小配筋率和最大配筋率是否满足要求,检验大偏心受压的假定是否正确。

⑥ 验算垂直于弯矩作用平面受压承载力是否满足要求。

【例 7.5-1】　某钢筋混凝土矩形截面偏心受压柱,截面尺寸 $b \times h = 600\text{mm} \times 600\text{mm}$,$a_s = a'_s = 40\text{mm}$,采用 C30 级混凝土($f_c = 14.3\text{N/mm}^2$)、HRB400 级纵向钢筋($f_y = f'_y = 360\text{N/mm}^2$),若该柱承受轴向压力设计值 $N = 1350\text{kN}$,柱上下端弯矩设计值 $M_1 = M_2 = 600\text{kN} \cdot \text{m}$,$l_c = l_0 = 6.5\text{m}$。试计算钢筋截面面积 A_s 及 A'_s,并选配钢筋。

解　(1) 由于 $M_1 = M_2$,需考虑 $P\text{-}\delta$ 效应

计算 C_m、η_{ns} 和 M 为

$$h_0 = h - a_s = 600 - 40 = 560\text{mm}$$

$$C_m = 0.7 + 0.3 \frac{M_1}{M_2} = 1.0$$

$$e_a = \max(h/30, 20) = \max(600/30, 20) = 20\text{mm}$$

$$\zeta_c = 0.5 f_c A / N = 0.5 \times 14.3 \times 600 \times 600 / (1350 \times 10^3) = 1.91, \text{取} 1.0$$

$$\eta_{ns} = 1 + \frac{1}{1300(M_2/N + e_a)/h_0} \left(\frac{l_c}{h}\right)^2 \zeta_c$$

$$= 1 + \frac{1}{1300 \times [600 \times 10^6/(1350 \times 10^3) + 20]/560} \left(\frac{6.5}{0.6}\right)^2 \times 1.0$$

$$= 1.11$$

$$C_{cm}\eta_{ns} = 1.11 > 1$$

$$M = C_{cm}\eta_{ns}M_2 = 1.11 \times 600 = 666 \text{kN} \cdot \text{m}$$

（2）初步判断大小偏压

$$e_i = \frac{M}{N} + e_a = \frac{666}{1350} \times 10^3 + 20 = 513\text{mm} > 0.3h_0 = 0.3 \times 560 = 168\text{mm}$$

可先按大偏心受压计算。

（3）计算 A'_s 和 A_s

$$e = e_i + \frac{h}{2} - a_s = 513 + \frac{600}{2} - 40 = 773\text{mm}$$

$$A'_s = \frac{Ne - \alpha_1 f_c b h_0^2 \xi_b (1 - 0.5\xi_b)}{f'_y(h_0 - a'_s)}$$

$$= \frac{1350 \times 10^3 \times 773 - 1.0 \times 14.3 \times 600 \times 560^2 \times 0.518 \times (1 - 0.5 \times 0.518)}{360 \times (560 - 40)}$$

$$= 58\text{mm}^2 < \rho'_{\min}bh = 0.2\% \times 600 \times 600 = 720\text{mm}^2, \text{取} A'_s = 720\text{mm}^2$$

（4）按 A'_s 已知的情况求解

$$M_{u2} = Ne - f'_y A'_s(h_0 - a'_s)$$

$$= 1350 \times 10^3 \times 773 - 360 \times 720 \times (560 - 40) = 908.8 \times 10^6 \text{N} \cdot \text{mm}$$

$$\alpha_s = \frac{M_{u2}}{\alpha_1 f_c b h_0^2} = \frac{908.8 \times 10^6}{1.0 \times 14.3 \times 600 \times 560^2} = 0.338$$

$$x = (1 - \sqrt{1 - 2\alpha_s})h_0$$

$$= (1 - \sqrt{1 - 2 \times 0.338}) \times 560 = 241\text{mm} \begin{cases} < x_b = \xi_b h_0 = 0.518 \times 560 = 290\text{mm} \\ > 2a'_s = 80\text{mm} \end{cases}$$

$$A_s = \frac{\alpha_1 f_c b x + f'_y A'_s - N}{f_y} = \frac{1.0 \times 14.3 \times 600 \times 241 + 360 \times 720 - 1350 \times 10^3}{360}$$

$$= 2690\text{mm}^2 > \rho_{\min}bh = 0.2\% \times 600 \times 600 = 720\text{mm}^2$$

（5）选配钢筋

A'_s 选用 4⊈16，（$A'_s = 804\text{mm}^2$），A_s 选用 2⊈28+3⊈25（$A_s = 2705\text{mm}^2$）。

验算最大及最小配筋率：

$$\rho = \frac{A'_s + A_s}{A} = \frac{3509}{600 \times 600} = 0.97\% \begin{cases} > \rho_{\min} = 0.55\% \\ < \rho_{\max} = 5\% \end{cases}$$

故满足要求。

$$x = \frac{N - f'_y A'_s + f_y A_s}{\alpha_1 f_c b} = \frac{1350 \times 10^3 - 360 \times 804 + 360 \times 2705}{1.0 \times 14.3 \times 600}$$

$$= 237\text{mm} < x_b = 290\text{mm}$$

故大偏心受压假定正确。

（6）垂直于弯矩作用平面的承载力验算

根据 $l_0/b = 6500/600 = 10.8$ 查表 7.2-1，可得 $\varphi = 0.968$。

由于 $\rho = 0.97\% < 3\%$，最大轴心受压承载力为

$$N = 0.9\varphi(f_c A + f_y' A_s') = 0.9 \times 0.968 \times (14.3 \times 600 \times 600 + 360 \times 3509)$$
$$= 5585\text{kN} > 1350\text{kN}$$

故满足要求。

7.5.3　小偏心受压构件的截面设计

已知荷载设计值 N、M_1、M_2，构件的几何尺寸 $b \times h$、l_c，材料（混凝土和钢筋）的强度等级，求 A_s 和 A_s'。

1）根据式（7.3-2），判断是否需考虑 $P\text{-}\delta$ 效应，并计算 M。

2）求 e_i 值并初步判断大小偏压，当 $e_i \leqslant 0.3h_0$，先按小偏心受压构件进行计算，即按步骤 3）计算。

3）求 x 或 ξ 值。由小偏心受压基本计算公式（7.4-6）、式（7.4-7）和式（7.4-12）可以看出，三个基本方程中有 A_s、A_s'、x（或 ξ）和 σ_s 四个未知数，需增加一个已知条件方可求解。

多数情况下，对于小偏心受压构件，A_s 的应力都比较小，未能达到屈服强度，因此从节约钢材角度出发，可先按最小配筋率来配置 A_s，即取 $A_s = \rho_{\min}bh$。

将 $A_s = \rho_{\min}bh$ 代入方程（7.4-8）并与式（7.4-12）联立求解，可求得 x 或 ξ 值。

4）根据 x 或 ξ 值，求 A_s'。对于小偏心受压破坏，A_s 可能受拉，也可能受压。从式（7.4-12）可以得出构件破坏时不同 σ_s 应力所对应的 ξ 值。

① 当 A_s 受压屈服，即 $\sigma_s = -f_y$ 时，$\xi = \xi_{cy}$，其中 $\xi_{cy} = 2\beta_1 - \xi_b$，其为 A_s 受压屈服所对应的混凝土相对受压区高度。

② 当 A_s 应力为 0，即 $\sigma_s = 0$ 时，$\xi = \beta_1$。

③ 当 A_s 受拉屈服，即 $\sigma_s = f_y$ 时，构件为界限破坏，$\xi = \xi_b$。

因此，根据 ξ 的不同取值，按以下几种情况求解 A_s'。

① $\beta_1 \geqslant \xi > \xi_b$，表示 A_s 受拉，但不会屈服；$\xi_{cy} > \xi > \beta_1$，表示 A_s 受压，但不会屈服。这两种情况下均可根据式（7.4-7）求出 A_s'。

② $h/h_0 \geqslant \xi > \xi_{cy}$，表示此时 A_s 受压，并已达到受压屈服强度，故应取 $\sigma_s = -f_y'$，重新由式（7.4-6）和式（7.4-7）联立求出 x，然后再按式（7.4-7）求出 A_s' 值。

③ 若 $\xi > h/h_0$，表示 A_s 达到受压屈服强度，且受压区高度已超过 h，故应取 $\sigma_s = -f_y'$，$x = h$，然后通过式（7.4-7）求出 A_s' 值。

5）根据 A_s 和 A_s' 计算值选用钢筋，并验算配筋率是否满足要求。

6）进行反向破坏验算。当 $N \geqslant f_c bh$ 时，还应验算是否满足式（7.4-13）的要求，如不满足，应增大 A_s 的配筋。

7）验算垂直于弯矩作用平面受压承载力是否满足要求。

【例 7.5-2】　某钢筋混凝土矩形截面偏心受压柱，截面尺寸 $b \times h = 300\text{mm} \times 500\text{mm}$，$a_s = a_s' = 40\text{mm}$，采用 C35 级混凝土（$f_c = 16.7\text{N/mm}^2$）、HRB400 级纵向钢筋

$(f_y = f'_y = 360\text{N/mm}^2)$,若该柱承受轴向压力设计值 $N=2030$kN,柱端弯矩设计值$M_1=$ 160kN · m、$M_2=180$kN · m,$l_c=4.5$m。试计算钢筋截面面积 A_s 及 A'_s,并选配钢筋。

解　(1) 判断是否需考虑 P-δ 效应,并计算 M 值

$$M_1/M_2 = 160/180 = 0.89 < 0.9$$

轴压比 $N/(f_c bh) = 2030 \times 10^3/(16.7 \times 300 \times 500) = 0.81 < 0.9$

$l_c/i = 4.5/(0.289 \times 0.5) = 31.1 > 34 - 12(M_1/M_2) = 34 - 12 \times 160/180 = 23.3$

所以需考虑 P-δ 效应。

计算 C_m、η_{ns} 和 M:

$$h_0 = h - a_s = 500 - 40 = 460\text{mm}$$

$$C_m = 0.7 + 0.3\frac{M_1}{M_2} = 0.7 + 0.3 \times \frac{160}{180} = 0.967$$

$$e_a = \max(500/30, 20) = \max(500/30, 20) = 20\text{mm}$$

$$\zeta_c = 0.5f_c A/N = 0.5 \times 16.7 \times 300 \times 500/(2030 \times 10^3) = 0.617$$

$$\eta_{ns} = 1 + \frac{1}{1300(M_2/N + e_a)/h_0}\left(\frac{l_c}{h}\right)^2 \zeta_c$$

$$= 1 + \frac{1}{1300 \times [180 \times 10^6/(2030 \times 10^3) + 20]/460} \times \left(\frac{4.5}{0.5}\right)^2 \times 0.617$$

$$= 1.16$$

$$C_{cm}\eta_{ns} = 0.967 \times 1.16 = 1.12 > 1$$

$$M = C_{cm}\eta_{ns}M_2 = 1.12 \times 180 = 201.9\text{kN · m}$$

(2) 初步判断大小偏压

$$e_i = \frac{M}{N} + e_a = \frac{201.9}{2030} \times 10^3 + 20 = 119\text{mm} < 0.3h_0 = 0.3 \times 460 = 138\text{mm}$$

可先按小偏心受压计算。

(3) 计算 A'_s 和 A_s

取 $A_s = \rho_{min}bh = 0.002 \times 300 \times 500 = 300\text{mm}^2$

$$e' = 0.5h - e_i - a'_s = 0.5 \times 500 - 119 - 40 = 91\text{mm}$$

将式(7.4-12)代入式(7.4-8),得

$$Ne' = \alpha_1 f_c bx(0.5x - a'_s) - f_y\frac{x/h_0 - \beta_1}{\xi_b - \beta_1}A_s(h_0 - a'_s)$$

即

$$2030 \times 10^3 \times 91 = 1.0 \times 16.7 \times 300x(0.5x - 40) - 360$$
$$\times \frac{x/460 - 0.8}{0.518 - 0.8} \times 300 \times (460 - 40)$$

代简后可得

$$2.505x^2 + 146.3x - 313.4 \times 10^3 = 0$$

$$x = \frac{-146.3 \pm \sqrt{146.3^2 + 4 \times 2.505 \times 313.4 \times 10^3}}{2 \times 2.505} = \begin{cases} -384\text{mm} \\ 326\text{mm} \end{cases}$$

依题意,取 $x = 326\text{mm}$,即 $\xi = 326/460 = 0.709 \begin{cases} < \beta_1 = 0.8 \\ > \xi_b = 0.55 \end{cases}$

A_s 受拉,但不会屈服,其应力大小为

$$\sigma_s = f_y \cdot \frac{\xi - \beta_1}{\xi_b - \beta_1} = 360 \times \frac{326/460 - 0.8}{0.518 - 0.8} = 117\text{N/mm}^2$$

由式(7.4-6)可得

$$A_s' = \frac{N_u - \alpha_1 f_c bx + \sigma_s A_s}{f_y'} = \frac{2030 \times 10^3 - 1.0 \times 16.7 \times 300 \times 326 + 117 \times 300}{360}$$

$$= 1200\text{mm}^2$$

(4) 选配钢筋,并验算配筋率

A_s 选用 2Φ14,$A_s = 308\text{mm}^2$;

A_s' 选用 2Φ18+2Φ22,$A_s' = 1269\text{mm}^2$。

经验算,满足最大配筋率及最小配筋率要求。

(5) 进行反向破坏验算

由于 $N = 2030 \times 10^3\text{kN} < f_c bh = 16.7 \times 300 \times 500 = 2505\text{kN}$,所以不需进行反向破坏验算。

(6) 验算垂直于弯矩作用平面受压承载力

(略)

7.6 非对称配筋矩形截面偏心受压构件的承载力复核

偏心受压构件进行承载力复核时,一般已知截面尺寸、材料强度等级、钢筋用量及构件计算长度,进行弯矩作用平面的承载力复核以及垂直于弯矩作用平面的承载力复核。

7.6.1 弯矩作用平面的承载力复核

弯矩作用平面的承载力复核分为如下两种类型。

1) 已知轴向压力设计值 N,构件的几何尺寸 $b \times h$,材料(混凝土和钢筋)的强度等级,A_s 和 A_s',求弯矩设计值 M。

① 首先根据已知条件求解受压区高度 x,判断大、小偏心受压。

先假定为大偏心受压构件,根据大偏心受压构件基本计算公式(7.4-1),可求得受压区高度 x。如果 $x \leqslant x_b$,则假定正确,构件为大偏心受压构件,否则为小偏心受压构件。

② 根据所求的 x 值的不同情况,求弯矩设计值 M。

(a) 当 $x \leqslant 2a_s'$ 时,表明为大偏心受压构件,但破坏时 A_s' 未达到受压屈服条件。此时,应取 $x = 2a_s'$,由式(7.5-8)计算 e_i,然后求出 e_0,最后可求得 $M = N \cdot e_0$。

(b) 当 $2a_s' < x \leqslant \xi_b h_0$ 时,表明为大偏心受压构件,根据大偏心受压构件基本计算公式(7.4-2),可求得 e,然后求出 e_i、e_0,最后可求得 $M = N \cdot e_0$。

(c) 当 $\xi_b h_0 < x$ 时,表明为小偏心受压构件,最初假定条件不正确,需根据小偏心受压构件基本计算式(7.4-6)与式(7.4-12)重新计算 x 值。此时,应注意又分为如下三种

情况:

a. 当 $\xi_b h_0 < x \leqslant \xi_{cy} h_0$ 时,可由式(7.4-7)求得 e,然后求出 e_i、e_0,最后可求得 $M = N \cdot e_0$。

b. 当 $h_0 \xi_{cy} < x \leqslant h$ 时,取 $\sigma_s = -f'_y$,由公式 $N_u = \alpha_1 f_c b x + f'_y A'_s - \sigma_s A_s$ 重新计算 x 值,再由弯矩平衡方程式(7.4-7)求出 e_i、e_0,最后可求得 $M = N \cdot e_0$。

c. 当 $x > h$ 时,取 $\sigma_s = -f'_y$,$x = h$,代入弯矩平衡方程式(7.4-7)求出 e_i、e_0,最后可求得 $M = N \cdot e_0$。

2) 已知偏心矩 e_0,构件的几何尺寸 $b \times h$、l_c,材料(混凝土和钢筋)的强度等级,A_s 和 A'_s,求轴向力设计值 N。

① 首先根据已知条件求解受压区高度 x,判断大、小偏心受压。

先假定为大偏心受压构件,由于 N 未知,可以根据图 7.4-1 对 N 作用点取矩,得到式(7.6-1),根据该式,可求出受压区高度 x。

$$\alpha_1 f_c b x \left(e_i - \frac{h}{2} + \frac{x}{2}\right) + f'_y A'_s \left(e_i - \frac{h}{2} + a'_s\right) - f_y A_s \left(e_i + \frac{h}{2} - a_s\right) = 0 \quad (7.6\text{-}1)$$

② 求出受压区高度 x 后,判断大小偏心受压构件,并根据大、小偏心受压构件基本公式计算 N 值。

(a) 当 $x \leqslant x_b$ 时,为大偏心受压构件,又分为以下两种情况:

a. 当 $2a'_s < x \leqslant x_b$ 时,根据轴力平衡方程式(7.4-1)可求得 N 值。

$$N = \alpha_1 f_c b x + f'_y A'_s - f_y A_s$$

b. 当 $x \leqslant 2a'_s$ 时,取 $x = 2a'_s$,然后对受压钢筋合力点取矩,根据力矩平衡方程式可求得 N 值。

$$N = \frac{f_y A_s (h_0 - a'_s)}{e_i - 0.5h + a'_s} \quad (7.6\text{-}2)$$

(b) 当 $x > x_b$ 时,为小偏心受压构件,需按小偏压计算公式重新计算 x 值。由小偏心受压构件基本计算式(7.4-6)、式(7.4-7)和式(7.4-12)联立求得 x 和 N 值。

$$N = \alpha_1 f_c b x + f'_y A'_s - \sigma_s A_s$$

$$N \cdot e = \alpha f_c b x \left(h_0 - \frac{x}{2}\right) + f'_y A'_s (h_0 - a')$$

$$\sigma_s = f_y \cdot \frac{\xi - \beta_1}{\xi_b - \beta_1}$$

7.6.2　垂直于弯矩作用平面的承载力复核

无论是大偏心受压构件还是小偏心受压构件,完成截面配筋设计或弯矩作用平面的承载力复核后,均需进行垂直于弯矩作用平面的承载力复核。根据实际配筋,按轴心受压构件计算极限承载力 N 值,并与题目给定或计算得出的轴向力设计值进行比较。

【例 7.6-1】　某钢筋混凝土矩形截面偏心受压柱,截面尺寸 $b \times h = 300\text{mm} \times 500\text{mm}$,$a_s = a'_s = 40\text{mm}$,采用 C30 级混凝土($f_c = 14.3\text{N/mm}^2$)、HRB400 级纵向钢筋($f_y = f'_y = 300\text{N/mm}^2$),若该柱承受轴向压力设计值 $N = 2000\text{kN}$,已配钢筋 $A_s = 1017\text{mm}^2$,$A'_s = 1256\text{mm}^2$。试计算该柱在 h 方向能承受的弯矩设计值。

解　（1）求受压区高度 x，判断大、小偏心受压

假定构件为大偏心受压构件，则

$$x=\frac{N_u-f_y'A_s'+f_yA_s}{\alpha_1 f_c b}=\frac{2000\times10^3-360\times1256+360\times1017}{1.0\times14.3\times300}$$

$$=446mm>\xi_b h_0=0.55\times460=253mm$$

因此，为小偏心受压构件。需按小偏心受压构件重新计算受压区高度 x。

（2）计算受压区高度 x

由式 $N_u=\alpha_1 f_c bx+f_y'A_s'-f_y\cdot\dfrac{x/h_0-\beta_1}{\xi_b-\beta_1}A_s$ 可得

$$x=\frac{N_u-f_y'A_s'-\dfrac{\beta_1}{\xi_b-\beta_1}f_yA_s}{\alpha_1 f_c b-\dfrac{1}{h_0(\xi_b-\beta_1)}f_yA_s}=\frac{2000\times10^3-360\times1256-\dfrac{0.8}{0.518-0.8}\times360\times1017}{1.0\times14.3\times300-\dfrac{1}{460\times(0.518-0.8)}\times360\times1017}$$

$$=364mm\begin{cases}>\xi_b h_0=0.55\times460=253mm\\<\xi_{cy}h_0=(2\beta_1-\xi_b)h_0=(2\times0.8-0.518)\times460=498mm\end{cases}$$

由弯矩平衡方程式(7.4-7)可得

$$e=\frac{\alpha_1 f_c bx(h_0-0.5x)+f_y'A_s'(h_0-a_s')}{N}$$

$$=\frac{1.0\times14.3\times300\times364\times(460-0.5\times364)+360\times1256\times(460-40)}{2000\times10^3}$$

$$=312mm$$

$$e_i=e-0.5h+a_s=312-0.5\times500+40=102mm$$

$$e_a=\max(h/30,20)=\max(500/30,20)=20mm$$

$$e_0=e_i-e_a=102-20=82mm$$

$$M=Ne_0=2000\times0.082=164kN\cdot m$$

【例 7.6-2】　某钢筋混凝土矩形截面偏心受压柱，截面尺寸 $b\times h=300mm\times500mm$，$a_s=a_s'=35mm$，采用 C30 级混凝土（$f_c=14.3N/mm^2$）、HRB400 级纵向钢筋（$f_y=f_y'=360N/mm^2$），若如轴向压力对截面重心的偏心矩 $e_0=95mm$，$M_1=M_2$，$l_c=4.5m$，已配钢筋 $A_s=402mm^2$，$A_s'=509mm^2$。试计算该柱在长边方向能承受的轴向力 N 值。

解　（1）求解受压区高度 x，判断大、小偏心受压

$$e_a=\max(h/30,20)=\max(500/30,20)=20mm$$

$$e_i=e_0+e_a=95+20=115mm$$

先假定为大偏心受压构件，对 N 作用点取矩

$$\alpha_1 f_c bx\left(e_i-\frac{h}{2}+\frac{x}{2}\right)+f_y'A_s'\left(e_i-\frac{h}{2}+a_s'\right)-f_yA_s\left(e_i+\frac{h}{2}-a_s\right)=0$$

可得

$$1.0 \times 14.3 \times 300 \times x \times \left(115 - \frac{500}{2} + \frac{x}{2}\right) + 360 \times 509 \times \left(115 - \frac{500}{2} + 35\right)$$

$$- 360 \times 402 \times \left(115 + \frac{500}{2} - 35\right) = 0$$

$$2.15x^2 - 579.2x - 66.08 \times 10^3 = 0$$

$$x = \frac{579.2 \pm \sqrt{579.2^2 + 4 \times 2.15 \times 66.08 \times 10^3}}{2 \times 2.15} = \begin{cases} -86\text{mm} \\ 356\text{mm} \end{cases}$$

依题意取 $x = 356\text{mm} > \xi_b h_0 = 0.518 \times 465 = 241\text{mm}$

因此,为小偏心受压构件。

(2) 按小偏压计算公式重新计算 x 值和 N 值

由小偏心受压构件基本计算公式联立求 x 和 N 值。

$$\begin{cases} N = \alpha_1 f_c bx + f'_y A'_s - f_y \cdot \dfrac{\xi - \beta_1}{\xi_b - \beta_1} A_s \\ N \cdot e = \alpha f_c bx \left(h_0 - \dfrac{x}{2}\right) + f'_y A'_s (h_0 - a') \end{cases}$$

代入数字,联立求解

$$\begin{cases} N = 1.0 \times 14.3 \times 360 \times x + 360 \times 509 - 360 \times \dfrac{x/465 - 0.8}{0.518 - 0.8} \times 402 \\ N \times \left(115 + \dfrac{500}{2} - 35\right) = 1.0 \times 14.3 \times 300 \times x \times \left(465 - \dfrac{x}{2}\right) + 360 \times 509 \times (465 - 35) \end{cases}$$

化简可得

$$\begin{cases} N = 5393.6x - 227.4 \times 10^3 \\ 330N = -2145x^2 + 1994.9 \times 10^3 x + 78.8 \times 10^6 \end{cases}$$

将上面两方程联立求解,求得 $x = 322\text{mm} < \xi_{cy} h_0$,$N_u = 1504 \times 10^3 \text{N}$,即该截面能承受的轴向力为 $N_u = 1504\text{kN}$。

7.7 对称配筋矩形截面偏心受压构件正截面承载力的计算

在实际工程中,在不同的荷载组合下,偏心受压构件通常承受方向相反的弯矩,当两方向的弯矩值相差不大时,宜采用对称配筋设计,即构件截面两侧钢筋的数量及其强度等级均相同,$A_s = A'_s$、$f_y = f'_y$,这种配筋方式构造简单、便于施工。

如同非对称配筋构件,对称配筋构件的设计也分为截面设计类题目和截面复核类题目。

7.7.1 截面设计

已知荷载设计值 N、M_1、M_2,构件的几何尺寸 $b \times h$、l_c,材料(混凝土和钢筋)的强度等级,求 $A_s = A'_s$。

1) 判断大小偏心:首先假定构件为大偏心受压构件,由大偏心受压构件基本计算式(7.4-1)和式(7.4-2)

$$N = \alpha_1 f_c bx + f'_y A'_s - f_y A_s$$

$$N \cdot e = \alpha_1 f_c bx \left(h_0 - \frac{x}{2} \right) + f'_y A'_s (h_0 - a'_s)$$

以及对称配筋条件

$$f'_y = f_y, A_s = A'_s$$

可求得受压区高度为

$$x = \frac{N}{\alpha_1 f_c b} \tag{7.7-1}$$

2) 根据 x 值判断大小偏压，并采用相应的公式进行计算 $A_s = A'_s$。

① 当 $x \leqslant x_b$ 时，为大偏心受压构件，又分为以下两种情况：

(a) 当 $2a'_s < x \leqslant x_b$ 时，受压钢筋 A'_s 屈服，根据大偏心受压构件基本计算公式(7.4-2)可得

$$A'_s (= A_s) = \frac{Ne - \alpha_1 f_c bx (h_0 - 0.5x)}{f'_y (h_0 - a'_s)} \tag{7.7-2}$$

(b) 当 $x \leqslant 2a'_s$ 时，可取 $x = 2a'_s$ 对受压钢筋合力点取矩，得

$$A_s (= A'_s) = \frac{N(e_i - 0.5h + a'_s)}{f_y (h_0 - a'_s)} \tag{7.7-3}$$

$x \leqslant 2a'_s$ 时，按照对称配筋计算所得的受压钢筋配筋量较实际需求多，所以对于这种情况，也可采用非对称配筋计算方法求解 A_s 和 A'_s。

② 当 $x > x_b$ 时，构件为小偏心受压构件，需重新计算 x 值。

小偏心受力基本方程式为

$$N = \alpha_1 f_c bx + f'_y A'_s - f_y \cdot \frac{\xi - \beta_1}{\xi_b - \beta_1} A_s$$

$$Ne = \alpha_1 f_c bx \left(h_0 - \frac{x}{2} \right) + f'_y A'_s (h_0 - a'_s)$$

由式(7.4-6)以及对称配筋条件 $f'_y = f_y, A_s = A'_s$，得

$$f'_y A'_s = (N - \alpha_1 f_c b \xi h_0) \Big/ \frac{\xi_b - \xi}{\xi_b - \beta_1} \tag{7.7-4}$$

代入式(7.4-7)可得

$$Ne \left(\frac{\xi_b - \xi}{\xi_b - \beta_1} \right) = \alpha_1 f_c b h_0^2 \xi (1 - 0.5\xi) \left(\frac{\xi_b - \xi}{\xi_b - \beta_1} \right) + (N - \alpha_1 f_c b \xi h_0)(h_0 - a'_s) \tag{7.7-5}$$

上式为 x 的三次方程，求解不方便。为简化计算，根据试验情况，上式中的 $\xi(1 - 0.5\xi)$ 的值大致为 $0.4 \sim 0.5$，近似取 $\xi(1 - 0.5\xi) = 0.43$，代入式(7.7-5)，整理后可得

$$\xi = \frac{N - \alpha_1 f_c b \xi_b h_0}{\dfrac{Ne - 0.43\alpha_1 f_c b h_0^2}{(\beta_1 - \xi_b)(h_0 - a'_s)} + \alpha_1 f_c b h_0} + \xi_b \tag{7.7-6}$$

将求得的 ξ 代入式(7.4-7)，可得

$$A'_s = A_s = \frac{Ne - \alpha_1 f_c b h_0^2 \xi (1 - 0.5\xi)}{f'_y (h_0 - a'_s)} \tag{7.7-7}$$

3）选配钢筋,并验算配筋率。

求出 A_s 和 A'_s 后,选配钢筋,钢筋面积应满足《标准》规定的单侧最小配筋率、全截面最小配筋率和最大配筋率的要求。

4）验算受压承载力在垂直于弯矩作用平面是否满足要求。

【例 7.7-1】　已知条件同例 7.5-1 题:某钢筋混凝土矩形截面偏心受压柱,截面尺寸 $b \times h = 600\text{mm} \times 600\text{mm}$,$a_s = a'_s = 40\text{mm}$,采用 C30 级混凝土、HRB400 级纵向钢筋,若该柱承受轴向压力设计值 $N = 1350\text{kN}$,柱上下端弯矩设计值 $M_1 = M_2 = 600\text{kN} \cdot \text{m}$,$l_c = l_0 = 6.5\text{m}$。试按对称配筋计算 $A_s = A'_s$。

解　1）同例 7.5-1,求得

$$M = C_{cm}\eta_{ns}M_2 = 1.11 \times 600 = 666\text{kN} \cdot \text{m}$$

$$e_i = 513\text{mm}$$

$$e = e_i + \frac{h}{2} - a_s = 773\text{mm}$$

2）判断大小偏心受压。

$$x = \frac{N}{\alpha_1 f_c b} = \frac{1350 \times 10^3}{1.0 \times 14.3 \times 600} = 157\text{mm}$$

$$< x_b = 0.518 \times 560 = 290\text{mm}$$

$$> 2a'_s = 2 \times 40 = 80\text{mm}$$

故为大偏心受压构件。

3）按大偏心受压构件计算配筋。

$$A'_s = A_s = \frac{Ne - \alpha_1 f_c bx(h_0 - 0.5x)}{f'_y(h_0 - a'_s)}$$

$$= \frac{1350 \times 10^3 \times 773.0 - 1.0 \times 14.3 \times 600 \times 157 \times (560 - 0.5 \times 157)}{360 \times (560 - 40)}$$

$$= 2110\text{mm}^2$$

4）验算最小配筋率,选配钢筋。

$$\rho = \frac{A'_s + A_s}{A} = \frac{4220}{600 \times 600} \times 100\% = 1.17\% \begin{cases} > \rho_{min} = 0.55\% \\ < \rho_{max} = 5\% \end{cases}$$

故满足要求。

选配钢筋:A'_s 和 A_s 均选用 2Φ25+2Φ28($A'_s = A_s = 2214\text{mm}^2$)。

5）垂直于弯矩作用平面的承载力验算(略)。

对比例 7.7-1 和例 7.5-1,可以看出,采用对称配筋,其总配筋量要高于非对称配筋时的配筋量。

7.7.2　对称配筋构件截面复核

可按非对称配筋截面复核方法进行验算。

7.8　对称配筋 I 形截面偏心受压构件正截面承载力的计算

为了节省混凝土和减轻构件自重,对于截面尺寸较大(一般当截面高度 $h > 600\text{mm}$

时)的装配式柱子可采用 I 字形截面柱,I 字形柱的翼缘厚度不宜小于 120mm,腹板厚度不宜小于 100mm。I 形截面柱的破坏特征、设计原则均与矩形截面柱相同,

对于 I 形柱,一般采用对称配筋。

7.8.1　对称配筋 I 形截面柱大、小偏心受压构件的基本方程

1. 大、小偏心破坏的判别

根据 I 形柱的破坏特征,同样可分为大偏心受压和小偏心受压两种情况,判别方法与矩形截面柱相同,即破坏时:

1) 当 $x \leqslant x_b$ 时,为大偏心受压构件;

2) 当 $x > x_b$ 时,为小偏心受压构件。

2. 大偏心受压构件 ($x \leqslant x_b$) 基本方程

根据受压区高度的不同,具体又分为以下几种情况。

1) 当 $2a_s' \leqslant x \leqslant h_f'$ 时,即受压区在柱的一侧翼缘内,如图 7.8-1(b) 所示。可按宽度为 b_f' 的矩形截面柱进行配筋计算,根据矩形截面大偏心受压构件的基本方程,可得对称配筋

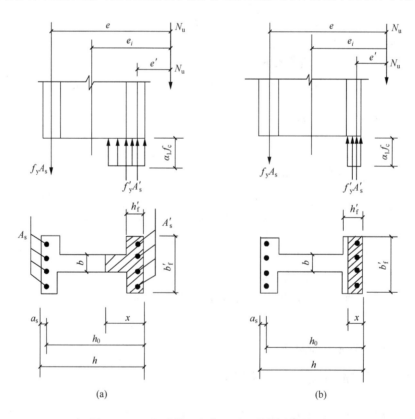

(a)　　　　　　　　　　　　　(b)

图 7.8-1　I 字形截面大偏心受压构件计算简图

I 字形截面大偏心受压构件的基本方程为

$$N_u = \alpha_1 f_c b'_f x \qquad (7.8\text{-}1)$$

$$N_u e = \alpha_1 f_c b'_f x(h_0 - 0.5x) + f'_y A'_s(h_0 - a'_s) \qquad (7.8\text{-}2)$$

$$e = e_i + 0.5h - a_s \qquad (7.8\text{-}3)$$

2）当 $x_b \geqslant x \geqslant h'_f$ 时，受压区进入腹板内，如图 7.8-1(a) 所示，其基本方程为

$$N_u = \alpha_1 f_c[bx + (b'_f - b)h'_f] \qquad (7.8\text{-}4)$$

$$N_u e = \alpha_1 f_c bx(h_0 - 0.5x) + \alpha_1 f_c(b'_f - b)h'_f(h_0 - 0.5h'_f) + f'_y A'_s(h_0 - a'_s) \qquad (7.8\text{-}5)$$

$$e = e_i + 0.5h - a_s \qquad (7.8\text{-}6)$$

3）当 $x < 2a'_s$ 时，受压区在翼缘内，可按式(7.7-3)计算钢筋面积。

3. 小偏心受压构件 ($x > x_b$) 基本方程

当受压区高度 $x > x_b$ 时，为小偏压构件。通常情况下 $x \geqslant h'_f$，具体又分为以下几种情况，如图 7.8-2 所示。

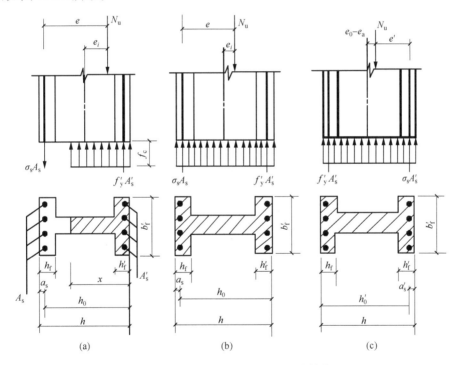

图 7.8-2　I 字形截面柱小偏心受压计算简图

1）当 $x < h - h_f$ 时，如图 7.8-2(a) 所示，其基本方程为

$$N_u = \alpha_1 f_c bx + \alpha_1 f_c(b'_f - b)h'_f + f'_y A'_s - \sigma_s A_s \qquad (7.8\text{-}7)$$

$$N_u e = \alpha_1 f_c bx(h_0 - 0.5x) + \alpha_1 f_c(b'_f - b)h'_f(h_0 - 0.5h'_f) + f'_y A_s{}'(h_0 - a'_s) \qquad (7.8\text{-}8)$$

2）当 $h-h_{\mathrm{f}}<x\leqslant h$ 时，如图 7.8-2(b)所示，其基本方程为

$$N_{\mathrm{u}}=\alpha_1 f_c bx+\alpha_1 f_c(b'_{\mathrm{f}}-b)h'_{\mathrm{f}}+\alpha_1 f_c(b_{\mathrm{f}}-b)(h_{\mathrm{f}}+x-h)+f'_{\mathrm{y}}A'_{\mathrm{s}}-\sigma_{\mathrm{s}}A_{\mathrm{s}}$$

$$(7.8\text{-}9)$$

$$N_{\mathrm{u}}e=\alpha_1 f_c\Big[bx(h_0-0.5x)+(b'_{\mathrm{f}}-b)h'_{\mathrm{f}}(h_0-0.5h'_{\mathrm{f}})$$

$$+(b_{\mathrm{f}}-b)(h_{\mathrm{f}}+x-h)\Big(h_{\mathrm{f}}-\frac{h'_{\mathrm{f}}+x-h}{2}-a_{\mathrm{s}}\Big)\Big]+f'_{\mathrm{y}}A'_{\mathrm{s}}(h_0-a'_{\mathrm{s}})\quad(7.8\text{-}10)$$

3）当 $N>f_c A$ 时，尚应进行反向破坏验算，如图 7.8-3(c)，公式从略。

7.8.2　对称配筋的 I 字形截面柱截面设计

已知荷载设计值 N、M_1、M_2，构件的几何尺寸、l_c，材料（混凝土和钢筋）的强度等级，求 $A_{\mathrm{s}}=A'_{\mathrm{s}}$。

1）根据式(7.3-2)，判断是否需考虑 $P\text{-}\delta$ 效应，并计算 M。

2）先按大偏心受压构件计算 x 值。

由大偏心受压构件的基本计算公式(7.8-1)可求得受压区高度为

$$x=\frac{N_{\mathrm{u}}}{\alpha_1 f_c b'_{\mathrm{f}}}\qquad(7.8\text{-}11)$$

3）根据 x，求 $A_{\mathrm{s}}=A'_{\mathrm{s}}$。

① 当 $x<2a'_{\mathrm{s}}$ 时，取 $x=2a'_{\mathrm{s}}$，对受压钢筋合力点取矩，可得

$$A'_{\mathrm{s}}(=A_{\mathrm{s}})=\frac{N_{\mathrm{u}}e'}{f'_{\mathrm{y}}(h_0-a'_{\mathrm{s}})}=\frac{N_{\mathrm{u}}(e_i-h/2+a'_{\mathrm{s}})}{f'_{\mathrm{y}}(h_0-a'_{\mathrm{s}})}\qquad(7.8\text{-}12)$$

② 当 $2a'_{\mathrm{s}}\leqslant x\leqslant h'_{\mathrm{f}}$ 时，由基本方程式(7.8-2)可得

$$A_{\mathrm{s}}=A'_{\mathrm{s}}=\frac{N_{\mathrm{u}}e-\alpha_1 f_c b'_{\mathrm{f}}x(h_0-0.5x)}{f'_{\mathrm{y}}(h_0-a'_{\mathrm{s}})}\qquad(7.8\text{-}13)$$

③ 当 $x\geqslant h'_{\mathrm{f}}$ 时，受压区进入腹板内，需按式(7.8-4)重新计算受压区高度 x，即

$$x=\frac{N_{\mathrm{u}}-\alpha_1 f_c(b'_{\mathrm{f}}-b)h'_{\mathrm{f}}}{\alpha_1 f_c b}\qquad(7.8\text{-}14)$$

如果按上式求得的 $x_b\geqslant x$，表明截面仍为大偏心受压构件，由式(7.8-5)可得

$$A_{\mathrm{s}}(=A'_{\mathrm{s}})=\frac{N_{\mathrm{u}}e-\alpha_1 f_c bx(h_0-0.5x)-\alpha_1 f_c(b'_{\mathrm{f}}-b)h'_{\mathrm{f}}\Big(h_0-\dfrac{h'_{\mathrm{f}}}{2}\Big)}{f'_{\mathrm{y}}(h_0-a'_{\mathrm{s}})}\quad(7.8\text{-}15)$$

4）如果按式(7.8-14)求得的 $x>x_b$，表明构件为小偏心受压构件，需将式(7.8-7)和式(7.8-8)联合求解，重新计算 x 值，此时可得到关于 x(或 ξ)的三次方程。为简化计算，与矩形截面类似，近似取 $\xi(1-0.5\xi)=0.43$，然后求解，公式从略。

如果 $x<h-h_{\mathrm{f}}$，则假定正确，将 x 代入式(7.8-8)，可求得 $A_{\mathrm{s}}=A'_{\mathrm{s}}$。

如果 $h-h_{\mathrm{f}}<x\leqslant h$，则需按式(7.8-9)和式(7.8-10)计算 x，然后求 $A_{\mathrm{s}}=A'_{\mathrm{s}}$。

当 $x>h$ 时，取 $x=h$，由式(7.8-10)求出 $A_{\mathrm{s}}=A'_{\mathrm{s}}$。

5）根据计算值选用钢筋，并验算配筋率是否满足要求。

6）验算垂直于弯矩作用平面受压承载力是否满足要求。

7.9　双向偏心受压构件正截面承载力的计算

前文所述的偏心受压构件是指在截面的一个主轴方向有偏心压力的情况。在实际工程中,常会遇到轴向压力 N 在截面的两个主轴方向都有偏心的情况,或者构件同时承受轴向压力及两个方向的弯矩。这类构件称为双向偏心受压构件,如图 7.9-1 所示。

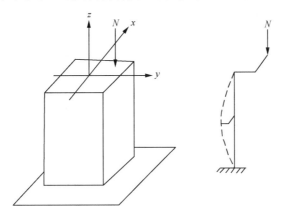

图 7.9-1　双向偏心受压示意图

双向偏心受力构件的钢筋一般沿截面周边布置。但双向偏心受压构件正截面的中和轴是倾斜的,与截面形心主轴有一个夹角,如图 7.9-2 所示,因此在破坏时,钢筋的应力不均匀,有些钢筋的应力可达到其屈服强度,有些钢筋的应力则较小。因此,如按正截面承载力的一般计算方法计算,计算过程将十分复杂。

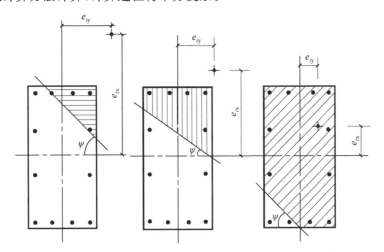

图 7.9-2　双向偏心构件截面应力

我国《标准》对双向偏心受压构件的正截面承载力采用近似公式进行计算。在设计时,先假定构件的截面尺寸和钢筋的配置,然后按下列公式进行验算,如不满足,则调整截面尺寸和配筋,直到满足要求。

$$N \leqslant \cfrac{1}{\cfrac{1}{N_{ux}} + \cfrac{1}{N_{uy}} - \cfrac{1}{N_{u0}}} \tag{7.9-1}$$

式中，N——构件截面轴向承载力设计值；

      N_{u0}——构件的截面轴心受压承载力设计值,按式(7.2-2)计算,但计算时不考虑稳定系数 φ 和系数 0.9；

      N_{ux}——轴向压力作用于 x 轴,考虑相应的计算偏心距 e_{ix} 后,按全部纵向钢筋计算的偏心受压承载力设计值；

      N_{uy}——轴向压力作用于 y 轴,考虑相应的计算偏心距 e_{iy} 后,按全部纵向钢筋计算的偏心受压承载力设计值。

7.10 正截面承载力 N_u-M_u 曲线及应用

当受压构件的截面尺寸、材料强度及配筋数量均不变时,构件在破坏时所能承受的轴向力设计值 N_u 和弯矩设计值 M_u 是一一对应的,即给定轴向力 N_u,就有唯一的 M_u 与之对应。下面以对称配筋截面为例说明 N_u 和 M_u 的相关关系。

1. 对称配筋大偏心受压构件

根据大偏心受压构件的基本方程式(7.4-1)和式(7.4-2)

$$N_u = \alpha_1 f_c bx + f'_y A'_s - f_y A_s$$

$$N_u \cdot e = \alpha_1 f_c bx \left(h_0 - \frac{x}{2} \right) + f'_y A'_s (h_0 - a'_s)$$

以及对称配筋条件 $f'_y = f_y$, $A_s = A'_s$,可求得受压区高度为

$$x = \frac{N_u}{\alpha_1 f_c b} \tag{7.7-1}$$

将该式代入基本方程式(7.4-2)中,可得

$$N_u \left(e_i + \frac{h}{2} - a_s \right) = \alpha_1 f_c b \frac{N_u}{\alpha_1 f_c b} \left(h_0 - \frac{N_u}{2\alpha_1 f_c b} \right) + f'_y A'_s (h_0 - a'_s) \tag{7.10-1}$$

整理后得

$$N_u e_i = \frac{-N_u^2}{2\alpha_1 f_c b} + \frac{N_u h}{2} + f'_y A'_s (h_0 - a'_s) \tag{7.10-2}$$

即

$$M_u (= N_u e_i) = \frac{-N_u^2}{2\alpha_1 f_c b} + \frac{N_u h}{2} + f'_y A'_s (h_0 - a'_s) \tag{7.10-3}$$

由上式可以看出,对于大偏心受压构件,M_u 和 N_u 之间为二次函数关系。

2. 对称配筋小偏心受压构件

小偏心受压构件的基本方程如式(7.4-6)和式(7.4-7)所示。

$$N_u = \alpha_1 f_c bx + f'_y A'_s - \frac{\cfrac{x}{h_0} - \beta_1}{\xi_b - \beta_1} f_y A_s$$

$$N_u e = \alpha_1 f_c bx \left(h_0 - \frac{x}{2} \right) + f'_y A'_s (h_0 - a'_s)$$

根据式(7.4-6)以及对称配筋条件 $f'_y = f_y, A_s = A'_s$，可得受压区高度的计算表达式，即

$$x = \frac{\beta_1 h_0 - x_b}{\alpha_1 f_c bh_0 (\beta_1 - \xi_b) + f'_y A'_s} N_u - \frac{x_b f'_y A'_s}{\alpha_1 f_c bh_0 (\beta_1 - \xi_b) + f'_y A'_s} \quad (7.10\text{-}4)$$

假设 $A = \dfrac{\beta_1 h_0 - x_b}{\alpha_1 f_c bh_0 (\beta_1 - \xi_b) + f'_y A'_s}, B = -\dfrac{x_b f'_y A'_s}{\alpha_1 f_c bh_0 (\beta_1 - \xi_b) + f'_y A'_s}$，则式(7.10-4)可写为

$$x = AN_u + B \quad (7.10\text{-}5)$$

即 x 与 N_u 为一次线性关系。

由式(7.4-7)可得

$$N_u \left(e_i + \frac{h}{2} - a_s \right) = \alpha_1 f_c bx \left(h_0 - \frac{x}{2} \right) + f'_y A'_s (h_0 - a'_s) \quad (7.10\text{-}6)$$

整理后可得

$$M_u (= N_u e_i) = -N_u \left(\frac{h}{2} - a_s \right) + \alpha_1 f_c bx \left(h_0 - \frac{x}{2} \right) + f'_y A'_s (h_0 - a'_s) \quad (7.10\text{-}7)$$

将式(7.10-5)代入式(7.10-7)，得

$$M_u = \alpha_1 f_c b(AN_u + B) \left(h_0 - \frac{AN_u + B}{2} \right) - \left(\frac{h}{2} - a_s \right) N_u + f'_y A'_s (h_0 - a'_s)$$

$$(7.10\text{-}8)$$

由上式可以看出，对于小偏心受压构件，M_u 和 N_u 之间也为二次函数关系。

根据式(7.10-3)和式(7.10-8)，可绘出 $N_u\text{-}M_u$ 曲线，如图 7.10-1 所示。图 7.10-2 为西南交通大学所做的偏心受力构件在不同偏心距作用下的试验曲线，可见，两者形状吻合的非常好。

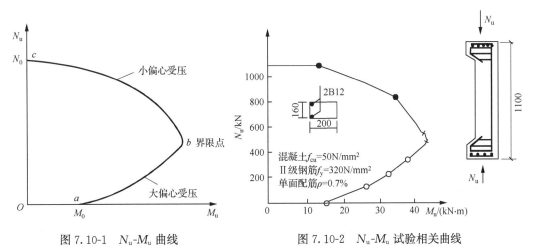

图 7.10-1 $N_u\text{-}M_u$ 曲线   图 7.10-2 $N_u\text{-}M_u$ 试验相关曲线

3. N_u 和 M_u 相关曲线的意义

$N_u\text{-}M_u$ 曲线上的任一点的坐标 N_u 和 M_u 代表截面达到正截面承载力极限状态时的一

种内力组合。整条相关曲线分为大偏心受压破坏(ab 段)和小偏压破坏(bc 段)两条曲线段,如图 7.10-1 所示。

1)当弯矩 M_u 为零时,构件所能承担的轴向力 N_u 达到最大值,即为轴心受压承载力 N_0(c 点)。

当轴向力为零时,为纯弯状态,弯矩值为 M_0(a 点),但此时 M_0 并不是构件所能承担的最大弯矩值;界限破坏时(b 点)所承担的弯矩值为构件所能承担的最大弯矩值。

2)截面受弯承载力 M_u 与作用的轴向力 N_u 大小有关;大偏心受压时(ab 段)M_u 随 N_u 的增加而增加;小偏心受压时(bc 段)M_u 随 N_u 的增加而减小。

3)截面尺寸和材料强度保持不变,随配筋率的增加,N_u-M_u 相关曲线向外侧增大;对于对称配筋截面,即使配筋不同,但界限破坏时的轴向力 N_b 是相同的,如图 7.10-3 所示。

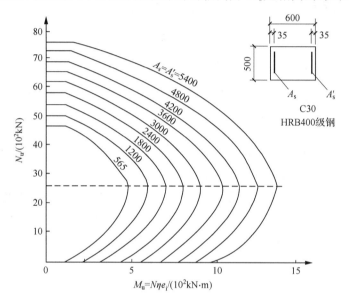

图 7.10-3　对称配筋时 N_u-M_u 相关曲线

7.11　偏心受压构件斜截面承载力的计算

实际工程中的偏心受压构件,一般还会受到剪力的作用。

试验表明,轴向压力对于偏心受压构件的斜截面承载力有一定影响,轴向压力可延缓斜裂缝的出现,并约束裂缝的扩展,使混凝土剪压区高度增大,从而提高构件的抗剪承载力。但轴向压力对受剪承载力的有利作用是有限度的,当轴压比(N/f_cA)在 0.3~0.5 范围内时,受剪承载力达到最大值,如再增加轴向压力将降低受剪承载力,并转变为带有斜裂缝的正截面小偏心受压破坏。

图 7.11-1 为轴向压力与受剪承载力之间的关系。

根据试验及分析,《标准》给出了矩形、T 形和 I 形截面偏心受压构件的受剪承载力计算公式,即

$$V \leqslant \frac{1.75}{\lambda + 1.0} f_t b h_0 + f_{yv} \frac{A_{sv}}{s} h_0 + 0.07N \qquad (7.11\text{-}1)$$

式中，N——与剪力设计值相应的轴向压力设计值，当 $N > 0.3 f_c A$ 时，取 $N = 0.3 f_c A$，其中 A 为构件的截面面积。

　　λ——偏心受压构件计算截面的剪跨比，$\lambda = M/Vh_0$。按下列规定取用：

　　1）对于框架柱，反弯点在层高范围内时，可取 $\lambda = H_n/(2h_0)$。当其小于 1 时，取 1；大于 3 时，取 3。M 为计算截面上与剪力设计值 V 相应的弯矩设计值，H_n 为柱的净高。

　　2）对于其他偏心受压构件，当承受均布荷载时，取 1.5；当承受集中荷载时（包括集中荷载对支座截面所产生的剪力值占总剪力值的 75% 以上时），取 $\lambda = a/h_0$，当其小于 1.5 时，取 1.5，大于 3 时，取 3。

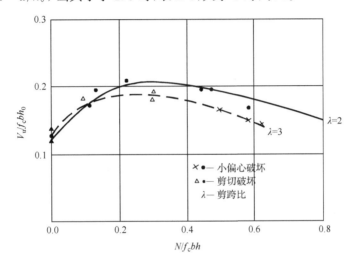

图 7.11-1　相对轴压力和剪力关系

　　满足下列条件，可不进行斜截面受剪承载力计算，而仅需按构造要求配置箍筋，即

$$V \leqslant \frac{1.75}{\lambda + 1.0} f_t b h_0 + 0.07N \qquad (7.11\text{-}2)$$

为防止配箍过多产生斜压破坏，受剪截面应满足：

1）$h_w/b \leqslant 4$ 时，

$$V \leqslant 0.25 \beta_c f_c b h_0 \qquad (7.11\text{-}3)$$

2）当 $h_w/b \geqslant 6$ 时，

$$V \leqslant 0.20 \beta_c f_c b h_0 \qquad (7.11\text{-}4)$$

3）当 $4 < h_w/b < 6$ 时，按线性内插法确定。

式中，b——矩形截面的宽度，T 形截面或 I 形截面的腹板宽度；

　　h_w——截面腹板高度，矩形截面，取有效高度；T 形截面，取有效高度减去翼缘高度；I 形截面，取腹板净高。

思 考 题

7.1　受压构件中为什么要配置纵向钢筋？配置箍筋的目的是什么？

7.2　什么是轴心受压构件的稳定系数？

7.3　轴心受压普通箍筋柱与螺旋箍筋柱的破坏有何不同？

7.4　在进行螺旋箍筋柱计算时，什么情况下可以忽略间接钢筋的影响？

7.5　简述大、小偏心受压破坏的发生条件和破坏特征。

7.6　为什么有时在偏心距很大时，也会出现小偏心受压破坏？

7.7　什么是受压构件的界限破坏？与界限破坏对应的 ξ_b 是如何确定的？

7.8　什么是反向破坏？什么情况下需进行反向破坏的验算？

7.9　什么是 $P\text{-}\delta$ 效应，在设计计算时，什么情况下可以不考虑 $P\text{-}\delta$ 效应？

7.10　受压构件的截面设计题有哪几种类型？简述各类设计题的计算步骤？

7.11　为什么要考虑附加偏心矩？它是如何取值的？

7.12　大偏心受压构件和双筋受弯构件的计算有何异同？

7.13　受压构件的截面复核题有哪几种类型？简述各类复核题的计算步骤。

7.14　对称配筋的偏心受压构件正截面承载力 $N_u\text{-}M_u$ 的关系曲线是如何绘制的？简述曲线的特点。

7.15　轴向压力对斜截面受剪承载力有何影响？如何计算偏心受压构件的斜截面受剪承载力？

7.16　I 形截面钢筋混凝土柱与矩形截面钢筋混凝土柱在进行正截面承载力计算时有何异同？

习 题

7.1　某钢筋混凝土轴心受压柱，计算长度 $l_0=6.8\text{m}$，截面尺寸 $b \times h=400\text{mm} \times 400\text{mm}$，采用 C30 混凝土，Ⅲ级钢筋，柱承受轴向压力设计值 $N=3000\text{kN}$。试求纵向钢筋截面面积。

7.2　已知某框架结构现浇钢筋混凝土圆形柱，环境类别一类，柱直径 $d=400\text{mm}$，承受轴心压力设计值 $N=3540\text{kN}$，柱计算长度 $l_0=4.4\text{m}$，采用 C30 混凝土，纵筋以及箍筋采用 HPB400 级钢筋。试进行配筋计算。

7.3　某钢筋混凝土矩形截面柱，环境类别为一类，截面尺寸 $b \times h=300\text{mm} \times 600\text{mm}$，承担轴向压力设计值 $N=600\text{kN}$，两端弯矩设计值 $M_2=M_1=260\text{kN} \cdot \text{m}$，$l_0=l_c=6\text{m}$，采用 C30 混凝土和 HRB400 级钢筋。求截面纵向配筋面积。

7.4　已知条件如 7.3 题，试采用对称配筋进行配筋计算。

7.5　某钢筋混凝土矩形截面柱，$a_s=a'_s=35\text{mm}$，截面尺寸 $b \times h=300\text{mm} \times 500\text{mm}$，轴力设计值 $N=1800\text{kN}$，$M_2=M_1=200\text{kN} \cdot \text{m}$，$l_0=l_c=5\text{m}$，采用 C30 混凝土和 HRB400 级钢筋。试采用对称配筋进行配筋计算。

7.6　某钢筋混凝土矩形截面柱,$a_s = a'_s = 35mm$,截面尺寸 $b \times h = 300mm \times 500mm$,轴力设计值 $N = 800kN$,采用 C35 混凝土和 HRB400 级钢筋,A_s 为 3⌀20,A'_s 为 3⌀18。求该构件在 h 方向所能承担的弯矩值设计值 M。

7.7　某钢筋混凝土矩形截面柱,$a_s = a'_s = 35mm$,截面尺寸 $b \times h = 300mm \times 500mm$,$e_0 = 340mm$,$l_0 = l_c = 4.5cm$,采用 C25 混凝土和 HRB400 级钢筋,$A_s$ 为 3⌀14,A'_s 为 2⌀22+2⌀25。求该构件所能承担的轴向力设计值 N。

7.8　某钢筋混凝土矩形截面柱,$a_s = a'_s = 35mm$,截面尺寸 $b \times h = 300mm \times 400mm$,$N = 390kN$,$M_2 = M_1 = 270kN \cdot m$,$l_0 = l_c = 4.5cm$,采用 C30 混凝土和 HRB400 级钢筋,$A_s$ 为 2⌀25+2⌀22,A'_s 为 2⌀18+1⌀14。试复核构件是否安全。

7.9　某钢筋混凝土 I 形截面柱,$a_s = a'_s = 35mm$,截面尺寸 $b \times h = 100mm \times 700mm$,$b_f = b'_f = 400mm$,$h_f = h'_f = 120mm$,轴力设计值 $N = 960kN$,$M_2 = 360kN \cdot m$,$M_1 = 305kN \cdot m$,采用 C35 混凝土和 HRB400 级钢筋,$l_0 = l_c = 7.2m$。试采用对称配筋进行配筋计算。

第8章 受拉构件截面承载力计算

受拉构件是指以承受轴向拉力为主的构件。根据轴向拉力作用的位置,又分为轴心受拉构件和偏心受拉构件两类。当轴向拉力作用于构件截面形心时,为轴心受拉构件;当轴向拉力作用位置偏离构件截面形心时,为偏心受拉构件。

实际工程中,真正的轴心受拉构件是很少的,有些构件,如混凝土屋架的下弦杆或受拉腹杆、拱的拉杆等,通常可近似看作轴心受拉构件。矩形水池的池壁、节点间承受竖向荷载的混凝土屋架的下弦杆等属于偏心受拉构件。

8.1 轴心受拉构件破坏过程及正截面承载力计算

轴心受拉构件从加载到破坏,其受力过程分为以下三个阶段:

1) 从加载到混凝土受拉开裂前。这个阶段,混凝土和钢筋共同变形,共同承受拉力。

2) 从混凝土开裂到钢筋即将屈服。这个阶段,开裂截面处的混凝土退出工作,所承担的拉力由钢筋承担。

3) 从受拉钢筋开始屈服到全部受拉钢筋达到屈服强度。此时混凝土早已被拉裂,全部拉力均由钢筋承受。当钢筋应力全部达到抗拉屈服强度时,截面达到受拉承载力极限状态。

根据上述轴心受拉构件的受力特点,轴心受拉构件正截面受拉承载力的计算公式按下式进行计算,即

$$N_u = f_y A_s \tag{8.1-1}$$

式中,N_u——轴向拉力设计值;

f_y——钢筋抗拉强度设计值;

A_s——纵向钢筋的全部截面面积。

单侧最小配筋率应满足 0.2% 和 $0.45 f_t / f_y$ 的较大值。

【例8.1-1】 某混凝土屋架下弦杆承受轴心拉力 $N=220kN$,混凝土强度等级 C30,采用 HRB400 级钢筋,构件截面尺寸 200mm×200mm。试配纵筋。

解 由附表查得 $f_y=360N/mm^2$,则

$$A_s = \frac{N}{f_y} = \frac{220 \times 10^3}{360} = 611mm^2$$

选配 4⌀14,$A_s = 615mm^2$。

单侧配筋率 $0.5A_s/A = 307.5/(200 \times 200) \times 100\% = 0.77\% > \rho_{min} = \max(0.2\%, 0.45 f_t/f_y)$,满足要求。

8.2　偏心受拉构件正截面承载力计算

根据轴向拉力 N 的位置不同,偏心受拉构件分为大偏心受拉构件与小偏心受拉构件。当轴向拉力 N 作用在钢筋 A_s 合力点及 A_s' 合力点范围以外时,即偏心矩 $e_0 \geqslant 0.5h - a_s$ 属于大偏心受拉构件;当轴向拉力 N 作用在钢筋 A_s 合力点及 A_s' 合力点范围以内时,即偏心矩 $e_0 < 0.5h - a_s$ 时属于小偏心受拉构件。其中,钢筋 A_s 为距离轴向拉力较近一侧的钢筋,A_s' 为距离轴向拉力较远一侧的钢筋,如图 8.2-1 所示。

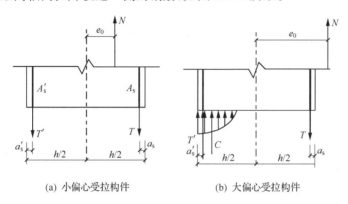

(a) 小偏心受拉构件　　　　　　(b) 大偏心受拉构件

图 8.2-1　偏心受拉构件

8.2.1　小偏心受拉构件正截面承载力计算

1. 小偏心受拉构件的破坏特征

小偏心受拉构件的轴向拉力 N 位于钢筋 A_s 合力点及 A_s' 合力点之间。根据荷载的平衡条件,A_s 及 A_s' 均受拉。在达到受拉承载力极限状态时,截面上的裂缝已裂通,混凝土全部退出工作,轴向拉力全部由受拉钢筋承担,离轴向拉力 N 近的一侧钢筋 A_s 的应力能达到抗拉屈服强度,而离 N 远的一侧钢筋 A_s' 的应力有可能达不到屈服,这取决于 A_s 和 A_s' 配筋量的比值以及轴向力 N 的作用位置。

2. 非对称配筋小偏心受拉构件的配筋计算

截面设计时,可假定构件破坏时 A_s 及 A_s' 均受拉屈服,根据平衡条件,分别对钢筋 A_s 及 A_s' 的合力点取矩可得

$$N_u e = f_y A_s'(h_0 - a_s') \tag{8.2-1}$$

$$N_u e' = f_y A_s(h_0' - a_s) \tag{8.2-2}$$

$$e = 0.5h - e_0 - a_s \tag{8.2-3}$$

$$e' = e_0 + 0.5h - a_s' \tag{8.2-4}$$

式中, e、e' ——轴向拉力到 A_s 及 A_s' 合力点的距离。

由式(8.2-1)和式(8.2-2)即可求出钢筋的面积。

3. 对称配筋小偏心受拉构件的配筋计算

对于小偏心受拉构件,通常可按对称配筋截面。根据荷载平衡条件,对称配筋时,远离轴力一侧钢筋 A'_s 的应力达不到屈服,因此可对 A'_s 合力点取矩,求得

$$A'_s = A_s = \frac{N_u e'}{f_y(h'_0 - a_s)} \tag{8.2-5}$$

$$e' = e_0 + 0.5h - a'_s \tag{8.2-6}$$

A_s 及 A'_s 的最小配筋率应分别满足 0.2% 和 $0.45f_t/f_y$ 的较大值。

【例 8.2-1】 某偏心受拉构件,构件截面尺寸 200mm×400mm,承受轴心拉力 $N = 420$kN,$M = 55$kN·m,作用于构件截面长边方向,混凝土强度等级 C30,采用 HRB400 级钢筋,$a_s = a'_s = 35$mm。求纵筋面积。

解 (1)判别大小偏心受拉

$$e_0 = \frac{M}{N} = \frac{55 \times 10^3}{420} = 131\text{mm} < 0.5 \times 400 - 35 = 165\text{mm}$$

故为小偏心受拉构件。

(2)求 e' 和 e

$$e' = e_0 + 0.5h - a'_s = 131 + 0.5 \times 400 - 35 = 296\text{mm}$$

$$e = 0.5h - e_0 - a_s = 0.5 \times 400 - 131 - 35 = 34\text{mm}$$

(3)求 A_s 及 A'_s

$$A_s = \frac{Ne'}{f_y(h'_0 - a_s)} = \frac{420 \times 10^3 \times 296}{360(400 - 35 - 35)} = 1046\text{mm}^2$$

$$A'_s = \frac{Ne}{f_y(h_0 - a'_s)} = \frac{420 \times 10^3 \times 34}{360 \times (400 - 35 - 35)} = 120\text{mm}^2 < \rho_{\min}bh = 160\text{mm}^2$$

取 $A'_s = 160$mm^2。

(4)实配钢筋

A_s 选用 4⏀18,$A_s = 1017$mm^2,与计算值误差相比,小于 5%,可以。

A'_s 选用 2⏀12,$A_s = 226$mm^2。

8.2.2 大偏心受拉构件正截面承载力计算

1. 大偏心受拉构件破坏特征

由于轴向力 N 作用在 A_s 和 A'_s 之外,根据荷载平衡条件可知截面存在受压区,如图 8.2-2 所示。在破坏时,离轴力近一侧的钢筋 A_s 受拉屈服,受压区混凝土被压碎,裂缝不会裂通整个截面。

由图 8.2-2 可知,根据平衡条件,可得大偏心受拉构件承载力计算基本公式,即

$$N_u = f_y A_s - f'_y A'_s - \alpha_1 f_c bx \tag{8.2-7}$$

$$N_u e = \alpha_1 f_c bx \left(h_0 - \frac{x}{2}\right) + f'_y A'_s(h_0 - a'_s) \tag{8.2-8}$$

$$e = e_0 - 0.5h + a_s \tag{8.2-9}$$

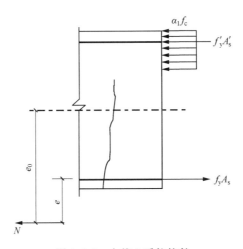

图 8.2-2　大偏心受拉构件

2. 非对称配筋大偏心受拉构件的计算

类似于大偏心受压构件的计算，为了使用钢量最少，取 $x=x_b$，由式(8.2-8)可得 A_s' 的计算表达式为

$$A_s' = \frac{N_u e - \alpha_1 f_c b x_b \left(h_0 - \dfrac{x_b}{2}\right)}{f_y'(h_0 - a_s')} \tag{8.2-10}$$

将上式带入式(8.2-7)，可得 A_s 的计算表达式为

$$A_s = \frac{N_u + f_y' A_s' + \alpha_1 f_c b x_b}{f_y} \tag{8.2-11}$$

3. 对称配筋大偏心受拉构件的计算

采用对称配筋计算时，由于 $f_y A_s = f_y' A_s'$，则用式(8.2-7)计算所得的混凝土受压区高度 x 为负值，即 $x < 2a_s'$，类似于偏心受压构件的计算方法，仍取 $x = 2a_s'$，并对 A_s' 取矩，可得

$$A_s' = A_s = \frac{N_u e'}{f_y(h_0' - a_s)} \tag{8.2-12}$$

$$e' = e_0 + 0.5h - a_s' \tag{8.2-13}$$

由上述公式可见，当采用对称配筋时，大偏心受拉构件的配筋计算公式与小偏心受拉构件计算公式相同。

大偏心受拉构件 A_s' 的最小配筋率不得小于 0.2%，A_s 最小配筋率不得小于 0.2% 和 $0.45 f_t / f_y$ 中的较大值。

【例 8.2-2】　某钢筋混凝土矩形水池，池壁厚 300mm，跨中水平方向每米宽度上作用最大弯矩 $M = 270\text{kN}$，相应每米宽度上的轴向拉力设计值 $N = 230\text{kN}$，混凝土强度等级 C25，钢筋采用 HRB400 钢筋，$a_s = a_s' = 35\text{mm}$，试计算该水池池壁水平方向的配筋。

解　(1) 判断大小偏拉

$$e_0 = \frac{M}{N} = \frac{270 \times 10^3}{230} = 1174\text{mm} > 0.5 \times 300 - 35 = 115\text{mm},为大偏心受拉构件。$$

$$e = e_0 - 0.5h + a_s = 1174 - 0.5 \times 300 + 35 = 1059\text{mm}$$

(2) 取 $x = x_b = 0.518 \times 265 = 137\text{mm}$，则

$$A_s' = \frac{Ne - \alpha_1 f_c bx \left(h_0 - \frac{x}{2}\right)}{f_y'(h - a_s')}$$

$$= \frac{230 \times 10^3 \times 1059 - 1.0 \times 11.9 \times 1000 \times 137 \times \left(265 - \frac{137}{2}\right)}{360 \times (265 - 35)} < 0$$

应取 $A_s' = \rho_{\min}' bh = 0.2\% \times 1000 \times 300 = 600\text{mm}^2$

选用钢筋 $\Phi 10@130$，$A_s' = 604\text{mm}^2$，此时混凝土受压区高度 $x \neq x_b$，所以需重新计算 x 值。

(3) $A_s' = 604\text{mm}^2$ 与 A_{s1} 所承担的弯矩为

$$M_1 = f_y' A_s' (h_0 - a_s') = 360 \times 604 \times (265 - 35) = 50.0 \times 10^6 \text{N} \cdot \text{mm}$$

受压区混凝土与 A_{s2} 所承担的弯矩为

$$M_2 = Ne - M_1 = 230 \times 10^3 \times 1059 - 50.0 \times 10^6 = 193.6 \times 10^6 \text{N} \cdot \text{mm}$$

$$\alpha_s = \frac{M_2}{\alpha_1 f_c bh_0^2} = \frac{193.6 \times 10^6}{1.0 \times 11.9 \times 1000 \times 265^2} = 0.232$$

$$\xi = 1 - \sqrt{1 - 2\alpha_s} = 1 - \sqrt{1 - 2 \times 0.232} = 0.268$$

$$x = \xi h_0 = 0.268 \times 265 = 71\text{mm} > 2a_s' = 70\text{mm}$$

$$A_s = \frac{N + f_y' A_s' + \alpha_1 f_c bx}{f_y} = \frac{230 \times 10^3 + 360 \times 604 + 1.0 \times 11.9 \times 1000 \times 71}{360}$$

$$= 3590\text{mm}^2$$

选用 $\Phi 20@85$，$A_s = 3696\text{mm}^2 > \rho_{\min} bh = 600\text{mm}^2$。

【例 8.2-3】　已知条件同例 8.2-2，试采用对称配筋形式进行配筋。

解　(1) 计算 e'

$$e' = e_0 + 0.5h - a_s' = 1174 + 0.5 \times 300 - 35 = 1289\text{mm}$$

(2) 计算 $A_s' = A_s$

$$A_s' = A_s = \frac{Ne'}{f_y(h_0 - a_s')} = \frac{230 \times 10^3 \times 1289}{360(265 - 35)} = 3581\text{mm}^2 > \begin{cases} \rho_{\min}' = 0.2\% \\ \rho_{\min} = 0.2\% \end{cases}$$

选用 $\Phi 20@85$，$A_s = A_s' = 3696\text{mm}^2$。

由例 8.2-2 和例 8.2-3 对比可知，对于大偏心受拉构件，采用非对称配筋比较经济。

8.3　偏心受拉构件斜截面承载力计算

一般偏心受拉构件，在承受轴向拉力和弯矩的同时，也存在着剪力，因此设计时还需进行斜截面受剪承载力的计算。

试验表明,拉力的存在会加快裂缝的开展,有时会使斜裂缝贯穿全截面,使斜截面不再存在剪压区,因此拉力的存在会使构件的抗剪承载力降低。

在试验的基础上,《标准》规定,对于矩形、T形和I形截面的钢筋混凝土偏心受拉构件,斜截面受剪承载力可按下式计算,即

$$V_{u} = \frac{1.75}{\lambda + 1} f_{t} b h_{0} + f_{yv} \frac{A_{sv}}{s} h_{0} - 0.2N \qquad (8.3-1)$$

式中, λ ——偏心受拉构件计算截面的剪跨比,按式(7.11-1)要求取值;

N ——与剪力设计值 V_{u} 相应的轴向拉力设计值。

箍筋至少可承担的剪力为 $f_{yv} \frac{A_{sv}}{s} h_{0}$,因此当上式右边计算值小于 $f_{yv} \frac{A_{sv}}{s} h_{0}$ 时,受剪承载力应取 $f_{yv} \frac{A_{sv}}{s} h_{0}$,且 $f_{yv} \frac{A_{sv}}{s} h_{0}$ 不得小于 $0.36 f_{t} b h_{0}$ 。

偏心受拉构件受剪截面尺寸应符合7.11节的规定。

思 考 题

8.1 轴心受拉构件的极限承载力和什么有关?

8.2 大偏心受拉构件和小偏心受拉构件是如何划分的? 各自的破坏特征是什么?

8.3 如何计算大、小偏心受拉构件的配筋?

8.4 轴向拉力对斜截面受剪承载力有何影响? 如何计算偏心受拉构件的斜截面受剪承载力?

习 题

8.1 某钢筋混凝土偏心受拉构件,截面尺寸 $b \times h = 250mm \times 400mm$, $a_{s} = a'_{s} = 30mm$,轴向拉力设计值 $N = 720kN$,弯矩设计值 $M = 90kN \cdot m$,采用 C30 混凝土和 HRB400 级钢筋。试计算纵向钢筋面积。

8.2 某钢筋混凝土偏心受拉构件,截面尺寸 $b \times h = 250mm \times 400mm$, $a_{s} = a'_{s} = 35mm$,轴向拉力设计值 $N = 35kN$,弯矩设计值 $M = 52kN \cdot m$,采用 C30 混凝土和 HRB400 级钢筋。试计算纵向钢筋面积。

8.3 已知条件同 8.2 题所示,采用对称配筋,试计算纵向钢筋面积。

第9章 受扭构件截面承载力计算

扭转是钢筋混凝土结构构件受力的基本形式之一。根据受力特点的不同,构件的扭转分为以下两类:

1) 如果构件的扭矩是由荷载直接作用引起,扭矩可直接根据荷载平衡条件求得,这种扭转称为平衡扭转。如实际工程中的雨篷梁和在吊车水平制动力作用下的吊车梁等,如图 9.0-1 所示。

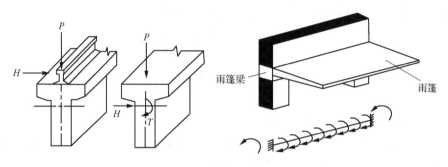

图 9.0-1　工程中的平衡扭转

2) 如果构件的扭矩由荷载作用产生,但作用于构件上的扭矩除了静力平衡条件外,还必须由相邻构件的变形协调条件才能确定,这种扭转称为协调扭转。如图 9.0-2 所示,结构中的次梁受弯,产生弯曲变形,由于现浇钢筋混凝土结构的整体性和连续性,框架梁则会承担由于次梁端部的转动而产生的扭矩,扭矩的大小还需根据次梁端支座处的转角与该处框架梁扭转角的变形协调条件才能确定。

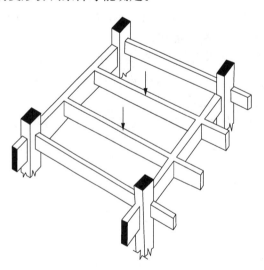

图 9.0-2　工程中的协调扭转

在实际工程结构中,处于纯扭作用下的构件是很少的,通常处于弯矩、剪力、扭矩以及轴力等共同作用下。

9.1　纯扭构件开裂扭矩计算

图 9.1-1 为一矩形截面素混凝土构件,在扭矩 T 作用下,截面上将产生剪应力 τ。由于剪应力作用,在与构件轴线呈 45°和 135°方向,相应产生主拉应力 σ_{tp} 和主压应力 σ_{cp},其数值关系为

$$|\sigma_{tp}| = |\sigma_{cp}| = |\tau| \tag{9.1-1}$$

由材料力学可知,矩形截面长边中点剪应力最大,即此处的主拉应力值最大。

当主拉应力 σ_{tp} 超过混凝土抗拉强度时,在长边中点附近,混凝土将在垂直于主拉应力方向开裂,裂缝与构件纵轴线呈 45°角。裂缝出现后,将迅速向构件上下边缘延伸,接着沿顶面和底面继续发展,最后破坏时,形成三面开裂,一面混凝土被压碎的空间扭曲面,如图 9.1-1 所示。

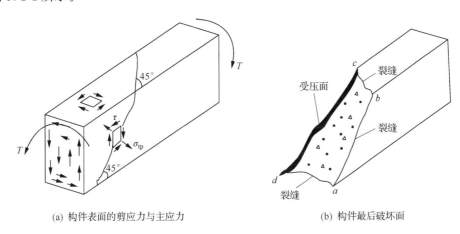

(a) 构件表面的剪应力与主应力　　　　　　　(b) 构件最后破坏面

图 9.1-1　矩形截面受扭构件

9.1.1　弹性分析方法

如果将混凝土材料视为单一匀质弹性材料,由材料力学可知,矩形截面上剪应力分布应如图 9.1-2(a)所示,离中心最远的四个角点的剪应力为零,最大剪应力发生在截面长边中点,最大剪应力达到混凝土抗拉强度 f_t 时,也即主应力达到 f_t,混凝土开裂,其破坏扭矩可采用式(9.1-2)进行计算。

$$T_{cr,e} = \tau W_{te} = f_t W_{te} \tag{9.1-2}$$

式中,$T_{cr,e}$ ——根据弹性分析方法所得的混凝土的开裂扭矩;

　　　　W_{te} ——矩形截面的抗扭抵抗矩,$W_{te} = \alpha b^2 h$,其中 b、h 分别为构件截面的短边和长边,α 为与比值 b/h 有关的系数,当 b/h 在 1～10,$\alpha = 0.208 \sim 0.313$。

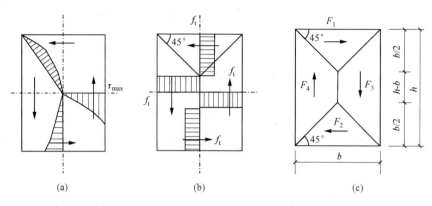

图 9.1-2　受扭构件截面应力分布

9.1.2　塑性分析法

如将混凝土材料视为理想弹塑性材料。按塑性分析方法,当截面上某点的最大剪应力或主拉应力达到混凝土抗拉强度时,并不标志构件的破坏,只意味局部材料开始进入塑性状态,扭矩可继续增大,直至截面上的各点的剪应力全部达到材料的极限强度时,构件才丧失其承载能力。此时截面上剪应力分布图形为矩形,如图 9.1-2(b)所示,构件能承受的扭矩即为开裂扭矩或极限扭矩。将截面上的扭剪应力划分成四个部分,如图 9.1-2(c)所示,分别计算各部分剪应力的合力及相应组成的力偶,其总和即为开裂扭矩

$$F_1 = F_2 = \frac{1}{2} \times b \times \left(\frac{1}{2}b\right)f_t \qquad (9.1\text{-}3)$$

$$M_{F_1-F_2} = F_1 \times \left(h - 2 \times \frac{1}{3} \times \frac{b}{2}\right) = f_t \times \frac{b(3h-b)}{12} \qquad (9.1\text{-}4)$$

同理

$$F_3 = F_4 = \frac{1}{2} \times [(h-b)+h] \times \frac{b}{2} \times f_t = \frac{b(2h-b)}{4}f_t \qquad (9.1\text{-}5)$$

$$M_{F3\text{-}F4} = F_3 \times \frac{b(h-b+2h)}{3(h-b+h)} = f_t \frac{b^2(3h-b)}{12} \qquad (9.1\text{-}6)$$

$$T_{cr,p} = M_{F1\text{-}F2} + M_{F3\text{-}F4} = f_t \frac{b^2}{6}(3h-b) = f_t W_t \qquad (9.1\text{-}7)$$

式中,$T_{cr,p}$——根据塑性分析方法所得的混凝土的开裂扭矩;

W_t——受扭构件的截面受扭塑性抵抗矩,对于矩形截面,$W_t = \frac{b^2}{6}(3h-b)$。

9.1.3　《标准》计算方法

混凝土材料既非弹性材料,亦非理想塑性材料。试验表明,实测的开裂扭矩值高于按弹性分析式(9.1-2)的计算值,而低于按塑性分析式(9.1-7)的计算值。为简化计算,对于混凝土梁的开裂扭矩可采用塑性分析方法,但对式(9.1-7)中的混凝土的抗拉强度乘以折减系数,根据试验,折减系数取为 0.7,则开裂扭矩的设计计算公式为

$$T_{cr} = 0.7 f_t W_t \qquad\qquad (9.1-8)$$

9.2　纯扭构件受扭承载力计算

9.2.1　钢筋混凝土构件受扭破坏形式

素混凝土纯扭构件一旦开裂就很快破坏,受扭承载力比较小,所以一般混凝土构件中均配置钢筋来抵抗扭矩,用钢筋来承担截面中的主拉应力,提高纯扭构件的受扭承载力。

由前述可知,混凝土开裂时裂缝大致与构件纵轴线呈 45°角,因此抗扭最有效的配筋方式为采用与构件裂缝垂直方向布置钢筋。但这种配筋方式施工比较复杂,而且仅能适应一个方向的扭矩,因此实际工程中一般都采用水平方向的纵向钢筋和竖向的箍筋构成抗扭钢筋骨架,如图 9.2-1 所示,这种配筋也与梁的受弯、受剪配筋方式相协调。受扭纵向钢筋须沿截面周边应均匀对称布置,箍筋采用封闭箍筋,沿构件长度方向布置。

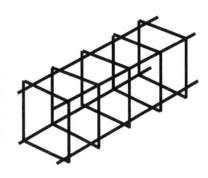

图 9.2-1　抗扭钢筋

由于受扭钢筋包括纵向钢筋和箍筋两种钢筋,就有一个两种钢筋在数量和强度方面合理搭配的问题。试验表明,根据纵向钢筋和箍筋的配筋比值的不同,受扭构件的破坏可分为以下四种破坏形态。

1. 适筋破坏

箍筋和纵筋的配筋数量和比值都合适,在扭矩作用下,与斜裂缝相交的纵筋和箍筋都能先达到屈服,然后混凝土压坏。与受弯适筋梁的破坏类似,属延性破坏。此类构件称为适筋受扭构件。

2. 少筋破坏

当箍筋和纵筋配筋数量过少,一旦开裂,将导致扭转角迅速增大,构件立即发生破坏。此时纵筋和箍筋不仅屈服,而且可能进入强化段,与受弯少筋梁类似,呈脆性破坏特征。此类构件称为少筋受扭构件。

3. 超筋破坏

箍筋和纵筋配筋数量都过大,在钢筋屈服前混凝土就被压碎,为受压脆性破坏。与受弯超筋梁类似,此类构件称为超筋受扭构件。

4. 部分超筋破坏

纵筋和箍筋配筋率相差较大,破坏时,一种钢筋屈服,另一种不屈服。此类构件称为部分超筋受扭构件,具有一定的延性。

对于上述四种破坏形式,为保证构件在受扭破坏时的延性,设计时应避免设计成少筋和超筋受扭构件。

图 9.2-2 为适筋构件扭矩 T 与扭转角 θ 之间的关系曲线。

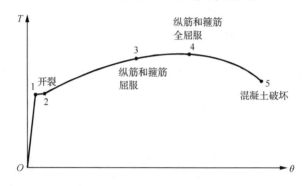

图 9.2-2　适筋受扭构件 T-θ 曲线

从曲线可以看出,裂缝出现前,T-θ 曲线近似为直线,其扭转刚度与按弹性理论的计算值非常接近,纵筋和箍筋的应力都很小,整体构件处于弹性阶段。

当扭矩接近混凝土开裂扭矩时,扭矩-扭转角曲线开始偏离了原直线。继续增大扭矩,截面的长边中点处开始出现裂缝,逐渐向两边缘延伸并相继出现新的螺旋形裂缝,部分混凝土退出工作,构件截面的扭转刚度明显降低,曲线上出现了水平段,原混凝土承受的扭矩开始由钢筋来承受,钢筋应力明显增大。

继续增大扭矩,混凝土和钢筋应力不断增长,当荷载接近极限扭矩时,构件长边上的斜裂缝中有一条发展为临界斜裂缝,与这条斜裂缝相交的部分箍筋和纵筋将首先屈服,产生较大的塑性变形。到达极限状态时,与临界斜裂缝相交的箍筋及纵筋全部达到屈服,截面达到受扭最大承载力。然后,曲线进入下降段,破坏时三边开裂、一个长边的受压区混凝土受压破坏。

9.2.2　钢筋混凝土纯扭构件计算理论

对于钢筋混凝土纯扭构件受扭承载力的计算,目前主要有变角度空间桁架模型和以斜弯破坏理论为基础的两种计算方法。目前《混凝土结构设计规范》采用的是前者,这里主要介绍变角度空间桁架模型。

变角度空间桁架模型是 1968 年由 P. Lampert 和 B. Thürlimann 提出的。试验研究表明,在裂缝充分发展且抗扭钢筋应力接近于屈服强度时,截面核芯混凝土退出工作,因此矩形截面的构件可假想为具有某一厚度的箱形截面构件,具有螺旋形裂缝的混凝土外壁和抗扭纵筋以及抗扭箍筋共同组成一个空间桁架以抵抗外扭矩的作用,如图 9.2-3(a)所示。

根据上述受力特点,变角度空间桁架模型理论采用以下基本假定:

1) 构件每个侧面可视为抗扭纵筋和抗扭箍筋与斜裂缝之间的混凝土组成三角形桁架,如图 9.2-3(c)所示。

2) 斜裂缝之间的混凝土为桁架的斜腹杆,承受压力。纵筋与箍筋为桁架的水平弦杆

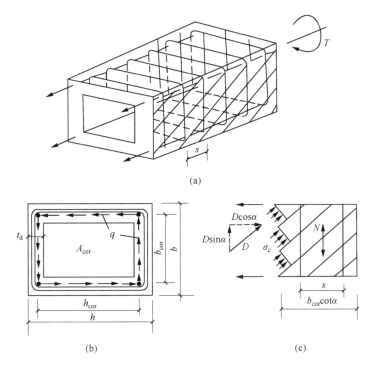

图 9.2-3　变角度空间桁架模型

和垂直腹杆,承受拉力。

3) 忽略核芯混凝土的抗扭作用、纵向钢筋的销栓作用以及斜裂缝之间的骨料咬合作用。

4) 抗扭纵筋和箍筋配筋适当,破坏时构件发生适筋破坏,即纵筋与箍筋均屈服。

根据上述假定,取变角空间桁架一个侧面上的力加以分析,如图 9.2-3(c)所示,图中斜压杆倾角为 α。

按弹性薄壁管理论,在扭矩 T 作用下,沿箱形截面侧壁中将产生大小相等的环向剪力流 q,如图 9.2-3(b)所示,即 T 与 q 之间的关系为

$$T_u = (q \cdot b_{cor}) \cdot h_{cor} + (q \cdot h_{cor}) \cdot b_{cor} = 2qA_{cor} \qquad (9.2\text{-}1)$$

式中

$$A_{cor} = b_{cor} \times h_{cor}$$

根据箍筋可求出 q

$$q = \frac{N}{b_{cor}} = \frac{1}{b_{cor}} \frac{A_{st1} f_{yv} b_{cor} \cot\alpha}{s} = \frac{A_{st1} f_{yv} \cot\alpha}{s} \qquad (9.2\text{-}2)$$

纵筋的拉力为

$$F = A_{stl} \times f_y \times b_{cor}/u_{cor} \qquad (9.2\text{-}3)$$

箍筋的拉力为

$$N = A_{st1} f_{yv} b_{cor} \cot\alpha / s \qquad (9.2\text{-}4)$$

可得桁架斜压杆的倾角

$$\cot\alpha = \frac{F}{N} = \frac{A_{stl} \times f_y \times b_{cor}/u_{cor}}{A_{st1} f_{yv} b_{cor} \cot\alpha/s} \tag{9.2-5}$$

化简后可得

$$\cot\alpha = \sqrt{\frac{f_y \cdot A_{stl} \cdot s}{f_{yv} \cdot A_{st1} \cdot u_{cor}}} \tag{9.2-6}$$

将式(9.2-2)和式(9.2-6)代入式(9.2-1),可得

$$T_u = 2\frac{f_{yv}A_{st1}A_{cor}}{s}\sqrt{\frac{f_y \cdot A_{stl} \cdot s}{f_{yv} \cdot A_{st1} \cdot u_{cor}}} \tag{9.2-7}$$

取

$$\zeta = \cot^2\alpha = \frac{f_y \cdot A_{stl} \cdot s}{f_{yv} \cdot A_{st1} \cdot u_{cor}} \tag{9.2-8}$$

则可得到变角度空间桁架模型的极限扭矩

$$T_u = 2\frac{f_{yv}A_{st1}A_{cor}}{s}\sqrt{\zeta} \tag{9.2-9}$$

式中,A_{cor}——剪力流路线所围成的面积,即位于截面角部纵筋中心连线所围成的面积,即

$$A_{cor} = b_{cor} \times h_{cor}$$

u_{cor}——截面角部纵筋中心连线所围成矩形的周长,即 $u_{cor} = 2(b_{cor} + h_{cor})$;

A_{st1}——单肢抗扭箍筋截面面积;

f_{yv}——箍筋抗拉强度设计值;

s——箍筋沿构件纵轴线的间距;

ζ——受扭构件纵筋与箍筋的配筋强度比,$\zeta = \frac{f_y A_{stl} s}{f_{yv} A_{st1} u_{cor}}$;

A_{stl}——全部抗扭纵筋的面积;

f_y——抗扭纵筋的抗拉强度设计值。

由 $\zeta = \cot^2\alpha = \frac{f_y A_{stl} s}{f_{yv} A_{st1} u_{cor}}$ 的计算公式可以看出,斜裂缝的倾角 α 随纵筋和箍筋用量的比值变化而变化。试验表明,如纵筋和箍筋用量恰当,两者破坏时发生适筋破坏,斜压杆倾角一般在 $30°\sim60°$ 变化,故称变角桁架模型。此时 ζ 值为 $3\sim0.333$。

9.2.3 《标准》的纯扭构件承载力计算方法

1. 矩形截面钢筋混凝土构件

《标准》以试验研究为基础,认为受扭承载力是由混凝土承受的扭矩和抗扭钢筋承受的扭矩两部分组成(图 9.2-4)。

混凝土承担的扭矩由于开裂后混凝土受到钢筋的约束,混凝土仍具有一定的抗扭能力,这与素混凝土受扭构件有所不同。《标准》取开裂扭矩的一半作为混凝土所承担的扭矩值,即式(9.1-8)中的第一项系数取为 0.35。

抗扭钢筋承担的扭矩：以变角空间桁架模型理论导出
的计算公式(9.2-9)为基础，为简化起见，将式中的 b_{cor}、h_{cor}
由纵筋中心连线的短边与长边的尺寸改为箍筋内表面之间
的短边、长边尺寸，并根据试验值，考虑了可靠指标的要求，
将原公式中系数 2 取为 1.2。

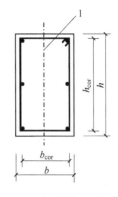

图 9.2-4　矩形截面受扭构件
1—弯矩、剪力作用平面

由前述可知，当 ζ 比值在 0.333～3 变化时，如纵筋和箍
筋的用量适当，两种钢筋均能达到屈服强度，即构件为适筋
破坏。为安全起见，《标准》规定，$0.6 \leqslant \zeta \leqslant 1.7$，当 $\zeta \geqslant 1.7$
时，取 $\zeta = 1.7$。

根据试验数据的统计回归，并考虑了可靠指标的要求，
对于 $h_w/b \leqslant 6$ 的矩形截面钢筋混凝土纯扭构件，受扭承载
力按式(9.2-10)计算

$$T_u = 0.35 f_t W_t + 1.2 \sqrt{\zeta} f_{yv} \frac{A_{st1} A_{cor}}{s} \qquad (9.2\text{-}10)$$

式中，f_t——混凝土抗拉强度设计值；

W_t——截面受扭塑性抵抗矩，$W_t = \dfrac{b^2}{6}(3h - b)$；

ζ——受扭构件纵筋与箍筋的配筋强度比 $\xi = \dfrac{f_y A_{st1} s}{f_{yv} A_{st1} u_{cor}}$，$\zeta$ 不应小于 0.6，当 $\zeta >$

　　1.7 时，取 $\zeta = 1.7$；

A_{st1}——受扭计算中取对称布置的全部纵向钢筋截面面积；

f_{yv}——箍筋抗拉强度设计值；

s——箍筋沿构件纵轴线间距；

A_{cor}——截面核心部分的面积，取 $A_{cor} = b_{cor} \times h_{cor}$，此处，$b_{cor}$、$h_{cor}$ 分别为箍筋内表
　　　面范围内截面核心部分的短边、长边尺寸；

u_{cor}——截面核心部分的周长，取 $u_{cor} = 2(b_{cor} + h_{cor})$；

h_w——截面的腹板高度：对矩形截面，取有效高度 h_0；对 T 形截面，取有效高度减
　　　去翼缘高度；对工形和箱形截面，取腹板净高。

图 9.2-5 为《标准》计算公式与试验值的比较。可以看出，《标准》公式为试验值的偏
下限。

2. 箱形截面钢筋混凝土构件

箱形截面钢筋混凝土纯扭构件的试验研究表明，一定壁厚箱形截面的受扭承载力与
实心截面是类似的。对于箱形截面纯扭构件，《标准》将矩形截面受扭承载力计算公式中
的混凝土项乘以与壁厚有关的折减系数 α_h（图 9.2-6）。箱形截面受扭承载力计算公
式为

$$T_{\mathrm{u}} = 0.35 \alpha_{\mathrm{h}} f_{\mathrm{t}} W_{\mathrm{t}} + 1.2 \sqrt{\zeta} f_{\mathrm{yv}} \frac{A_{\mathrm{st1}} A_{\mathrm{cor}}}{s} \qquad (9.2\text{-}11)$$

式中，α_{h} ——箱形截面壁厚影响系数，$\alpha_{\mathrm{h}} = 2.5 t_{\mathrm{w}}/b_{\mathrm{h}}$，当 $\alpha_{\mathrm{h}} > 1$ 时，取 $\alpha_{\mathrm{h}} = 1$；

ζ ——受扭构件纵筋与箍筋的配筋强度比，按式(9.2-10)规定进行计算；

W_{t} ——箱形截面受扭塑性抵抗矩，按下式计算

$$W_{\mathrm{t}} = \frac{b_{\mathrm{h}}^2}{6}(3h_{\mathrm{h}} - b_{\mathrm{h}}) - \frac{(b_{\mathrm{h}} - 2t_{\mathrm{w}})^2}{6}\left[3h_{\mathrm{w}} - (b_{\mathrm{h}} - 2t_{\mathrm{w}})\right] \qquad (9.2\text{-}12)$$

b_{h}、h_{h} ——箱形截面短边和长边尺寸；

h_{w} ——箱形截面腹板净高；

t_{w} ——箱形截面壁厚，其值不应小于 $b_{\mathrm{h}}/7$。

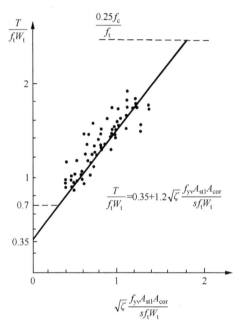

图 9.2-5　《标准》公式与试验值比较

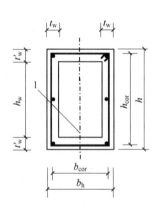

图 9.2-6　箱形截面受扭构件
1—弯矩、剪力作用平面

3. T 形及 I 形截面钢筋混凝土构件

试验表明，T 形和 I 形截面纯扭构件的破坏形态与矩形截面纯扭构件相似。在计算其受扭承载力时，可先将其划分为若干个矩形截面，然后将总扭矩分配给各分块，再按分块的矩形截面进行计算。

截面分块的原则是首先满足腹板矩形截面的完整性，然后再划分受压翼缘和受拉翼缘，如图 9.2-7 所示。

截面总的扭矩 T 按各截面的抗扭塑性抵抗矩分配给各矩形块，每个矩形分块截面承受的扭矩值按下列规定计算。

腹板承受的扭矩设计值：

$$T_{\mathrm{w}} = \frac{W_{\mathrm{tw}}}{W_{\mathrm{t}}} T \qquad (9.2\text{-}13)$$

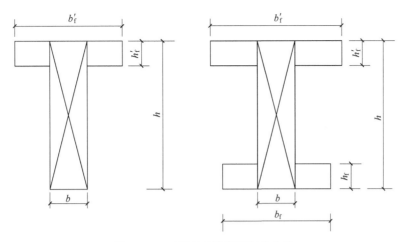

图 9.2-7 T 形及 I 形截面划分方法

受压翼缘承担的扭矩：

$$T'_f = \frac{W'_{tf}}{W_t}T \tag{9.2-14}$$

受拉翼缘承担的扭矩：

$$T_f = \frac{W_{tf}}{W_t}T \tag{9.2-15}$$

W_t 为截面总的受扭塑性抵抗矩：

$$W_t = W_{tw} + W'_{tf} + W_{tf} \tag{9.2-16}$$

上述式中，W_{tw}、W'_{tf}、W_{tf}——腹板、受压翼缘、受拉翼缘截面受扭塑性抵抗矩。具体计算公式见下式，且式中翼缘宽度应符合 b'_f 不大于 $b+6h'_h$ 及 b_f 不大于 $b+6h_f$ 的要求。

$$W_{tw} = \frac{b^2}{6}(3h-b) \tag{9.2-17}$$

$$W'_{tf} = \frac{h'^2_f}{2}(b'_f-b) \tag{9.2-18}$$

$$W_{tf} = \frac{h^2_f}{2}(b_f-b) \tag{9.2-19}$$

9.3 剪扭构件受扭及受剪承载力计算

在实际工程中，处于纯扭作用的构件是很少的，通常处于弯矩、剪力、扭矩以及轴力等共同作用。

试验表明，剪力和扭矩同时作用于构件上时，受剪承载力与受扭承载力是相互影响的。由于剪力的存在，受扭承载力将降低，同样，扭矩的存在，受剪承载力亦将降低，其值分别小于纯扭和纯剪时的承载力。

图 9.3-1(a) 为素混凝土梁剪力、扭矩相关关系的试验值，可以看出，受扭承载力和受剪承载力的关系基本符合 1/4 圆的变化规律。

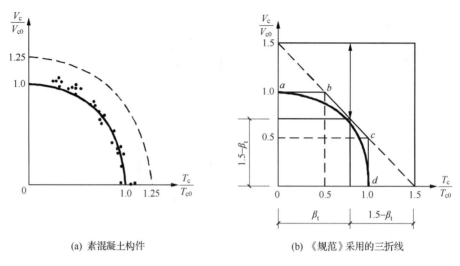

(a) 素混凝土构件　　　　　　　(b) 《规范》采用的三折线

图 9.3-1　剪力、扭矩相关关系

《标准》为简化计算,假定有腹筋构件中混凝土的受剪、受扭承载力关系也符合 1/4 圆的变化规律,然后采用了图 9.3-1(b)中的三折线 ab、bc、cd 来代替 1/4 圆,具体为

当 $\dfrac{V_c}{V_{c0}} \leqslant 0.5$ 时

$$\frac{T_c}{T_{c0}} = 1.0 \tag{9.3-1}$$

当 $\dfrac{T_c}{T_{c0}} \leqslant 0.5$ 时

$$\frac{V_c}{V_{c0}} = 1.0 \tag{9.3-2}$$

当 $\dfrac{T_c}{T_{c0}}$、$\dfrac{V_c}{V_{c0}} > 0.5$ 时

$$\frac{T_c}{T_{c0}} + \frac{V_c}{V_{c0}} = 1.5 \tag{9.3-3}$$

令 $\dfrac{T_c}{T_{c0}} = \beta_t$,由图 9.3-1 中的几何关系可以得到

$$\beta_t = \frac{1.5}{1 + \dfrac{V_c/V_{c0}}{T_c/T_{c0}}} \tag{9.3-4}$$

取 $V_{c0} = 0.7 f_t b h_0$,$T_{c0} = 0.35 f_t W_t$,$T = T_c$,$V = V_c$ 代入式(9.3-4),最后可得

$$\beta_t = \frac{1.5}{1 + 0.5 \dfrac{V}{T} \dfrac{W_t}{b h_0}} \tag{9.3-5}$$

式中, β_t —— 剪扭构件混凝土受扭承载力降低系数,$\beta_t < 0.5$ 取 0.5,$\beta_t > 1.0$ 取 1.0;

T_{c0}、V_{c0} —— 有腹筋构件纯扭和纯剪时,混凝土的受扭承载力和受剪承载力;

T_c、V_c —— 有腹筋构件同时作用剪力和扭矩时,混凝土的受扭和受剪承载力;

T、V —— 扭矩、剪力设计值;

对于钢筋混凝土剪扭构件,《标准》采用了混凝土部分相关、钢筋部分不相关的计算方法,即混凝土所承担的剪力和扭矩相互影响,相互关系符合上述规律,而钢筋所承担的扭矩和剪力不相互影响。

1. 矩形截面剪扭构件(图 9.2-4)承载力计算

1)一般剪扭构件。
受剪承载力

$$V_u = 0.7(1.5 - \beta_t)f_t bh_0 + f_{yv}\frac{A_{sv}}{s}h_0 \tag{9.3-6}$$

受扭承载力

$$T_u = 0.35\beta_t f_t W_t + 1.2\sqrt{\zeta}f_{yv}\frac{A_{st1}A_{cor}}{s} \tag{9.3-7}$$

式中,β_t ——一般剪扭构件混凝土受扭承载力降低系数,按式(9.3-5)计算,$\beta_t < 0.5$ 取 0.5,$\beta_t > 1.0$ 取 1.0。

2)集中荷载作用下的剪扭构件(包括作用多种荷载,其中集中荷载对支座截面或节点边缘所产生的剪力值占总剪力的 75% 以上的情况)。
受剪承载力

$$V_u = \frac{1.75}{\lambda+1}(1.5-\beta_t)f_t bh_0 + f_{yv}\frac{A_{sv}}{s}h_0 \tag{9.3-8}$$

受扭承载力

$$T_u = 0.35\beta_t f_t W_t + 1.2\sqrt{\zeta}f_{yv}\frac{A_{st1}A_{cor}}{s} \tag{9.3-9}$$

$$\beta_t = \frac{1.5}{1+0.2(\lambda+1)\dfrac{V}{T}\dfrac{W_t}{bh_0}} \tag{9.3-10}$$

式中,β_t ——集中荷载作用下剪扭构件混凝土受扭承载力降低系数:当 $\beta_t < 0.5$ 取 0.5,$\beta_t > 1.0$ 取 1.0。

2. 箱形截面剪扭构件(图 9.2-6)的承载力计算

(1)一般剪扭构件
受剪承载力

$$V_u = 0.7(1.5-\beta_t)f_t bh_0 + f_{yv}\frac{A_{sv}}{s}h_0 \tag{9.3-11}$$

受扭承载力

$$T_u = 0.35\alpha_h\beta_t f_t W_t + 1.2\sqrt{\zeta}f_{yv}\frac{A_{st1}A_{cor}}{s} \tag{9.3-12}$$

式中,β_t ——按式(9.3-5)计算,但式中的 W_t 应代之以 $\alpha_h W_t$;
α_h ——按式(9.2-11)中规定计算。
(2)集中荷载作用下的剪扭构件
受剪承载力

$$V_u = \frac{1.75}{\lambda+1}(1.5-\beta_t)f_t b h_0 + f_{yv}\frac{A_{sv}}{s}h_0 \qquad (9.3\text{-}13)$$

式中，β_t——按式(9.3-10)计算，但式中的 W_t 应代之以 $\alpha_h W_t$。

受扭承载力按式(9.3-12)计算，其中 β_t 按式(9.3-13)规定计算。

3. T 形和 I 形截面的剪扭构件承载力计算

受剪承载力可按式(9.3-6)和式(9.3-8)进行计算，但需将式中的 T 及 W_t 分别以 T_w 及 W_{tw} 代替，即假定剪力全部由腹板承担。

受扭承载力可按纯扭构件的计算方法，即将构件截面按 9.2.3 节的相应规定划分为几个矩形截面分别进行计算。其中腹板为剪扭构件，按式(9.3-7)和式(9.3-9)进行计算，但式中的 T 及 W_t 分别以 T_w 及 W_{tw} 代替，受压翼缘和受拉翼缘分别按纯扭构件进行计算。

9.4　弯扭构件受扭承载力计算

对于弯扭构件，试验表明，抗弯承载力与抗扭承载力相互影响，影响程度与构件截面上、下部纵筋比值、截面的高宽比、箍筋数量等有关，其相关方程较为复杂。为简化计算，《标准》采用了近似的叠加法进行弯扭构件承载力计算，即：

1) 按受弯构件正截面承载力计算所需纵向钢筋。

2) 按纯扭构件承载力计算出所需纵向钢筋和箍筋。

3) 将所得的纵向钢筋和箍筋叠加，即为弯扭构件的配筋。其纵筋最小配筋率应分别满足受弯构件和受扭构件的最小配筋率要求。

9.5　弯-剪-扭构件承载力计算

对于弯-剪-扭构件，可将其分别按受弯构件和剪扭构件计算，即：

1) 按受弯构件正截面承载力计算纵筋。

2) 按剪扭构件计算受扭纵筋和箍筋。

3) 按剪扭构件计算受剪箍筋。

4) 将所得的纵向钢筋和箍筋叠加，即为弯、剪、扭构件的配筋。纵筋应分别按受弯和受扭的要求配置在各自位置；箍筋应分别按受剪和受扭的要求配置在各自的位置。

《标准》规定，对于作用有弯矩、剪力和扭矩的矩形、箱形、T 形和 I 形截面的钢筋混凝土构件，当剪力或扭矩较小且符合下列条件时，可按下列规定进行简化计算：

1) 当 $V \leqslant 0.35f_t b h_0$（或 $V \leqslant 0.875f_t b h_0/(\lambda+1)$）时，可仅按受弯构件的正截面承载力和纯扭构件受扭承载力分别进行配筋计算。

2) 当 $T \leqslant 0.175f_t W_t$（或 $T \leqslant 0.175\alpha_h f_t W_t$）时，可仅按受弯构件的正截面承载力和斜截面受剪承载力分别进行配筋计算。

9.6　轴力-弯-剪-扭构件承载力计算

轴向压力对于构件受剪和受扭是有利的,轴向拉力则相反。

在轴向压力、弯矩、剪力和扭矩共同作用下的钢筋混凝土矩形截面框架柱,其承载力按下列公式计算为

$$V_u = (1.5 - \beta_t)\left(\frac{1.75}{\lambda+1}f_t bh_0 + 0.07N\right) + f_{yv}\frac{A_{sv}}{s}h_0 \tag{9.6-1}$$

$$T_u = \beta_t\left(0.35f_t + 0.07\frac{N}{A}\right)W_t + 1.2\sqrt{\zeta}f_{yv}\frac{A_{st1}A_{cor}}{s} \tag{9.6-2}$$

式中,N——与扭矩、剪力设计值相应的轴向压力设计值,$N > 0.3f_c A$ 时取 $0.3f_c A$。

当 $T \leqslant \left(0.175f_t + 0.035\frac{N}{A}\right)W_t$ 时,可仅计算偏心受压构件的正截面和斜截面受剪承载力。

在轴向拉力、弯矩、剪力和扭矩共同作用下的钢筋混凝土矩形截面框架柱,其承载力按下列公式计算为

$$V_u = (1.5 - \beta_t)\left(\frac{1.75}{\lambda+1}f_t bh_0 - 0.2N\right) + f_{yv}\frac{A_{sv}}{s}h_0 \tag{9.6-3}$$

$$T_u = \beta_t\left(0.35f_t - 0.2\frac{N}{A}\right)W_t + 1.2\sqrt{\zeta}f_{yv}\frac{A_{st1}A_{cor}}{s} \tag{9.6-4}$$

式中,N——与扭矩、剪力设计值相应的轴向拉力设计值。

当 $T \leqslant \left(0.175f_t - 0.1\frac{N}{A}\right)W_t$ 时,可仅计算偏心受拉构件的正截面承载力和斜截面受剪承载力。

9.7　受扭构件的构造要求

1. 纵筋及箍筋

1) 受扭纵向钢筋的最小配筋率应满足要求

$$\rho_{tl} \geqslant \rho_{tl,min} = 0.6\sqrt{\frac{T}{Vb}} \cdot \frac{f_t}{f_y} \tag{9.7-1}$$

当 $\frac{T}{Vb} > 2$ 时,取 2。

式中,ρ_{tl}——受扭纵向钢筋的配筋率,取 $A_{stl}/(bh)$;

　　　b——受剪的截面宽度,矩形取截面宽度,T 形或 I 形截面取腹板宽度,箱形截面取 b_h;

　　　A_{stl}——沿截面周边布置的受扭纵向钢筋总截面面积。

在弯剪扭构件中,配置在截面弯曲受拉边的纵向受力钢筋,其截面面积不应小于按受弯构件最小受拉钢筋配筋率计算的钢筋面积与按上述公式计算得到的受扭纵向钢筋配筋

面积并分配到弯曲受拉边的钢筋面积之和。

受扭纵筋间距不应大于 200 和梁截面短边的长度。四角必须设置受扭纵向钢筋,其余沿截面周边均匀对称布置。梁高小于 300mm 时,钢筋直径不应小于 8mm,梁高不小于 300mm 时,钢筋直径不应小于 10mm。

2) 弯剪扭构件中,受剪扭的箍筋配筋率应符合要求

$$\rho_{sv} = \frac{nA_{sv1}}{bs} \geqslant 0.28 \frac{f_t}{f_{yv}} \tag{9.7-2}$$

且抗扭箍筋应做成封闭式,应沿截面周边布置,间距以及直径应符合表 5.4-1 和表 5.4-2 要求。受扭箍筋的末端应做成 135°弯钩,弯钩端头平直段长度不应小于 10d。

3) 当截面尺寸符合下列要求时,可不进行构件截面剪扭作用下的配筋计算,按构造要求配置钢筋

$$\frac{V}{bh_0} + \frac{T}{W_t} \leqslant 0.7f_t \tag{9.7-3}$$

2. 截面尺寸要求

为避免构件的截面过小,在破坏时混凝土首先被压坏,《标准》规定弯矩、剪力和扭矩共同作用下,h_w/b 不大于 6 的矩形、T 形 I 形截面和 h_w/t_w 不大于 6 的箱形截面构件,其截面应符合以下要求

当 h_w/b(或 h_w/t_w)不大于 4 时

$$\frac{V}{bh_0} + \frac{T}{0.8W_t} \leqslant 0.25\beta_c f_c \tag{9.7-4}$$

当 h_w/b(或 h_w/t_w)等于 6 时

$$\frac{V}{bh_0} + \frac{T}{0.8W_t} \leqslant 0.2\beta_c f_c \tag{9.7-5}$$

当 h_w/b(或 h_w/t_w)大于 4 但小于 6 时,按线性内插法确定。

【例 9.7-1】 钢筋混凝土矩形截面纯扭构件,截面尺寸 200mm×400mm;承受扭矩设计值 $T=10$kN·m,混凝土强度等级为 C25,纵筋、箍筋均采用 HPB300 级,钢筋保护层厚度 $c=20$mm,试计算抗扭钢筋面积并选配钢筋。

解 (1)计算几何参数

$$b_{cor} = 200 - 2\times30 = 140\text{mm}, h_{cor} = 400 - 2\times30 = 340\text{mm}$$
$$u_{cor} = 2\times(140+340) = 960\text{mm}$$
$$A_{cor} = 140\times340 = 47\,600\text{mm}^2$$
$$W_t = \frac{b^2}{6}(3h-b) = \frac{200^2}{6}\times(3\times400-200) = 6.67\times10^6\text{mm}^3$$

(2)验算截面尺寸是否满足要求

$$h_w/b = (400-35)/200 = 1.83 < 4$$
$$\frac{T}{0.8W_t} = \frac{10\times10^6}{0.8\times6.67\times10^6} = 1.87 < 0.25\times1\times11.9 = 2.98$$

截面满足要求。

（3）验算是否需要计算配筋

$$\frac{T}{W_t} = \frac{10 \times 10^6}{6.67 \times 10^6} = 1.50 > 0.7f_t = 0.7 \times 1 \times 1.27 = 0.89$$

需计算抗扭钢筋。

（4）计算抗扭箍筋

取 $\zeta = 1.2$，有

$$\frac{A_{stl}}{s} = \frac{T - 0.35f_tW_t}{1.2\sqrt{\zeta}f_{yv}A_{cor}} = \frac{10 \times 10^6 - 0.35 \times 1.27 \times 6.67 \times 10^6}{1.2 \times \sqrt{1.2} \times 270 \times 47\,600} = 0.416\,\text{mm}^2/\text{mm}$$

采用 $\phi 8$ 钢筋，$s = 50.3/0.416 = 120.9\,\text{mm}$，取 $s = 120\,\text{mm}$。

（5）计算抗扭纵筋

$$A_{stl} = \zeta\frac{f_{yv}u_{cor}}{f_y} \times \frac{A_{stl}}{s} = 1.2 \times \frac{270 \times 960}{270} \times \frac{50.3}{120} = 482.9\,\text{mm}^2$$

（6）选配钢筋并验算配筋率

沿截面高度配置三排钢筋，每排钢筋面积：

$482.9/3 = 161.0\,\text{mm}^2$，选 $2\phi 10$（$A_s = 157\,\text{mm}^2$，误差小于 5%），即抗扭纵筋为 $6\phi 10$（$A_s = 471\,\text{mm}^2$）。

（7）验算最小配筋率

抗扭纵筋

$$A_{stl}/(bh) = 471/(200 \times 400) = 0.58\% > \rho_{tl,min}$$

$$= 0.6\sqrt{\frac{T}{Vb}}\frac{f_t}{f_y} = 0.6 \times \sqrt{2} \times \frac{1.27}{270} = 0.40\%$$

抗扭箍筋

$$\rho_{sv} = \frac{nA_{sv1}}{bs} = \frac{2 \times 50.3}{200 \times 120} = 0.42\% > 0.28\frac{f_t}{f_{yv}} = 0.28 \times \frac{1.27}{270} = 0.13\%$$

符合要求。

【例 9.7-2】 一均布荷载作用下的钢筋混凝土 T 形梁，环境别一类，截面尺寸如图 9.7-1 所示。承受弯矩设计值 $M = 140\,\text{kN·m}$，剪力设计值 $V = 126\,\text{kN}$，扭矩设计值 $T = 18\,\text{kNm}$，采用 C25 混凝土，纵筋采用 HRB400 钢筋，箍筋采用 HPB300 钢筋。试进行截面配筋设计。

解 （1）计算受弯构件所需纵筋

根据弯矩设计 $M = 140\,\text{kN·m}$，按 T 形梁正截面计算，可求得所需纵筋面积 $A_s = 810\,\text{mm}^2$（计算过程略）。

（2）确定材料参数及截面参数

$$f_t = 1.27\,\text{N/mm}^2, \quad f_c = 11.9\,\text{N/mm}^2$$

$$W_{tw} = \frac{b^2}{6}(3h - b) = \frac{250^2}{6} \times (3 \times 500 - 250) = 13.02 \times 10^6\,\text{mm}^3$$

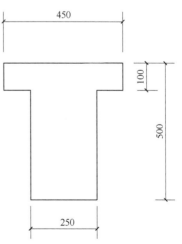

图 9.7-1 T 形梁截面图

$$W'_{tf} = \frac{h_f'^2}{2}(b_f' - b) = \frac{100^2}{2} \times (450 - 250) = 1.0 \times 10^6 \text{mm}^3$$

$$W_t = W_{tw} + W'_{tf} = 13.02 \times 10^6 + 1.0 \times 10^6 = 14.02 \times 10^6 \text{mm}^3$$

（3）验算截面尺寸是否满足要求

$$h_w/b = (500 - 40 - 100)/250 = 1.44 < 4$$

$$\frac{V}{bh_0} + \frac{T}{0.8W_t} = \frac{126 \times 10^3}{250 \times 460} + \frac{18 \times 10^6}{0.8 \times 14.02 \times 10^6}$$

$$= 2.70 < 0.25 \times 1 \times 11.9 = 2.98 \text{N/mm}^2$$

截面符合要求。

（4）验算是否需要计算配筋

$$\frac{V}{bh_0} + \frac{T}{W_t} = \frac{126 \times 10^3}{250 \times 460} + \frac{18 \times 10^6}{14.02 \times 10^6} = 2.38 > 0.7f_t$$

$$= 0.7 \times 1 \times 1.27 = 0.89 \text{N/mm}^2$$

需要通过计算配筋。

（5）计算抗扭、抗剪箍筋

腹板及翼缘承担的扭矩：

$$T_w = \frac{W_{tw}T}{W_t} = \frac{13.02 \times 18}{14.02} = 16.72 \text{kN} \cdot \text{m}$$

$$T'_f = \frac{W'_{tf}T}{W_t} = \frac{1.0 \times 18}{14.02} = 1.28 \text{kN} \cdot \text{m}$$

$$\beta_t = \frac{1.5}{1 + 0.5\dfrac{V}{T}\dfrac{W_t}{bh_0}} = \frac{1.5}{1 + 0.5 \times \dfrac{126 \times 10^3}{16.72 \times 10^6} \times \dfrac{13.02 \times 10^6}{250 \times 460}} = 1.05 \text{ 取 } \beta_t = 1.0$$

计算腹板受扭箍筋为

$$u_{cor} = 2 \times (190 + 440) = 1260 \text{mm}$$

$$A_{cor} = 190 \times 440 = 83.6 \times 10^3 \text{mm}^2$$

取 $\zeta = 1.2$。

$$\frac{A_{st1}}{s} = \frac{T_w - 0.35\beta_t f_t W_{tw}}{1.2\sqrt{\zeta}f_{yv}A_{cor}} = \frac{16.72 \times 10^6 - 0.35 \times 1.0 \times 1.27 \times 13.02 \times 10^6}{1.2 \times \sqrt{1.2} \times 270 \times 83.6 \times 10^3}$$

$$= 0.368 \text{mm}^2/\text{mm}$$

计算腹板受剪箍筋

$$\frac{A_{sv}}{s} = \frac{V_u - 0.7(1.5 - \beta_t)f_t bh_0}{f_{yv}h_0} = \frac{126 \times 10^3 - 0.7 \times (1.5 - 1.0) \times 1.27 \times 250 \times 470}{270 \times 460}$$

$$= 0.594 \text{mm}^2/\text{mm}$$

抗剪采用双肢箍，腹板抗扭、抗剪单肢箍总面积为

$$\frac{A_{st1}}{s} + \frac{A_{sv}}{2s} = 0.368 + \frac{0.594}{2} = 0.665 \text{mm}^2/\text{mm}$$

取 $\phi10$ 筋，$s = 78.5/0.665 = 118 \text{mm}$，取 $s = 120 \text{mm}$。

受压翼缘抗扭箍筋：

$$h_{cor} = 450 - 250 - 2 \times 30 = 140mm, \quad b_{cor} = 100 - 2 \times 30 = 40mm$$

$$u_{cor} = 2 \times (140 + 40) = 360mm$$

$$A_{cor} = 140 \times 40 = 5.60 \times 10^3 mm^2$$

取 $\zeta = 1.2$。

$$\frac{A_{st1}}{s} = \frac{T'_f - 0.35 f_t W'_{tf}}{1.2 \sqrt{\zeta} f_{yv} A_{cor}} = \frac{1.28 \times 10^6 - 0.35 \times 1.27 \times 1.0 \times 10^6}{1.2 \times \sqrt{1.2} \times 270 \times 5.6 \times 10^3} = 0.42 mm^2/mm$$

选用 $\phi 8$ 钢筋，$s = 50.4/0.42 = 120mm$，取 $s = 120mm$。

（6）计算抗扭纵筋

腹板抗扭纵筋

$$A_{stl} = \zeta \frac{f_{yv} u_{cor}}{f_y} \times \frac{A_{stl}}{s} = 1.2 \times \frac{270 \times 1260}{360} \times 0.368 = 417 mm^2$$

沿截面高度配置三排钢筋，每排钢筋面积 $A_{stl}/3 = 417/3 = 139 mm^2$，梁上部和腹板中部分别选用 $2\phi 10$，$A_{stl} = 157 mm^2$。

梁下部纵筋面积为受扭钢筋与受拉钢筋面积之和，即

$$A_s + A_{stl}/3 = 810 + 139 = 949 mm^2$$

选用 $2\phi 22 + 1\phi 18$，$A_{stl} = 1015 mm^2$。

翼缘抗扭纵筋

$$A_{stl} = \zeta \frac{f_{yv} u_{cor}}{f_y} \times \frac{A_{stl}}{s} = 1.2 \times \frac{270 \times 360}{360} \times \frac{50.4}{120} = 136 mm^2$$

选用 $4\phi 8$，$A_{stl} = 201 mm^2$。

（7）验算最小配筋率

腹板抗扭纵筋

$$A_{stl}/(bh) = (157 \times 2 + 139)/(250 \times 500)$$

$$= 0.36\% > \rho_{tl,min} = 0.6 \sqrt{\frac{T_w}{Vb}} \frac{f_t}{f_y}$$

$$= 0.6 \times \sqrt{\frac{16.72}{126 \times 0.25}} \times \frac{1.27}{360} = 0.16\%$$

满足要求。

底部钢筋配筋率

$$A_s/(bh) = 1074/(250 \times 500)$$

$$= 0.86\% > \frac{b \times \rho_{tl,min}}{2 \times (b+h)} + \rho_{min}$$

$$= \frac{250 \times 0.16\%}{2 \times (250 + 500)} + 0.2\%$$

$$= 0.23\%$$

翼缘抗扭纵筋和抗扭箍筋经验算，满足最小配筋率，验算过程略。

配筋如图 9.7-2 所示。

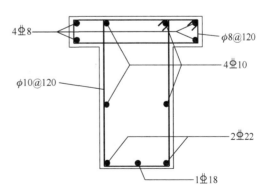

图 9.7-2　配筋图

思　考　题

9.1　实际工程中的受扭构件有哪些？分别属于什么类型的扭转问题？

9.2　纯扭构件的破坏形态有几种？各自破坏特征是什么？

9.3　变角度空间桁架模型的主要假定是什么？根据该理论如何推导钢筋混凝土受扭构件承载力计算公式？

9.4　受扭构件纵筋与箍筋的配筋强度比 ζ 的意义是什么？取值范围是什么？

9.5　剪扭构件混凝土受扭承载力降低系数 β_t 的物理意义是什么，其计算公式是如何导出的？

9.6　我国《标准》如何考虑弯、剪、扭之间的相互影响？

习　　题

9.1　一矩形钢筋混凝土纯扭构件，$b \times h = 200\text{mm} \times 400\text{mm}$，承受扭矩 $T = 11\text{kN} \cdot \text{m}$，混凝土强度等级 C25，箍筋、纵筋均采用 HPB300 级钢筋，混凝土保护层厚度 $c = 20\text{mm}$，试计算该构件的开裂扭矩并计算抗扭箍筋和纵筋。

9.2　一矩形钢筋混凝土剪扭构件，$b \times h = 400\text{mm} \times 600\text{mm}$，混凝土保护层厚度 $c = 20\text{mm}$，承受剪力设计值 $V = 150\text{kN}$，扭矩设计值 $T = 31\text{kN} \cdot \text{m}$，混凝土强度等级 C30，纵筋采用 HPR400 钢筋，箍筋采用 HPB300 钢筋。试计算所需钢筋面积。

9.3　一混凝土剪扭构件，$b \times h = 250\text{mm} \times 500\text{mm}$，混凝土强度等级 C30，混凝土保护层厚度 $c = 25\text{mm}$，承受剪力设计值 $V = 50\text{kN}$，现该构件箍筋为双肢箍 $\phi 10 @ 100$，纵筋 $6\phi 12$，沿截面周边均匀对称布置。试计算该构件所能承担的扭矩值。

9.4　一钢筋混凝土雨篷如习题 9.4 图所示。该雨篷承受均布荷载设计值 $q = 3.0\text{kN/m}^2$，雨篷梁承受上部传来的竖向荷载设计值 30kN/m，雨篷梁截面尺寸 240mm×240mm，计算跨度 2.5m，混凝土强度等级 C25，纵筋、箍筋均采用 HPB300 级钢筋环境类别二 a 类，试计算雨篷梁配筋。

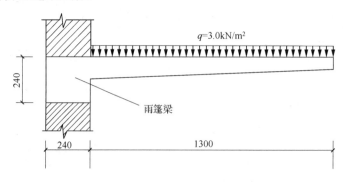

习题 9.4 图

第10章　正常使用极限状态验算及耐久性

混凝土结构和构件除应按承载能力极限状态进行设计外,尚应进行正常使用极限状态的验算,以满足结构的正常使用功能和耐久性要求。对于一般常见的工程结构,正常使用极限状态验算主要包括变形验算和裂缝控制验算,以及保证结构耐久性的设计和构造措施等方面。

与承载能力极限状态不同,结构或构件超过正常使用极限状态时,对生命财产的危害程度相对要低一些,其相应的目标可靠指标[β]值也可小一些。因此,进行正常使用极限状态验算时,荷载效应可采用标准值或准永久组合,材料强度可取标准值,并应考虑荷载长期作用的影响。

10.1　钢筋混凝土受弯构件的挠度验算

10.1.1　钢筋混凝土受弯构件挠度与刚度的特点

匀质弹性材料受弯构件的挠度可由材料力学的公式求出,以计算跨度为 l_0 的简支梁为例,梁的跨中挠度 f 可由下式求得

$$\left.\begin{array}{l} 均布荷载: f = \dfrac{5}{384} \cdot \dfrac{ql_0^4}{EI} = \dfrac{5}{48} \cdot \dfrac{M}{EI}l_0^2 \\[3mm] 集中荷载: f = \dfrac{1}{48} \cdot \dfrac{Pl_0^3}{EI} = \dfrac{1}{12} \cdot \dfrac{M}{EI}l_0^2 \end{array}\right\} \rightarrow f = S\dfrac{M}{EI}l_0^2 = S\phi l_0^2 \quad (10.1\text{-}1)$$

式中, S ——与荷载形式和支承条件等有关的挠度系数;

　　EI ——截面的抗弯刚度;

　　ϕ ——截面曲率;

　　l_0 ——梁的计算跨度。

由上式可知,截面曲率 ϕ 与截面抗弯刚度 EI 的关系为

$$\phi = \frac{M}{EI} \quad 或 \quad EI = \frac{M}{\phi} \quad (10.1\text{-}2)$$

截面的抗弯刚度 EI 是使截面产生单位曲率需要施加的弯矩值,它是度量截面抵抗弯曲变形能力的重要指标。对于均质弹性材料梁,其截面抗弯刚度 EI 是一个常数,M-ϕ 关系为直线,如图 10.1-1 中的虚线 OA 所示。

对于混凝土受弯构件,上述力学概念仍然适用。但是混凝土并非匀质弹性材料,由于混凝土的开裂、弹塑性应力-应变关系等的影响,钢筋混凝土适筋梁的 M-ϕ 关系不再是直线,而是随着弯矩 M 的增大,截面曲率 ϕ 呈曲线变化,截面抗弯刚度不再是常数,而是变化的。

图 10.1-1 所示为匀质弹性材料梁和钢筋混凝土适筋梁的截面抗弯刚度随弯矩增大

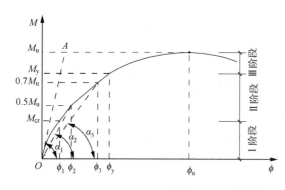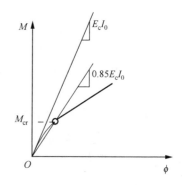

图 10.1-1　适筋梁 M-ϕ 关系曲线

变化的曲线。对任一给定的弯矩 M,截面抗弯刚度为 M-ϕ 关系曲线上对应的该弯矩点与原点连线的斜率,记为 B。钢筋混凝土梁的截面抗弯刚度 B 具有以下特点:

1) 开裂前的第 I 阶段,弯矩值很小,梁基本处于弹性工作阶段,M-ϕ 曲线的斜率接近换算截面抗弯刚度 $E_c I_0$,其中 I_0 为换算截面的惯性矩;当达到 I_a 状态时,由于受拉区混凝土有一定的塑性变形,抗弯刚度略有降低,约为 $0.85 E_c I_0$。

2) 开裂后进入第 II 阶段,M-ϕ 曲线发生明显转折,曲率增长较快,刚度降低明显,且随着裂缝的进一步出现和开展,以及受压区混凝土出现塑性变形,抗弯刚度不断降低。

3) 纵向受拉钢筋屈服后进入第 III 阶段,M-ϕ 曲线出现第二个明显的转折,弯矩增加很小,而曲率剧增,抗弯刚度急剧降低,直至发生破坏。

钢筋混凝土受弯构件的挠度验算是按正常使用极限状态的要求进行的,正常使用时构件是带裂缝工作的,即处于第 II 阶段。研究表明,钢筋混凝土受弯构件正常使用时,正截面承受的弯矩大致是其受弯承载力 M_u 的 50%～70%。我国《标准》给出了受弯构件截面抗弯刚度 B 的定义是,在 M-ϕ 曲线的 $0.5M_u$～$0.7M_u$ 区段内,曲线上的任一点与坐标原点相连割线的斜率。

截面抗弯刚度不仅随弯矩的增大而减小,而且还随荷载作用时间的增长而减小。对钢筋混凝土构件,在荷载准永久组合作用下的截面抗弯刚度称为短期刚度,记作 B_s;考虑荷载长期作用影响后的刚度称为长期刚度,记为 B。构件在使用阶段的最大挠度计算取长期刚度值,而长期刚度是通过短期刚度计算得到的。

10.1.2　短期刚度 B_s 公式的建立

1. B_s 的基本表达式

图 10.1-2 示出了钢筋混凝土受弯构件裂缝出现后的第 II 阶段,在纯弯段内测得的钢筋和混凝土的应变情况。可以看出,钢筋和混凝土的应变分布具有以下特征:

1) 纵向受拉钢筋的应变 ε_s 沿梁轴线方向分布不均匀,裂缝截面处 ε_s 较大,裂缝与裂缝之间逐渐变小,呈波浪形变化。设以 ε_{sm} 表示纯弯段内钢筋的平均应变,则将 ε_{sm} 与裂缝截面处的钢筋应变 ε_s 的比值 $\psi = \varepsilon_{sm}/\varepsilon_s$ 称为钢筋应变不均匀系数。

2) 受压边缘混凝土的应变 ε_c 沿梁轴线方向呈波浪形变化,裂缝截面处 ε_c 较大,裂缝与裂缝之间逐渐变小,但变化幅度比 ε_s 小得多。设以 ε_{cm} 表示纯弯段内受压边缘混凝土的平均应变,则将 ε_{cm} 与裂缝截面处的混凝土应变 ε_c 的比值 $\psi_c = \varepsilon_{cm}/\varepsilon_c$ 称为混凝土应变不均匀系数。

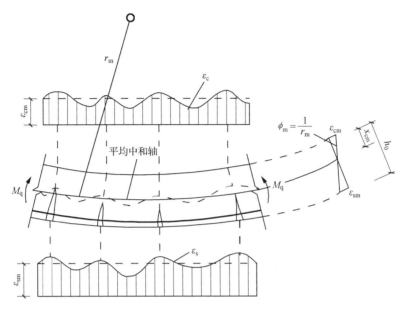

图 10.1-2 梁纯弯段内截面应变分布

3) 截面的中和轴高度 x_c 和曲率 ϕ 沿梁轴线方向也呈波浪形变化,因此截面抗弯刚度沿梁轴线方向也是变化的。

试验表明,钢筋混凝土梁出现裂缝后平均应变符合平截面假定,平均曲率可表示为

$$\phi_m = \frac{1}{r_m} = \frac{\varepsilon_{sm} + \varepsilon_{cm}}{h_0} \qquad (10.1\text{-}3)$$

式中,r_m——与平均中和轴相应的平均曲率半径;

ε_{sm}、ε_{cm}——纵向受拉钢筋的平均拉应变和受压区边缘混凝土的平均压应变;

h_0——截面的有效高度。

因此截面的短期抗弯刚度 B_s 为:

$$B_s = \frac{M_q}{\phi_m} = \frac{M_q h_0}{\varepsilon_{sm} + \varepsilon_{cm}} \qquad (10.1\text{-}4)$$

式中,M_q——计算挠度时的弯矩代表值,可取荷载效应的准永久值组合弯矩。

2. 平均应变 ε_{sm} 和 ε_{cm}

钢筋和混凝土的平均应变 ε_{sm} 和 ε_{cm} 可表示为

$$\varepsilon_{sm} = \psi \varepsilon_s = \psi \frac{\sigma_s}{E_s} \qquad (10.1\text{-}5)$$

$$\varepsilon_{cm} = \psi_c \varepsilon_c = \psi_c \frac{\sigma_c}{\nu E_c} \qquad (10.1\text{-}6)$$

式中,σ_s、σ_c——按荷载效应的标准组合或准永久组合作用计算的裂缝截面处纵向受拉钢

筋重心处的拉应力和受压区边缘混凝
土的压应力；

E_c——混凝土的弹性模量；

ν——混凝土的弹性特征值。

由于裂缝截面受力明确,可取正常使用阶段裂缝截面的应力分布,计算在正常使用阶段弯矩作用下裂缝截面处的纵向受力钢筋应力 σ_s 和受压边缘混凝土应力 σ_c。对钢筋混凝土构件,正常使用阶段弯矩为按荷载准永久组合计算的弯矩值 M_q。对于矩形截面,将裂缝截面处混凝土压应力图形用等效矩形应力图形来代替,如图 10.1-3 所示,其平均应力为 $\omega\sigma_c$,受压区高度为 ξh_0,钢筋拉力合力点到压区合力点的距离为 ηh_0,根据截面平衡条件得

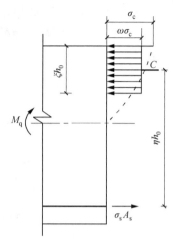

图 10.1-3　裂缝截面应力分布

$$M_q = \sigma_s A_s \cdot \eta h_0 \tag{10.1-7}$$

$$M_q = \omega\sigma_c b\xi h_0 \cdot \eta h_0 \tag{10.1-8}$$

由此可得裂缝截面处钢筋和受压边缘混凝土的应力为

$$\sigma_s = \frac{M_q}{A_s \eta h_0} \tag{10.1-9}$$

$$\sigma_c = \frac{M_q}{\omega\xi\eta b h_0^2} \tag{10.1-10}$$

代入式(10.1-5)和式(10.1-6)可得钢筋和受压边缘混凝土平均应变为

$$\varepsilon_{sm} = \psi\varepsilon_s = \psi\frac{\sigma_s}{E_s} = \psi\frac{M_q}{E_s A_s \eta h_0} \tag{10.1-11}$$

$$\varepsilon_{cm} = \psi_c\varepsilon_c = \psi_c\frac{\sigma_c}{\nu E_c} = \psi_c\frac{M_q}{\nu\omega\xi\eta E_c b h_0^2} = \frac{M_q}{\zeta E_c b h_0^2} \tag{10.1-12}$$

式(10.1-12)中, $\zeta = \dfrac{\nu\omega\xi\eta}{\psi_c}$ 称为受压边缘混凝土平均应变综合系数,该系数可直接通过试验结果得到,不需要对各个系数分别研究,因此直接采用系数 ζ 更为简便。

对于 T 形和 I 形截面,受压区翼缘有加强作用,由图 10.1-4 所示的 T 形截面的平衡条件,可得

$$M_q = \omega\sigma_c[b\xi h_0 + (b'_f - b)h'_f] \cdot \eta h_0 \tag{10.1-13}$$

引入受压翼缘面积与腹板有效面积的比值 γ'_f

$$\gamma'_f = \frac{(b'_f - b)h'_f}{bh_0} \tag{10.1-14}$$

根据上式同样可得到式(10.1-12),此时 ζ 按下式计算为

$$\zeta = \frac{(\gamma'_f + \xi)\omega\eta\nu}{\psi_c} \tag{10.1-15}$$

式中, ζ ——翼缘加强的受压边缘混凝土平均应变综合系数。

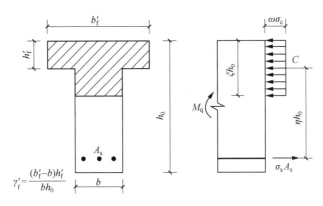

图 10.1-4　T 形截面

3. 短期刚度 B_s 的一般表达式

将式(10.1-11)和式(10.1-12)代入式(10.1-4),可得在荷载准永久组合作用下的截面抗弯刚度,即短期刚度

$$B_s = \cfrac{1}{\cfrac{\psi}{A_s \eta h_0^2 E_s} + \cfrac{1}{\zeta b h_0^3 E_c}} \qquad (10.1\text{-}16)$$

将分子分母同乘以 $E_s A_s h_0^2$,并取 $\alpha_E = E_s/E_c$,$\rho = A_s/bh_0$ 可得

$$B_s = \cfrac{E_s A_s h_0^2}{\cfrac{\psi}{\eta} + \cfrac{E_s A_s h_0^2}{\cancel{E_c} b h_0^3}} = \cfrac{E_s A_s h_0^2}{\cfrac{\psi}{\eta} + \cfrac{\alpha_E \rho}{\zeta}} \qquad (10.1\text{-}17)$$

从上式可以看出,当构件截面尺寸和配筋率已知时,式(10.1-17)中分母的第一项反映了纵向受拉钢筋应变不均匀程度对刚度的影响,分母的第二项反映了受压区混凝土变形对刚度的影响。当 M_q 较小时,σ_s 也较小,钢筋与混凝土之间的黏结作用较强,钢筋应变不均匀程度较小,ψ 值较小,短期刚度 B_s 值较大;当 M_q 较大时则相反,短期刚度 B_s 值较小。

式(10.1-17)中,参数 η、ζ、ψ 一般可以通过试验研究分析得到,下面分别介绍。

4. 参数的确定

(1) 开裂截面的内力臂系数 η

研究表明,在正常使用阶段弯矩 $M=(0.5\sim0.7)M_u$ 范围,对常用的混凝土强度等级及配筋率,可近似取 $\eta=0.87$ 或 $1/\eta=1.15$。

(2) 受压区边缘混凝土平均应变综合系数 ζ

国内外试验结果和分析表明,在正常使用阶段弯矩 $M=(0.5\sim0.7)M_u$ 范围内,弯矩对系数 ζ 的影响很小。对各种常见截面形状受弯构件的实测结果分析,可取

$$\frac{\alpha_E \rho}{\zeta} = 0.2 + \frac{6\alpha_E \rho}{1 + 3.5\gamma_f'} \qquad (10.1\text{-}18)$$

（3）纵向受拉钢筋应变不均匀系数 ψ

受拉钢筋应变不均匀系数 ψ 为裂缝间钢筋平均应变与开裂截面钢筋应变的比值。系数 ψ 越小，裂缝之间的混凝土参与工作与钢筋共同受拉的程度越大；当系数 $\psi=1$，即 $\varepsilon_{sm}=\varepsilon_s$ 时，裂缝截面之间的钢筋应力等于裂缝截面的钢筋应力，钢筋与混凝土之间的黏结应力完全退化，混凝土不再参与工作。因此，系数 ψ 的物理意义是，反映裂缝之间混凝土参与工作与混凝土共同抗拉的程度。

试验研究表明，ψ 可近似表达为

$$\psi = 1.1 - 0.65\frac{f_{tk}}{\rho_{te}\sigma_{sq}} \tag{10.1-19}$$

式中，σ_{sq}——按荷载效应的准永久组合计算的钢筋混凝土构件纵向受拉钢筋的应力；

ρ_{te}——按有效受拉混凝土截面面积计算的纵向受拉钢筋配筋率

$$\rho_{te} = \frac{A_s}{A_{te}} \tag{10.1-20}$$

在最大裂缝宽度计算中，当 $\rho_{te}<0.01$ 时，取 $\rho_{te}=0.01$；

A_{te}——有效受拉混凝土截面面积：对轴心受拉构件，取构件截面面积；对受弯、偏心受压和偏心受拉构件，按图 10.1-5 取

$$A_{te} = 0.5bh + (b_f - b)h_f \tag{10.1-21}$$

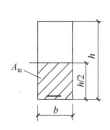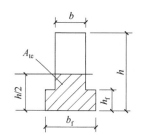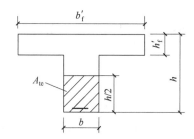

图 10.1-5　有效受拉混凝土截面面积

《标准》规定，当 $\psi<0.2$ 时，取 $\psi=0.2$；当 $\psi>1$ 时，取 $\psi=1$；对直接承受重复荷载的构件，取 $\psi=1$。

将 $\eta=0.87$，式（10.1-18）和式（10.1-19）代入式（10.1-17），即得到钢筋混凝土受弯构件短期刚度 B_s 的表达式

$$B_s = \frac{E_s A_s h_0^2}{1.15\psi + 0.2 + \dfrac{6\alpha_E\rho}{1+3.5\gamma_f'}} \tag{10.1-22}$$

式中，γ_f'——受压翼缘面积与腹板有效面积的比值，按式（10.1-14）计算；

ψ——裂缝间纵向受拉钢筋应变不均匀系数，按式（10.1-19）计算；

ρ——纵向受拉钢筋配筋率，对钢筋混凝土受弯构件，取 $\rho=A_s/bh_0$。

10.1.3　长期刚度 B

在荷载长期作用下，钢筋混凝土受弯构件的截面弯曲刚度将随时间增长而降低，致使

构件的挠度增大。这主要是由于钢筋混凝土受弯构件在荷载长期作用下,受压区混凝土将发生徐变,即荷载不增加而混凝土的应变将随时间增长。裂缝间受拉混凝土的应力松弛以及混凝土和钢筋之间的徐变滑移,使受拉混凝土不断退出工作,导致受拉钢筋的平均应变也随时间增长。

我国《标准》采用挠度增大影响系数即长期挠度 f_l 和短期挠度 f_s 的比值 $\theta=f_l/f_s$ 来考虑荷载长期作用对挠度的影响。相关规范规定,矩形、T 形、倒 T 形和 I 形截面钢筋混凝土受弯构件按荷载准永久组合并考虑荷载长期作用影响的刚度 B 可按下列规定计算

$$B = \frac{B_s}{\theta} \tag{10.1-23}$$

式中,B_s——按荷载准永久组合计算的钢筋混凝土受弯构件短期刚度;

　　　θ——考虑荷载长期作用对挠度增大的影响系数。

考虑荷载长期作用对挠度增大的影响系数 θ 可按下列规定取用:当 $\rho' = 0$ 时,取 $\theta = 2.0$;当 $\rho' = \rho$ 时,取 $\theta = 1.6$;当 ρ' 为中间数值时,θ 按线性内插法取用,即

$$\theta = 2.0 - 0.4 \frac{\rho'}{\rho} \tag{10.1-24}$$

式中,ρ、ρ'——纵向受拉钢筋和受压钢筋的配筋率,$\rho = A_s/bh_0$,$\rho' = A_s'/bh_0$。

10.1.4　钢筋混凝土受弯构件挠度的计算

1. 最小刚度原则

上面讲的刚度计算公式都是指纯弯区段内平均的截面弯曲刚度。但是,一个受弯构

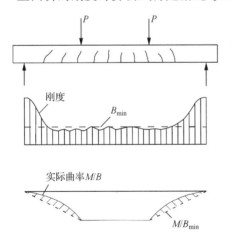

图 10.1-6　沿梁长的刚度和曲率分布

件,例如图 10.1-6 所示的简支梁,在剪跨范围内各截面弯矩是不相等的,靠近支座的截面弯曲刚度要比纯弯区段内的大,如果都用纯弯区段的截面弯曲刚度,似乎会使挠度计算值偏大,但实际在剪跨段内还存在着剪切变形,并会产生少量斜裂缝,使得梁的挠度增大,而这在计算中是没有考虑的。

为简化计算,《标准》规定对于等截面受弯构件,可假定各同号弯矩区段内的刚度相等,并取用该区段内最大弯矩作用处的刚度即该区段内的最小刚度来计算挠度;对于有正负弯矩作用的连续梁或伸臂梁,当计算跨度内的支座截面刚度不大于跨中截面刚度构

件的两倍或不小于跨中截面刚度的 1/2 时,该跨也可按等刚度构件进行计算,其构件刚度可取跨中最大弯矩截面的刚度。这就是钢筋混凝土受弯构件挠度计算中通称的"最小刚度原则"。试验结果表明,按此方法计算的挠度误差不大,可满足工程要求。

2. 受弯构件挠度验算方法

构件的刚度确定后,即可按结构力学方法计算钢筋混凝土受弯构件的挠度。按《混凝土结构设计规范》要求,梁的挠度验算应满足

$$f \leqslant f_{\lim} \tag{10.1-25}$$

式中,$f_{\lim}$——《标准》规定的挠度限值,按附表 3-4 采用。

10.1.5　提高截面刚度的措施

由式(10.1-22)可知,在其他条件相同时,截面有效高度 h_0 对构件刚度的影响最大;而当截面高度及其他条件不变时,如有受拉翼缘或受压翼缘,则刚度有所增大;在正常配筋情况下($\rho = 1\% \sim 2\%$),提高混凝土强度等级对增大刚度影响不大,而增大受拉钢筋配筋率,刚度略有提高;若其他条件相同时,M_q 增大会使 σ_{sq} 增大,从而 ψ 亦增大,则构件的刚度会相应地减小。

由以上分析可知,增大构件截面高度 h 是提高截面刚度最有效的措施,因此在工程实践中,一般都是根据受弯构件高跨比 h/l 的合适取值范围预先加以变形控制。这一高跨比范围是总结工程实践经验得到的。如果计算中发现刚度相差不大而构件的截面尺寸难以改变时,也可采取增加受拉钢筋配筋率、采用双筋截面等措施。此外,采用高性能混凝土、对构件施加预应力等都是提高混凝土构件刚度的有效手段。

【例 10.1-1】　钢筋混凝土矩形截面简支梁,截面尺寸为 $b = 200\text{mm}$,$h = 450\text{mm}$,计算跨度 $l_0 = 5.6\text{m}$,混凝土强度等级 C35,环境类别为二 a 类,钢筋采用 HRB400 级。该梁承受均布荷载,其中永久荷载标准值 $g_k = 12\text{kN/m}$(包括梁的自重),可变荷载标准值 $q_k = 8\text{kN/m}$,可变荷载的准永久值系数 $\psi_q = 0.5$。按正截面受弯承载力计算配筋为 3 Φ 18,试验算梁的跨中最大挠度是否满足要求。

解　由已知条件可知:$A_s = 763\text{mm}^2$,$E_s = 2 \times 10^5 \text{N/mm}^2$,C35 混凝土,$f_{tk} = 2.2\text{N/mm}^2$,$E_c = 3.15 \times 10^4 \text{N/mm}^2$。

环境类别为二 a 类,查表可知最外层钢筋的混凝土保护层厚度为 $c = 25\text{mm}$,假定箍筋直径为 8mm,则截面有效高度为

$$h_0 = h - a_s = 450 - (25 + 8 + 18/2) = 408\text{mm}$$

(1) 求荷载准永久值组合下的弯矩值 M_q

$$M_q = \frac{1}{8}(g_k + \psi_q q_k)l_0^2 = \frac{1}{8} \times (12 + 0.5 \times 8) \times 5.6^2 = 62.72\text{kN} \cdot \text{m}$$

(2) 计算钢筋应变不均匀系数

$$\rho_{te} = \frac{A_s}{A_{te}} = \frac{763}{0.5 \times 200 \times 450} = 0.017$$

$$\sigma_{sq} = \frac{M_q}{\eta h_0 A_s} = \frac{62.72 \times 10^6}{0.87 \times 408 \times 763} = 232\text{N/mm}^2$$

$$\psi = 1.1 - 0.65 \frac{f_{tk}}{\rho_{te}\sigma_{sq}} = 1.1 - 0.65 \times \frac{2.2}{0.017 \times 232} = 0.737 \begin{cases} > 0.2 \\ < 1.0 \end{cases}$$

故取 $\psi = 0.737$。

（3）计算短期刚度 B_s

矩形截面，$\gamma'_f = 0$

$$\alpha_E = \frac{E_s}{E_c} = \frac{2\times10^5}{3.15\times10^4} = 6.349, \quad \rho = \frac{A_s}{bh_0} = \frac{763}{200\times408} = 0.00935$$

$$B_s = \frac{E_s A_s h_0^2}{1.15\psi + 0.2 + \dfrac{6\alpha_E\rho}{1+3.5\gamma'_f}}$$

$$= \frac{2\times10^5\times763\times408^2}{1.15\times0.737+0.2+6\times6.349\times0.00935} = 1.8\times10^{13}\,\text{N·mm}^2$$

（4）计算长期刚度 B

由于 $\rho'=0$，取 $\theta=2.0$，则构件的长期刚度为

$$B = \frac{B_s}{\theta} = \frac{1.8\times10^{13}}{2} = 0.9\times10^{13}\,\text{N·mm}^2$$

（5）挠度验算

$$f = \frac{5}{48}\frac{M_q l_0^2}{B} = \frac{5}{48}\times\frac{62.72\times10^6\times5600^2}{0.9\times10^{13}} = 22.8\text{mm}$$

由附表 3-4 可得该梁的挠度限值，即

$$f_{\lim} = \frac{l_0}{200} = \frac{5600}{200} = 28\text{mm}$$

故挠度满足要求。

【例 10.1-2】 已知 T 形截面简支梁，截面尺寸 $b=200$mm，$h=550$mm，$b'_f=550$mm，$h'_f=80$mm，计算跨度 $l_0=6$m，环境类别为一类。混凝土强度等级为 C30，纵向受拉钢筋配置 2ϕ16+2ϕ20HRB400 级，按荷载准永久组合计算的跨中最大弯矩值 $M_q=69.75$kN·m。验算该梁挠度是否满足要求。

解 由已知条件可知：$A_s=1030\text{mm}^2$，$E_s=2\times10^5\text{N/mm}^2$，C30 混凝土，$f_{tk}=2.01\text{N/mm}^2$，$E_c=3.00\times10^4\text{N/mm}^2$。

环境类别为一类，查表可知最外层钢筋的混凝土保护层厚度为 $c=20$mm，假定箍筋直径为 8mm，则截面有效高度为

$$h_0 = h - a_s = 550 - (20+8+20/2) = 512\text{mm}$$

（1）计算钢筋应变不均匀系数

$$\rho_{te} = \frac{A_s}{0.5bh} = \frac{1030}{0.5\times200\times550} = 0.0187$$

$$\sigma_{sq} = \frac{M_q}{\eta h_0 A_s} = \frac{69.75\times10^6}{0.87\times512\times1030} = 152\text{N/mm}^2$$

$$\psi = 1.1 - 0.65\frac{f_{tk}}{\rho_{te}\sigma_{sq}} = 1.1 - 0.65\times\frac{2.01}{0.0187\times152} = 0.640 \begin{cases}>0.2\\<1.0\end{cases}$$

故 $\psi=0.640$

（2）计算短期刚度 B_s

$$\gamma'_f = \frac{(b'_f-b)h'_f}{bh_0} = \frac{(550-200)\times80}{200\times512} = 0.273$$

$$\alpha_E = \frac{E_s}{E_c} = \frac{2 \times 10^5}{3.0 \times 10^4} = 6.667, \rho = \frac{A_s}{bh_0} = \frac{1030}{200 \times 512} = 0.010$$

$$
\begin{aligned}
B_s &= \frac{E_s A_s h_0^2}{1.15\psi + 0.2 + \dfrac{6\alpha_E \rho}{1 + 3.5\gamma_f'}} \\
&= \frac{2 \times 10^5 \times 1030 \times 512^2}{1.15 \times 0.640 + 0.2 + \dfrac{6 \times 6.667 \times 0.010}{1 + 3.5 \times 0.273}} = 4.73 \times 10^{13} \mathrm{N \cdot mm^2}
\end{aligned}
$$

(3) 计算长期刚度 B

由于 $\rho' = 0$,取 $\theta = 2.0$,则构件的长期刚度为

$$B = \frac{B_s}{\theta} = \frac{4.73 \times 10^{13}}{2} = 2.37 \times 10^{13} \mathrm{N \cdot mm^2}$$

(4) 挠度验算

$$f = \frac{5}{48} \frac{M_q l_0^2}{B} = \frac{5}{48} \times \frac{69.75 \times 10^6 \times 6000^2}{2.37 \times 10^{13}} = 11.04 \mathrm{mm}$$

由附表 3-4 可得该梁的挠度限值,即

$$f_{\lim} = \frac{l_0}{200} = \frac{6000}{200} = 30 \mathrm{mm}$$

故挠度满足要求。

10.2　钢筋混凝土构件裂缝宽度验算

引起混凝土结构裂缝的原因很多,可概括为两大类,一类是荷载作用引起的裂缝;另一类是温度变化、混凝土收缩、结构不均匀沉降等非荷载因素引起的裂缝。对于非荷载因素引起的裂缝,目前的计算理论中没有考虑这部分因素,主要通过构造措施予以控制。本节讨论荷载引起的裂缝。

10.2.1　裂缝的出现和开展过程

以轴心受拉构件为例来研究裂缝的出现和开展。

1. 裂缝的出现和分布

在裂缝出现之前,钢筋和混凝土的应力与应变沿构件轴向基本上是均匀分布的,如图 10.2-1(a)所示。随着轴向拉力 N 的增加,混凝土的拉应力也不断增加,当混凝土应力达到其抗拉强度时,由于混凝土材料为非均匀材料,首先在构件最薄弱截面出现第一条(或第一批)裂缝①,如图 10.2-1(b)中的 a—a、c—c 截面处。

裂缝出现瞬间,裂缝截面的混凝土退出工作,应力降为零,而钢筋承担的应力则突然增加。裂缝处的原来受拉张紧的混凝土向裂缝两侧回缩,由于钢筋与混凝土之间存在黏结应力,这种回缩不是自由的,将会受到钢筋的约束。通过黏结应力的作用且随着距裂缝截面距离的增加,混凝土拉应力由裂缝处的零逐渐增大,而钢筋的拉应力则逐渐降低。当距第一条(第一批)裂缝截面达到一定的长度 l 处时,钢筋和混凝土不再产生相对滑移,黏

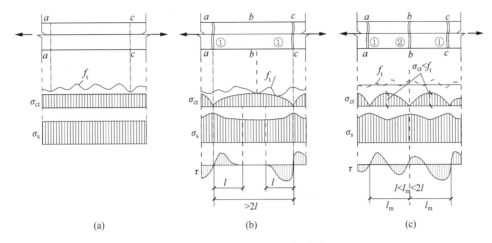

图 10.2-1　裂缝的出现与分布

结应力随之为零,两者又具有相同的拉伸应力,其应力趋于均匀分布,又恢复到未开裂前的状态,其中 l 为黏结应力的传递长度。在黏结应力作用长度 l 以外的那部分混凝土处于受拉张紧状态,随着荷载的增加,混凝土拉应力又会增大到其抗拉强度,此时将在距第一批裂缝截面不小于 l 的某个薄弱截面处出现第二条(批)裂缝②,如图 10.2-1(c) 中的 b—b 截面。

按照上述规律,还将会出现第三、四条(批)裂缝,而裂缝的间距在不断减小。随着裂缝间距的减小,当裂缝截面之间混凝土的拉应力不能再增大到混凝土抗拉强度时,即使荷载增加,混凝土也不会再产生新的裂缝,此时可认为裂缝的出现已达到稳定阶段。这个过程称为裂缝的出现和分布过程。

从裂缝出现过程看,裂缝的分布与黏结应力传递长度有很大关系。传递长度短,则裂缝分布密;反之,则稀一些。传递长度与黏结强度及钢筋表面积大小有关,黏结强度高,则 l 短些,且钢筋面积相同时小直径钢筋的表面积大些,因而 l 就短些。

2. 裂缝的开展

继续增加荷载,裂缝间距基本趋于稳定,而裂缝宽度则随钢筋与混凝土之间的滑移量以及钢筋应力的增大而增大。最后,各裂缝宽度分别达到一定值。由于这个阶段是原来裂缝的开展,一般不再出现新的裂缝,因此称为裂缝开展过程。

3. 裂缝间距与裂缝宽度

如果两条裂缝的间距小于 $2l$,则由于黏结应力传递长度不够,混凝土拉应力不可能达到混凝土的抗拉强度,故在两条裂缝间距之间不会再出现新的裂缝。因此,裂缝的间距最终将稳定在 $(l \sim 2l)$ 之间,平均间距可取 $1.5l$。

裂缝的开展是由于混凝土的回缩和钢筋的伸长,导致混凝土与钢筋之间不断产生相对滑移,形成一定的裂缝宽度,因此裂缝宽度就等于裂缝间钢筋的伸长减去混凝土的伸长。试验表明,裂缝宽度沿截面高度是不相等的,钢筋表面处裂缝宽度大约只有构件混凝

土表面的 $1/5\sim1/3$。我国《混凝土结构设计标准》定义的裂缝开展宽度是指受拉钢筋重心水平处构件侧表面混凝土的裂缝宽度。

由于混凝土材料的不均匀性,裂缝的出现、分布和开展具有很大的离散性,裂缝间距和宽度是不均匀的。但是大量试验资料的数据统计分析表明,平均裂缝间距和平均裂缝宽度具有一定的规律性,平均裂缝宽度和最大裂缝宽度也具有一定的规律性。

10.2.2 平均裂缝间距

以轴心受拉构件为例。当达到即将出现裂缝时,截面上混凝土拉应力为 f_t,钢筋的拉应力为 $\sigma_{s,cr}$。如图 10.2-2 所示,当薄弱截面 $a—a$ 出现裂缝后,混凝土拉应力降至零,钢筋应力由 $\sigma_{s,cr}$ 突然增加至 σ_{s1}。通过黏结应力的传递,经过传递长度 l 后,混凝土拉应力从截面 $a—a$ 处为零提高到截面 $b—b$ 处的 f_t,钢筋应力则降至 σ_{s2},处于即将开裂的状态。

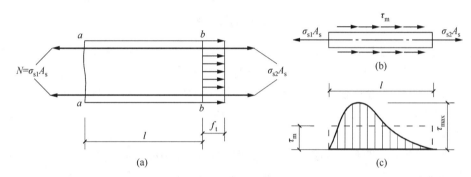

图 10.2-2 轴心受拉构件黏结应力传递长度

根据图 10.2-2(a)的内力平衡条件,有

$$\sigma_{s1}A_s = \sigma_{s2}A_s + f_t A_{te} \tag{10.2-1}$$

取 l 段内的钢筋为隔离体,如图 10.2-2(b)所示,作用在其两端的不平衡力由黏结力来平衡。黏结力为钢筋表面积上黏结应力的总和,取钢筋与混凝土之间的平均黏结应力为 τ_m,钢筋的周长为 $u=\pi d$,则钢筋的表面积为 ul,由平衡条件可得

$$\sigma_{s1}A_s = \sigma_{s2}A_s + \tau_m ul \tag{10.2-2}$$

代入式(10.2-1)可得

$$l = \frac{f_t}{\tau_m} \cdot \frac{A_{te}}{u} \tag{10.2-3}$$

乘以 1.5 后得平均裂缝间距

$$l_m = 1.5 \frac{f_t}{\tau_m} \cdot \frac{A_{te}}{u} = 1.5 \frac{f_t}{\tau_m} \cdot \frac{d}{4} \cdot \frac{A_{te}}{\pi d^2/4} = \frac{3f_t}{8\tau_m} \cdot d \cdot \frac{A_{te}}{A_s} \tag{10.2-4}$$

试验表明,钢筋与混凝土之间的平均黏结强度大致与混凝土抗拉强度成正比关系,$3f_t/8\tau_m$ 可用常数 k_1 表示,另取 $\rho_{te}=A_s/A_{te}$,则式(10.2-4)可表示为

$$l_m = k_1 \cdot \frac{d}{\rho_{te}} \tag{10.2-5}$$

式中,k_1——经验系数。

上式表明,当配筋率相同时,钢筋直径越细,裂缝间距越小,裂缝宽度也越小,也即裂

缝的分布和开展会密而细,这是控制裂缝宽度的一个重要原则。但当 d/ρ 趋于零时,上式裂缝间距趋于零,这不符合实际情况。试验结果表明,当 d/ρ 很小时,裂缝间距趋近于某个常数,该常数与保护层 c_s 和钢筋净间距有关,根据试验结果分析,对上式修正为

$$l_m = k_2 c_s + k_1 \frac{d}{\rho_{te}} \tag{10.2-6}$$

式中, c_s——最外层纵向受拉钢筋外边缘至受拉区底边的距离(mm);当 $c_s<20$mm 时,取 $c_s=20$mm,当 $c_s>65$mm 时,取 $c_s=65$mm;

ρ_{te}——按有效受拉钢筋混凝土截面面积计算的纵向受拉钢筋配筋率;在最大裂缝宽度计算中,当 $\rho_{te}<0.01$ 时,取 $\rho_{te}=0.01$;

对于配置不同直径和不同钢筋品种的情况,考虑到黏结性能的差别对平均裂缝间距的影响,可用钢筋的等效直径 d_{eq} 代替 d,有

$$d_{eq} = \frac{\sum n_i d_i^2}{\sum n_i \nu_i d_i} \tag{10.2-7}$$

式中, d_{eq}——受拉区纵向钢筋的等效直径(mm);

d_i——受拉区第 i 种纵向钢筋的公称直径;

n_i——受拉区第 i 种纵向钢筋的根数;

ν_i——受拉区第 i 种纵向钢筋的相对黏结特征系数,按表 10.2-1 取。

表 10.2-1　钢筋的相对黏结特征系数

钢筋类别	钢筋		先张法预应力筋			后张法预应力筋		
	光面钢筋	带肋钢筋	带肋钢筋	螺旋肋钢丝	钢绞线	带肋钢筋	钢绞线	光面钢丝
ν_i	0.7	1.0	1.0	0.8	0.6	0.8	0.5	0.4

根据试验资料统计分析,并考虑受力特征的影响,对于常用的带肋钢筋,《标准》给出了平均裂缝间距 l_m 的计算公式为

$$l_m = \beta\left(1.9c_s + 0.08\frac{d_{eq}}{\rho_{te}}\right) \tag{10.2-8}$$

对轴心受拉构件,取 $\beta=1.1$,对其他受力构件,均取 $\beta=1.0$。

10.2.3　平均裂缝宽度

1. 平均裂缝宽度计算公式

平均裂缝宽度等于构件裂缝区段内钢筋的平均伸长 ε_{sm} 与相应水平处构件侧表面混凝土平均伸长 ε_{ctm} 的差值(图 10.2-3),即

$$w_m = \varepsilon_{sm}l_m - \varepsilon_{ctm}l_m = \varepsilon_{sm}\left(1 - \frac{\varepsilon_{ctm}}{\varepsilon_{sm}}\right)l_m \tag{10.2-9}$$

令 $\alpha_c = 1 - \frac{\varepsilon_{ctm}}{\varepsilon_{sm}}$,则平均裂缝宽度为

$$w_m = \alpha_c \varepsilon_{sm} l_m = \alpha_c \psi \frac{\sigma_{sq}}{E_s} l_m \tag{10.2-10}$$

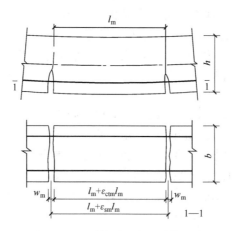

图 10.2-3　平均裂缝宽度计算图式

2. 裂缝截面处的钢筋应力

式(10.2-10)中，σ_{sq}是指在荷载准永久组合作用下，钢筋混凝土构件裂缝截面处纵向受拉钢筋的应力。对于轴心受拉、偏心受拉、受弯以及偏心受压构件，σ_{sq}可根据正常使用阶段的应力状态(图 10.2-4)，按裂缝截面处力的平衡条件求得。

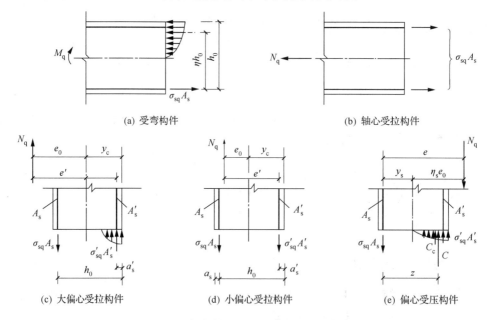

(a) 受弯构件　　　　　　　　　(b) 轴心受拉构件

(c) 大偏心受拉构件　　　(d) 小偏心受拉构件　　　(e) 偏心受压构件

图 10.2-4　构件使用阶段的钢筋应力计算图式

（1）受弯构件

$$\sigma_{sq} = \frac{M_q}{0.87 h_0 A_s} \qquad (10.2\text{-}11)$$

（2）轴心受拉构件

$$\sigma_{sq} = \frac{N_q}{A_s} \qquad (10.2\text{-}12)$$

（3）偏心受拉构件

$$\sigma_{sq} = \frac{N_q e'}{A_s(h_0 - a'_s)} \qquad (10.2\text{-}13)$$

（4）偏心受压构件

$$\sigma_{sq} = \frac{N_q(e - z)}{A_s z} \qquad (10.2\text{-}14)$$

$$z = \left[0.87 - 0.12(1 - \gamma'_f)\left(\frac{h_0}{e}\right)^2 \right] h_0 \qquad (10.2\text{-}15)$$

$$e = \eta_s e_0 + y_s \qquad (10.2\text{-}16)$$

$$\eta_s = 1 + \frac{1}{4000 e_0/h_0}\left(\frac{l_0}{h}\right)^2 \qquad (10.2\text{-}17)$$

式中，M_q——按荷载准永久组合计算的弯矩值；

　　　N_q——按荷载准永久组合计算的轴向力值；

　　　A_s——受拉区纵向钢筋截面面积：对轴心受拉构件，取全部纵向钢筋截面面积；对偏心受拉构件，取受拉较大边的纵向钢筋截面面积；对受弯、偏心受压构件，取受拉区纵向钢筋截面面积；

　　　e'——轴向拉力作用点至受压区或受拉较小边纵向钢筋合力点的距离；

　　　e——轴向压力作用点至纵向受拉钢筋合力点的距离；

　　　e_0——荷载准永久组合下的初始偏心距，取 $e_0 = M_q/N_q$；

　　　z——纵向受拉钢筋合力点至截面受压区合力点的距离，且不大于 $0.87h_0$；

　　　η_s——使用阶段的轴向压力偏心距增大系数，当时 $l_0/h \leqslant 14$ 时，取 $\eta_s = 1.0$；

　　　y_s——截面重心至纵向受拉钢筋合力点的距离，$y_s = h/2 - a_s$；

　　　γ'_f——受压翼缘截面面积与腹板有效截面面积的比值。

10.2.4　最大裂缝宽度及其验算

1. 最大裂缝宽度 w_{max}

由于混凝土材料的不均匀性，裂缝的出现是随机的，裂缝分布具有不均匀性，裂缝宽度具有较大的离散性。最大裂缝宽度 w_{max} 应等于平均裂缝宽度 w_m 乘以短期裂缝宽度扩大系数 τ_s。此外，在荷载长期作用下，由于混凝土的滑移徐变和受拉区混凝土的应力松弛以及混凝土的收缩影响，裂缝宽度会逐渐增大。考虑荷载长期作用的影响，最大裂缝宽度还需要乘以荷载长期作用影响的扩大系数 τ_l。

因此，构件最大裂缝宽度的基本计算公式为

$$w_{max} = \tau_l \tau_s w_m \qquad (10.2\text{-}18)$$

式中，τ_l——荷载长期作用的裂缝增大系数，对各种受力构件，均取 1.5；

　　　τ_s——短期荷载作用的具有 95% 保证率的裂缝扩大系数，对受弯构件和偏心受压构件取 1.66;对偏心受拉和轴心受拉构件取 1.9。

根据试验结果,将相关系数合并,《标准》对矩形、T 形、倒 T 形和 I 形截面的钢筋混凝土受拉、受弯和偏心受压构件,按荷载效应的准永久组合并考虑长期作用影响的最大裂缝宽度可按下列公式计算为

$$w_{\max} = \alpha_{\mathrm{cr}} \psi \frac{\sigma_{\mathrm{sq}}}{E_{\mathrm{s}}} \left(1.9 c_{\mathrm{s}} + 0.08 \frac{d_{\mathrm{eq}}}{\rho_{\mathrm{te}}}\right) \tag{10.2-19}$$

式中,α_{cr}——考虑短期裂缝增大和长期裂缝扩大的构件受力特征系数,如表 10.2-2 所示。

表 10.2-2 构件的受力特征系数

类型	α_{cr}	
	钢筋混凝土构件	预应力混凝土构件
受弯、偏心受压	1.9	1.5
偏心受拉	2.4	—
轴心受拉	2.7	2.2

2. 最大裂缝宽度验算

构件在正常使用状态下,裂缝宽度应符合下列规定,即

$$w_{\max} \leqslant w_{\lim} \tag{10.2-20}$$

式中,$w_{\lim}$——《标准》规定的最大裂缝宽度限值,按附表 3-5 采用。

10.2.5 减小裂缝宽度的措施

由式(10.2-19)可知,最大裂缝宽度 $w_{\max}$ 主要与钢筋应力、有效配筋率、钢筋直径等有关。钢筋应力 σ_{sq} 越大,裂缝宽度也越大,因此在普通混凝土结构中,为了控制裂缝宽度,不宜采用高强度钢筋。其他条件相同时,裂缝宽度随受拉纵筋直径的增大而增大。当受拉纵筋截面面积相同时,采用细而密的钢筋会增大钢筋表面积,因而使黏结力增大,裂缝宽度减小。受拉区混凝土截面的有效配筋率越大,裂缝宽度越小。

减小裂缝宽度的有效措施有:在钢筋截面面积不变的情况下,采用较小直径的钢筋;必要时可适当增加配筋率;采用变形钢筋;增大构件截面尺寸;采用预应力混凝土,是解决裂缝问题最有效的措施。

【例 10.2-1】 某屋架下弦按轴心受拉构件设计,已知截面尺寸 150mm×200mm,环境类别为二 a 类,最外层钢筋的混凝土保护层厚度 $c=25$mm,纵向受拉钢筋采用 HRB400 级,配筋为 4⌀16。混凝土强度等级为 C35,裂缝控制等级为三级,荷载效应准永久组合的轴向拉力为 $N_{\mathrm{q}}=140$kN,最大裂缝宽度限值 $w_{\lim}=0.2$mm。试验算最大裂缝宽度是否满足要求。

解 查附表可得纵向受拉钢筋面积 $A_{\mathrm{s}}=804$mm^2,钢筋弹性模量 $E_{\mathrm{s}}=2\times10^5$N/mm^2,C35 混凝土,$f_{\mathrm{tk}}=2.2$N/mm^2,$E_{\mathrm{c}}=3.15\times10^4$N/mm^2。

（1）计算钢筋应变不均匀系数

$$\rho_{te} = \frac{A_s}{bh} = \frac{804}{150 \times 200} = 0.0268$$

$$\sigma_{sq} = \frac{N_q}{A_s} = \frac{140 \times 10^3}{804} = 174\text{N/mm}^2$$

$$\psi = 1.1 - 0.65 \frac{f_{tk}}{\rho_{te}\sigma_{sq}} = 1.1 - 0.65 \times \frac{2.2}{0.0268 \times 174} = 0.793 \quad \begin{array}{l} > 0.2 \\ < 1.0 \end{array}$$

故 $\psi = 0.793$。

（2）计算最大裂缝宽度

由于截面配置钢筋直径相同，则 $d_{eq} = 16\text{mm}$；假定箍筋直径为 6mm，则 $c_s = 25 + 6 = 31\text{mm}$；对轴心受拉构件，$\alpha_{cr} = 2.7$，有

$$w_{max} = \alpha_{cr}\psi\frac{\sigma_{sq}}{E_s}\left(1.9c_s + 0.08\frac{d_{eq}}{\rho_{te}}\right)$$

$$= 2.7 \times 0.793 \times \frac{174}{2 \times 10^5}\left(1.9 \times 31 + 0.08 \times \frac{16}{0.0268}\right) = 0.198\text{mm} < w_{lim} = 0.2\text{mm}$$

满足要求。

【例 10.2-2】 已知条件同例 10.1-1，$w_{lim} = 0.2\text{mm}$。试验算最大裂缝宽度是否满足要求。

解　由例 10.1-1 可知，$\psi = 0.737$，$\sigma_{sq} = 232\text{N/mm}^2$，$\rho_{te} = 0.017$，$c_s = 33\text{mm}$。由于截面配置钢筋直径相同，则 $d_{eq} = 18\text{mm}$。

对受弯构件，$\alpha_{cr} = 1.9$，有

$$w_{max} = \alpha_{cr}\psi\frac{\sigma_{sq}}{E_s}\left(1.9c_s + 0.08\frac{d_{eq}}{\rho_{te}}\right)$$

$$= 1.9 \times 0.737 \times \frac{232}{2 \times 10^5}\left(1.9 \times 33 + 0.08 \times \frac{18}{0.017}\right) = 0.239\text{mm} > w_{lim} = 0.2\text{mm}$$

故最大裂缝宽度不满足要求。

【例 10.2-3】 已知条件同例 10.1-2，$w_{lim} = 0.3\text{mm}$。试验算最大裂缝宽度是否满足要求。

解　由例 10.1-2 可知，$\psi = 0.640$，$\sigma_{sq} = 152\text{N/mm}^2$，$\rho_{te} = 0.0187$，$c_s = 28\text{mm}$。

由于截面配置钢筋直径不同，则

$$d_{eq} = \frac{\sum n_i d_i^2}{\sum n_i \nu_i d_i} = \frac{2 \times 16^2 + 2 \times 20^2}{2 \times 1.0 \times 16 + 2 \times 1.0 \times 20} = 18.22\text{mm}$$

对受弯构件，$\alpha_{cr} = 1.9$，有

$$w_{max} = \alpha_{cr}\psi\frac{\sigma_{sq}}{E_s}\left(1.9c_s + 0.08\frac{d_{eq}}{\rho_{te}}\right)$$

$$= 1.9 \times 0.640 \times \frac{152}{2 \times 10^5}\left(1.9 \times 28 + 0.08 \times \frac{18.22}{0.0187}\right) = 0.121\text{mm} < w_{lim} = 0.3\text{mm}$$

故最大裂缝宽度满足要求。

10.3　钢筋混凝土结构的耐久性

10.3.1　混凝土结构的耐久性问题

混凝土结构应满足安全性、适用性和耐久性这三方面的要求。混凝土结构的耐久性是指在正常维护的条件下,在预定的设计使用年限内,在指定的工作环境中保证结构满足既定的功能要求。正常维护是指不因耐久性问题而需花费过高的维修费用;预定的设计使用年限是指结构或结构构件不需要进行大修即可按预定目的使用的年限,我国《建筑结构可靠度设计统一标准》(GB 50068—2018)规定普通房屋和构筑物的设计使用年限为 50 年,标志性建筑和特别重要建筑结构的设计使用年限为 100 年;指定的工作环境是指建筑物所在地区的环境及工业生产所形成的环境等。

国内外统计资料表明,由于混凝土结构的耐久性病害而导致的经济损失是巨大的。美国腐蚀控制技术和美国腐蚀工程师协会(CCT & NACE)在 2001 年的调查表明(www. corrosioncost. com),美国每年在交通运输、地下结构、公用事业等的腐蚀总成本高达 2760 亿美元。屈艾特所著《美国在破坏中》一书中估计,包括公路、桥梁、下水道、供水饮水系统和公共交通在内,修理的全部费用要高达 3 万亿美元,比当时美国一年的国民生产总值还多得多。

我国的混凝土结构耐久性问题也同样十分严重。国内最早建成的西直门立交桥由于冻融循环和除冰盐腐蚀破坏,建成不到 19 年就被迫拆除。据 2000 年全国公路普查,截至 2000 年底,公路危桥 9597 座,公路桥梁每年实际需要维修费用 38 亿元。据 1994 年全国铁路秋季检查统计,当时有 6137 座铁路桥梁存在不同程度劣化损害,占当年铁路桥梁总数约 33 600 座的 18.8%,所需修补加固的费用约 4 亿元。到 2002 年年底,铁路桥梁总数为 4 万多座,其中混凝土桥梁约占 93%,有碱骨料反应现象的 3000 多孔,占 2.5%;碳化深度在 20mm 以上的约 5000 多孔。

沉重的重建与维修费用已使人提出“混凝土耐久性危机”(Crisis of Durability of Concrete),以便使人们像重视“石油危机”(Crisis of Oil)一样来对待它。国外学者曾用“五倍定律”形象地描述了混凝土结构耐久性设计的重要性,即设计阶段对钢筋防护方面节省 1 美元,那么就意味着:发现钢筋锈蚀时采取措施将追加维修费 5 美元;混凝土表面顺筋开裂时采取措施将追加维修费 25 美元;严重破坏时采取措施将追加 125 美元。

保证混凝土结构能在自然和人为环境的化学和物理作用下,满足耐久性的要求,是一个十分迫切和重要的问题。在设计混凝土结构时,除了进行承载力计算、变形和裂缝验算外,还必须进行耐久性设计。

10.3.2　混凝土结构耐久性的主要影响因素

影响混凝土结构耐久性能的因素很多,主要有内部和外部两个方面。内部因素主要有混凝土的强度、密实性、水泥用量、水灰比、氯离子及碱含量、外加剂用量、保护层厚度等;外部因素则主要是环境条件,包括温度、湿度、CO_2 含量、侵蚀性介质等。混凝土结构的耐久性问题往往是由于内部存在不完善、外部存在不利因素综合作用的结果。造成结构内部不完善或有缺陷往往是由于设计不周、施工不良引起的,也有因使用或维修不当等引起的。

1. 混凝土的碳化

混凝土中的碱性物质($Ca(OH)_2$)使混凝土内的钢筋表面形成氧化膜,它能有效地保护钢筋,防止钢筋锈蚀。但由于大气中的二氧化碳(CO_2)与混凝土中的碱性物质发生反应,生成无碱性的盐——碳酸钙($CaCO_3$),使混凝土的 pH 降低,这就是混凝土的碳化。其他物质,如 SO_2、H_2S 也能与混凝土中的碱性物质发生类似反应,使混凝土的碱性从表面向内部徐徐降低,这种现象称之为中性化。碳化是中性化之一。

碳化对混凝土本身是无害的,当碳化深度等于或大于混凝土保护层厚度时,将破坏钢筋表面的氧化膜,容易引起钢筋锈蚀,此外,碳化还会加剧混凝土的收缩,可能导致混凝土的开裂。因此,混凝土碳化是影响混凝土结构耐久性的重要问题之一。

混凝土的碳化从构件表面开始向内发展,到保护层完全碳化所需要的时间与碳化速度、混凝土保护层厚度、混凝土密实性以及覆盖层情况等因素有关,其影响因素可归纳为环境因素和材料因素。环境因素主要是空气中 CO_2 的浓度,通常室内的浓度较高,故室内混凝土的碳化比室外的快些。试验表明,混凝土周围相对湿度为 50%～70% 时,碳化速度快些;温度交替变化有利于 CO_2 的扩散,可加速混凝土的碳化。

混凝土材料自身的影响可不忽视。混凝土强度等级越高,内部结构越密实,孔隙率越低,孔径也越小,碳化速度越慢;水灰比大也会加速碳化反应。减小混凝土碳化的措施主要有以下几方面:

1) 合理设计混凝土配合比,规定水泥用量的低限值和水灰比的高限值,合理采用掺和料。

2) 提高混凝土的密实性、抗渗性。

3) 规定钢筋保护层的最小厚度。

4) 采用覆盖面层(水泥砂浆或涂料等)。

2. 钢筋的锈蚀

钢筋锈蚀是影响钢筋混凝土结构耐久性的最关键问题。混凝土中钢筋的锈蚀是电化学腐蚀。由于钢筋中化学成分的不均匀分布,混凝土碱度的差异以及裂缝处氧气的增浓度等原因,使得钢筋表面各部位存在电位差,从而形成了许多局部的阴极和阳极的微电池。

钢筋表面的氧化膜被破坏后,在有水分和氧气的条件下,就会发生锈蚀的电化学反应。钢筋锈蚀生成氢氧化亚铁 $Fe(OH)_2$,它在空气中又进一步被氧化成氢氧化铁 $Fe(OH)_3$,体积为原来金属铁的 2～4 倍。因此,混凝土结构中钢筋锈蚀,体积膨胀,对混凝土保护层产生很大的膨胀应力,导致沿钢筋出现顺筋开裂,并使保护层剥落,此时钢筋的锈蚀速度会进一步加快。钢筋锈蚀后,截面面积减小,截面承载力降低,最终将使结构构件破坏或失效。

一般情况下,钢筋外面有混凝土保护层,能阻止钢筋锈蚀的各种因素(如水、氧气)直接作用于钢筋。而且由于水泥的高碱性,钢筋表面会形成一层致密的氧化膜,能够有效地阻止钢筋锈蚀电化学过程。因此,使混凝土结构中钢筋锈蚀的条件是,有害介质能穿过混凝土保护层到达钢筋表面,并能够破坏钢筋周围的氧化膜。

水、氧气或其他介质进入混凝土内部,到达钢筋表面所需要的时间和累积的程度,取决于环境条件、保护层厚度和混凝土材料的组成及其结构。当侵蚀介质达到钢筋表面,钢筋是否发生锈蚀取决于钢筋周围的氧化膜是否破坏。混凝土的碳化和氯离子侵蚀是钢筋周围氧化膜破坏的重要因素。防止钢筋锈蚀的主要措施有:

1) 降低水灰比,增加水泥用量,提高混凝土的密实度。

2) 要有足够的混凝土保护层厚度。

3) 严格控制氯离子的含量。

4) 采用覆盖层,防止 CO_2、O_2、Cl^- 的渗入。

3. 混凝土的冻融破坏

混凝土结构在施工和使用期间,可能受到低温的作用而发生冻害损伤。混凝土水化结硬后内部有很多毛细孔。在浇筑混凝土时为了得到必要的和易性,用水量往往会比水泥水化反应所需的水要多一些。多余的水分滞留在混凝土毛细孔中。当温度降低时,水就会结冰膨胀,在混凝土内部产生拉应力,引起混凝土内部损伤。反复冻融多次,就会使混凝土的损伤累积达到一定程度而引起结构破坏。

冻融循环是引发寒冷地区混凝土破坏的最主要原因之一,其破坏形式主要分为两种,表面剥蚀和内部开裂。表面剥蚀一般发生在使用除冰盐的混凝土路面,内部开裂则通常出现在饱和状态的混凝土结构(如寒冷地区各种海工、水工混凝土建筑)中。防止混凝土冻融破坏的主要措施是降低水灰比、减少混凝土中多余的水分。冬季施工时应加强养护,防止早期受冻,并掺入防冻剂等。

4. 混凝土的碱集料反应

混凝土集料中某些活性矿物质和混凝土微孔中的碱性溶液产生化学反应称为碱集料反应。碱集料反应产生的碱-硅酸盐凝胶,吸水后会产生膨胀,体积可增大 3~4 倍,从而导致混凝土开裂、剥落、强度降低甚至导致破坏。

碱集料反应是在混凝土内部发生的,并不需要外部侵蚀介质的侵入。碱集料反应对结构的破坏是一个长期的累积过程,其潜伏期可达十几年或几十年,但一旦发现表面开裂,结构损失往往已经严重到无法修复的程度。碱集料反应是固相和液相间的反应,其发生需要具备三个要素:一是混凝土凝胶中有碱性物质(K^+、Na^+ 等),主要来自于水泥;二是骨料中有活性骨料,如蛋白石、黑硅石、燧石、玻璃质火山石等 SiO_2 的骨料;三是水分,即在干燥环境下很难发生碱集料反应。在这三方面的因素中,如能去其一,就不会发生碱集料反应的开裂破坏。因此,防止碱集料反应的主要措施是采用低碱水泥,或掺入粉煤灰降低碱性,也可对含活性成分的骨料加以控制。

5. 侵蚀性介质的腐蚀

化学介质对混凝土的侵蚀在石化、化工、轻工、冶金及港湾建筑中很普遍,有的化工厂房和海港建筑仅使用几年就遭到不同程度的破坏。化学介质的侵入造成混凝土中一些成分溶解或流失,引起裂缝、孔隙或松散破碎,有的化学介质与混凝土中一些成分发生反应,其生成物造成体积膨胀,引起混凝土结构的破坏。常见的一些侵蚀性介质的腐蚀有硫酸盐腐蚀、酸腐蚀、海水腐蚀和盐类结晶腐蚀等。要防止侵蚀性介质的腐蚀,应根据实际情况采取相应的防护措施,如从生产流程上防止有害物质的散溢,采用耐酸混凝土或铸石贴面等。

10.3.3　混凝土结构耐久性设计的主要内容

混凝土结构的耐久性设计主要根据结构的环境类别和设计使用年限进行,同时还要考虑对混凝土材料的基本要求。在我国,采用满足耐久性规定的方法进行耐久性设计,实质上是针对影响耐久性的主要因素提出相应的对策。耐久性设计包括下列内容:

1) 确定结构所处的环境类别。
2) 提出对混凝土材料的耐久性基本要求。
3) 确定构件中钢筋的混凝土保护层厚度。
4) 不同环境条件下的耐久性技术措施。
5) 提出结构使用阶段的检测与维护要求。

1. 混凝土结构的使用环境类别

混凝土结构的耐久性与结构所处的环境有密切关系,同一结构在强腐蚀环境中要比一般大气环境中的使用年限短,对混凝土结构使用环境进行分类,可以在设计时针对不同的环境类别,采取相应的措施,满足达到设计使用年限的要求。我国《规范》规定,混凝土结构的耐久性应根据环境类别和设计使用年限进行设计。环境类别的划分见表 10.3-1。

干湿交替主要指室内潮湿、室外露天、地下水浸润、水位变动的环境。由于水和氧的反复作用,容易引起钢筋锈蚀和混凝土材料劣化。

非严寒和非寒冷地区与严寒和寒冷地区的区别主要在于有无冰冻及冻融循环现象。关于严寒和寒冷地区的定义,《民用建筑热工设计规范》(GB 50176—2011)规定如下:严寒地区:最冷月平均温度低于或等于−10℃,日平均温度低于或等于5℃的天数不少于145d 的地区;寒冷地区:最冷月平均温度高于−10℃、低于或等于0℃,日平均温度低于或等于5℃的天数不少于90d 且少于145d 的地区。

三类环境主要是指近海海风、盐渍土及使用除冰盐的环境。滨海室外环境与盐渍土地区的地下结构、北方城市冬季依靠喷洒盐水消除冰雪而对立交桥、周边结构及停车楼,都可能造成钢筋腐蚀的影响。

四类和五类环境的详细划分和耐久性设计方法由有关的标准规范解决。

表 10.3-1　混凝土结构的环境类别

环境类别	条件
一	室内干燥环境;无侵蚀性静水浸没环境
二 a	室内潮湿环境;非严寒和非寒冷地区的露天环境;非严寒和非寒冷地区与无侵蚀性的水或土壤直接接触的环境;严寒和寒冷地区的冰冻线以下与无侵蚀性的水或土壤直接接触的环境
二 b	干湿交替环境;水位频繁变动环境;严寒和寒冷地区的露天环境;严寒和寒冷地区的冰冻线以上与无侵蚀性的水或土壤直接接触的环境
三 a	严寒和寒冷地区冬季水位变动区环境;受除冰盐影响环境;海风环境
三 b	盐渍土环境;受除冰盐作用环境;海岸环境
四	海水环境
五	受人为或自然的侵蚀性物质影响的环境

注:1. 室内潮湿环境是指构件表面经常处于结露或湿润状态的环境;
　　2. 严寒和寒冷地区的划分应符合现行国家标准《民用建筑热工设计规范》(GB 50176—92)的有关规定;
　　3. 海岸环境和海风环境宜根据当地情况,考虑主导风向及结构所处迎风、背风部位等因素的影响,由调查研究和工程经验确定;
　　4. 受除冰盐影响环境是指受到除冰盐盐雾影响的环境,受除冰盐作用环境是指被除冰盐溶液溅射的环境以及使用除冰盐地区的洗车房、停车楼等建筑;
　　5. 暴露的环境是指混凝土结构表面所处的环境。

2. 材料的耐久性质量要求

《标准》规定,对于设计使用年限为 50 年的混凝土结构,其混凝土材料宜符合表 10.3-2 的规定。

表 10.3-2　结构混凝土材料的耐久性基本要求

环境等级	最大水胶比	最低强度等级	水溶性氯离子最大含量/%	最大碱含量/(kg/m³)
一	0.60	C25	0.30	不限制
二 a	0.55	C25	0.20	
二 b	0.50(0.55)	C30(C25)	0.15	
三 a	0.45(0.50)	C35(C30)	0.15	3.0
三 b	0.40	C40	0.10	

注:1. 氯离子含量系指其占胶凝材料用量的质量百分比;
　　2. 预应力构件混凝土中的水溶性氯离子最大含量为 0.06%,混凝土最低强度等级应按表中的规定提高不少于两个等级;
　　3. 素混凝土结构的混凝土最大水胶比及最低强度等级的要求可适当放松,但混凝土最低强度等级应符合本标准有关规定;
　　4. 有可靠工程经验时,二类环境中的最低混凝土强度等级可为 C25;
　　5. 处于严寒和寒冷地区二 b、三 a 类环境中的混凝土应使用引气剂,并可采用括号中的有关参数;
　　6. 当使用非碱活性骨料时,对混凝土中的碱含量可不作限制。

3. 钢筋的混凝土保护层厚度

国内外的试验研究分析表明,混凝土保护层厚度和质量对防止钢筋锈蚀起着重要的作用。混凝土保护层厚度应符合附表 3-3 的规定;当采取有效的表面防护措施时,混凝土保护层厚度可适当减小。

4. 保证耐久性的技术措施和构造要求

对处在不利环境条件下的结构,以及在二类和三类环境中设计使用年限为 100 年的混凝土结构,应采取加强耐久性的相应措施。

1) 预应力混凝土结构中的预应力筋应根据具体情况采取表面防护、管道灌浆、加大混凝土保护层厚度等措施,外露的锚固端应采取封锚和混凝土表面处理等有效措施。

2) 有抗渗要求的混凝土结构,混凝土的抗渗等级应符合有关标准的要求。

3) 严寒及寒冷地区的潮湿环境中,结构混凝土应满足抗冻要求,混凝土抗冻等级应符合有关标准的要求。

4) 处于二、三类环境中的悬臂构件宜采用悬臂梁-板的结构形式,或在其上表面增设防护层。

5) 处于二、三类环境中的结构构件,其表面的预埋件、吊钩、连接件等金属部件应采取可靠的防锈措施,对于后张预应力混凝土外露金属锚具,其防护要求见《混凝土结构设计标准》。

6) 处在三类环境中的混凝土结构构件,可采用阻锈剂、环氧树脂涂层钢筋或其他具有耐腐蚀性能的钢筋、采取阴极保护措施或采用可更换的构件等措施。

思　考　题

10.1　钢筋混凝土受弯构件的挠度计算与匀质弹性材料受弯构件的挠度计算有何异同?为什么钢筋混凝土受弯构件挠度计算时截面抗弯刚度采用 B 而不是 EI?

10.2　试说明建立受弯构件刚度(B_s)计算公式的基本思路和方法,它在哪些方面反映了钢筋混凝土的特点?

10.3　说明参数 ψ, η, ζ 的物理意义及其主要影响因素。

10.4　什么是"最小刚度原则"?

10.5　为什么在荷载长期作用下受弯构件的挠度会增长?如何计算长期挠度?

10.6　钢筋混凝土受弯构件的刚度与哪些因素有关?如果受弯构件的挠度值不满足要求,可采取什么措施?其中最有效的办法是什么?

10.7　简述裂缝的出现、分布和展开的过程和机理。

10.8　钢筋混凝土梁的纯弯段在裂缝间距稳定后,钢筋和混凝土的应变沿构件长度上的分布具有哪些特征?

10.9　平均裂缝间距 l_m 的基本公式是如何由平衡条件导出?在确定平均裂缝间距时,为什么又要考虑保护层厚度的影响?

10.10　最大裂缝宽度的计算公式是怎样建立起来的?为什么不用裂缝宽度的平均值而用最大值作为评价指标?

10.11　影响裂缝宽度的因素主要有哪些?如果构件的最大裂缝宽度不能满足要求,

可采取哪些措施？哪些最有效？

10.12　影响混凝土结构耐久性的主要因素有哪些？《标准》采用了哪些措施来保证结构的耐久性？

习　题

10.1　某钢筋混凝土矩形截面简支梁，截面尺寸为 $b \times h = 250\text{mm} \times 500\text{mm}$，计算跨度 $l_0 = 6\text{m}$，环境类别为二 a，采用 C30 级混凝土，HRB400 级钢筋。承受楼面传来的均布恒荷载标准值 16kN/m（包括梁自重），均布活荷载标准值 10kN/m，活荷载的准永久值系数 $\psi_q = 0.5$。已知按正截面承载力计算配置的纵向受拉钢筋为 3 Φ 22。试求：

1）按荷载准永久组合计算其挠度和裂缝宽度。

2）如果保持截面尺寸不变，将该梁的钢筋改为 HRB500 级钢筋，试比较挠度和裂缝宽度。

10.2　某钢筋混凝土屋架下弦，$b \times h = 200\text{mm} \times 180\text{mm}$，按荷载准永久组合计算的轴心拉力 $N_q = 150\text{kN}$，截面配置 4 Φ 14 的 HRB400 级受拉钢筋，C30 级混凝土，保护层厚度 $c = 25\text{mm}$，$w_{\text{lim}} = 0.3\text{mm}$。试验算裂缝宽度是否满足要求？当不满足时如何处理？

10.3　已知预制 T 形截面简支梁，安全等级为二级，环境类别为一类，$l_0 = 6\text{m}$，$b_f' = 600\text{mm}$，$b = 200\text{mm}$，$h_f' = 60\text{mm}$，$h = 500\text{mm}$，采用 C30 混凝土，HRB500 级钢筋，永久荷载在跨中截面所引起的弯矩为 80kN·m，可变荷载在跨中截面所引起的弯矩为 60kN·m，准永久值系数 $\psi_{q1} = 0.4$，雪荷载在跨中截面所引起的弯矩为 12 kN·m，准永久值系数 $\psi_{q2} = 0.2$。求：

1）正截面受弯承载力所要求的纵向受拉钢筋面积，并选用钢筋直径（在 18～22mm 之间选择）及根数。

2）验算挠度是否小于 $f_{\text{lim}} = l_0/250$？

3）验算裂缝宽度是否小于 $w_{\text{lim}} = 0.3\text{mm}$？

提示：按荷载效应准永久组合的跨中弯矩 $M_q = 80 + 0.4 \times 60 + 0.2 \times 12$。

10.4　某矩形截面偏心受拉构件，截面尺寸 $b \times h = 200\text{mm} \times 300\text{mm}$，混凝土强度等级为 C30，钢筋采用 HRB400 级，$a_s = a_s' = 35\text{mm}$。环境类别为一类，设计使用年限为 50 年。按正截面承载力计算靠近轴向力一侧配钢筋 3 Φ 18，已知按荷载准永久组合计算的轴力 $N_q = 180\text{kN}$，弯矩 $M_q = 18$ kN·m，最大裂缝宽度限值 $w_{\text{lim}} = 0.3\text{mm}$。试验算其裂缝宽度是否满足要求。

第11章 预应力混凝土构件设计

11.1 概 述

11.1.1 预应力混凝土的概念

钢筋混凝土受拉与受弯等构件,由于混凝土的抗拉强度及极限拉应变值都很低,其极限拉应变约为$(0.1×10^{-3})\sim(0.15×10^{-3})$,即每米只能拉长 0.1~0.15mm,所以在使用荷载作用下,通常都是带裂缝工作的。因而对使用上不允许开裂的构件,受拉钢筋的应力只能用到$(20\sim30)N/mm^2$,不能充分利用其强度。对于使用时允许裂缝宽度为 0.2~0.3mm 的构件,受拉钢筋的应力只能达到 $150\sim250N/mm^2$,与 HRB300 和 HRB400 级钢筋的正常工作应力相近。为了要满足变形和裂缝控制的要求,则需要增大构件的截面尺寸和用钢量,这将导致自重过大,使钢筋混凝土结构用于大跨度或承受动力荷载的结构成为不可能或很不经济。如果采用 $f_y=500N/mm^2$ 的高强钢筋,在使用荷载作用下裂缝宽度将很大,无法满足使用要求。因而,在普通钢筋混凝土结构中采用高强度钢筋是不能充分发挥其作用的。

预应力混凝土是改善构件抗裂性能的有效途径。在混凝土结构构件受荷载作用前,在使用时的受拉区内预先施加压力,使之产生预压应力。当构件在荷载作用下产生拉应力时,首先要抵消混凝土构件内的预压应力,然后随着荷载的增加,混凝土构件才会受拉及出现裂缝,因此可推迟裂缝的出现,减小裂缝的宽度,满足使用要求。

美国混凝土协会(ACI)对预应力混凝土的定义是"预应力混凝土是根据需要人为施加某一数值与分布的压应力用以部分或全部抵消荷载应力的一种加筋混凝土"。这种预压应力可以部分或全部抵消外荷载产生的拉应力,从而推迟或避免裂缝的产生,因此预应力混凝土是改善混凝土抗裂性能的一种有效手段。

现以图 11.1-1 所示预应力混凝土简支梁为例,说明预应力混凝土的概念。

在荷载作用前,预先在梁的受拉区施加偏心压力 N_p,使梁下边缘混凝土产生预压应力为 σ_{pc},如图 11.1-1(a)所示。当荷载 q(包括梁自重)作用时,在梁跨中截面下边缘产生拉应力 σ_c,如图 11.1-1(b)所示。这样,在预压力 N_p 和荷载 q 共同作用下,梁的下边缘拉应力将减至 $\sigma_c-\sigma_{pc}$,如图 11.1-1(c)所示。通过控制预压力 N_p 的大小,可使梁截面受拉边缘混凝土的应力产生三种情况。

1) $\sigma_c-\sigma_{pc}\leq0$,即预加应力 σ_{pc} 较大,施加荷载后梁截面受拉边缘混凝土还是压应力,因此梁的使用阶段不会出现开裂。

2) $0<\sigma_c-\sigma_{pc}<f_{tk}$,施加荷载后梁截面受拉边缘混凝土虽然产生拉应力,但拉应力小于混凝土的抗拉强度 f_{tk},故一般不会出现开裂。

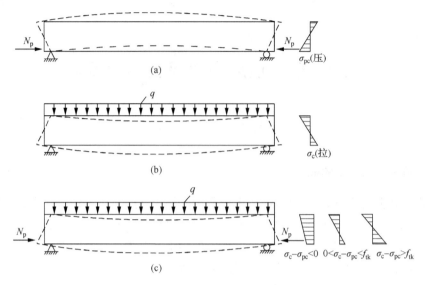

图 11.1-1　预应力混凝土的概念

3) $\sigma_c - \sigma_{pc} > f_{tk}$，施加荷载后梁截面受拉边缘混凝土的拉应力大于混凝土的抗拉强度 f_{tk}，虽然会产生裂缝，但比普通钢筋混凝土构件的开裂会明显推迟，裂缝宽度也显著减小。

预应力混凝土构件与普通钢筋混凝土结构相比，可延缓混凝土构件的开裂，提高构件的抗裂度和刚度，具有耐久性好、抗疲劳强度高，以及较好的综合经济指标，并取得节约钢筋，减轻自重的效果，克服了钢筋混凝土的主要缺点，目前已成为建筑工程和土木工程中的主要结构材料。预应力混凝土的缺点是构造、施工和计算均较钢筋混凝土构件复杂，且延性也差些。

11.1.2　预应力混凝土的分类

根据预加应力的大小，预应力混凝土构件可以分为全预应力混凝土、有限预应力混凝土和部分预应力混凝土三类。

1. 全预应力混凝土

在使用荷载作用下，不允许截面上混凝土出现拉应力的构件，称为全预应力混凝土，大致相当于《标准》中裂缝控制等级为一级，即严格要求不出现裂缝的构件。

2. 有限预应力混凝土

在使用荷载作用下根据荷载效应组合情况，不同程度地保证混凝土不开裂的构件，称为有限预应力混凝土，大致相当于《标准》中裂缝控制等级为二级，即一般要求不出现裂缝的构件。

3. 部分预应力混凝土

在使用荷载作用下,允许出现裂缝,但最大裂缝宽度不超过允许值的构件,称为部分预应力混凝土。大致相当于《标准》中裂缝控制等级为三级,即允许出现裂缝的构件。

11.1.3 施加预应力的方法

目前工程中常用的施加预应力的方法,是通过张拉预应力钢筋,利用钢筋的弹性回缩来挤压混凝土,使混凝土受到预压。按照张拉钢筋与浇筑混凝土的先后关系,分为先张法和后张法两大类。

1. 先张法

在浇筑混凝土之前张拉钢筋的方法称为先张法,其主要过程和工序见图 11.1-2,具体过程为:先在台座或钢模上张拉预应力钢筋至控制应力或伸长值,将预应力钢筋用夹具固定于台座或钢模上;然后浇筑混凝,等混凝土达到一定强度(设计强度的 75% 以上),切断或放松预应力钢筋,预应力钢筋回缩使混凝土受到挤压,产生预压应力。

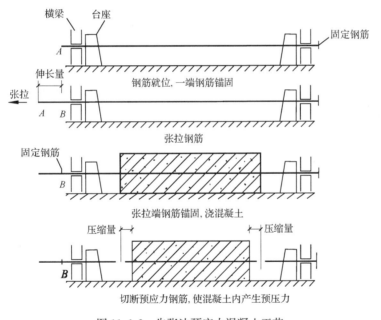

图 11.1-2 先张法预应力混凝土工艺

2. 后张法

在结硬后的混凝土构件上张拉钢筋的方法称为后张法。其主要过程和工序见图 11.1-3,具体过程为:先浇筑混凝土构件,并在构件中预留孔道;待混凝土达到规定的强度后,在孔道中穿预应力钢筋,安装固定端锚具,并以构件作为台座张拉预应力钢筋,同时挤压混凝土。张拉到预定控制应力后,用锚具将张拉端预应力钢筋锚固,使混凝土受到预压应力;然后用压力泵将高强水泥浆灌入预留孔道,使预应力钢筋与孔道壁产生黏结力。

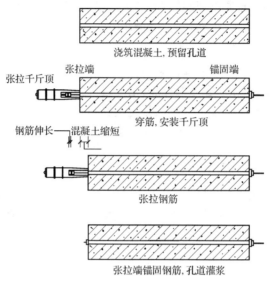

图 11.1-3 后张法预应力混凝土工艺

11.1.4 夹具和锚具

夹具和锚具是在制作预应力混凝土构件时锚固预应力钢筋的装置。夹具用于先张法构件,可重复使用;锚具用于后张法构件,将永久固定在构件上。夹具和锚具对构件建立有效预应力起着至关重要的作用,应锚固可靠、滑移小、构造简单、施工方便、价格低廉。建筑工程中常用的锚具有以下几种。

1. 螺丝端杆锚具

在单根预应力粗钢筋的端部焊上一根短的螺丝端杆,加上螺帽及垫板,即形成一种最简单的锚具,构造如图 11.1-4 所示。预应力螺杆锚具通过螺纹将力传给螺帽,螺帽通过垫板将预应力传给混凝土。

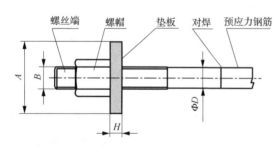

图 11.1-4 螺丝端杆锚具

这种锚具为支承式锚具,操作简单、受力可靠、滑移量小,适用于较短的预应力构件及直线预应力构件,缺点是预应力筋下料长度的精度要求高,不能多根锚固。

2. 镦头锚具

钢丝束镦头锚具(图 11.1-5)是利用钢丝的镦粗头来锚固预应力钢丝的一种支承式锚具。由锚杯、锚圈、冷镦头三部分组成,工作原理是将高强钢丝束穿过已经钻孔的锚杯或锚板,采用专门的镦头设备将高强钢丝的端头镦粗成蘑菇形或平台形,镦头就被支承在锚杯或锚板上。固定端的锚板直接支承在垫板上,张拉端锚板则是被张拉到设计位置后借助螺母或扩建片支承在垫板上,通过垫板将预压力传给混凝土。国内研制生产的镦头锚具可锚固几根到一百多根 $\phi5$、$\phi7$ 的高强钢丝,广泛应用于后张预应力混凝土结构。

墩头锚施工操作简便,锚具变形和钢丝回缩量少,锚固可靠;缺点是下料长度要求很精确,否则张拉时会因各钢丝受力不均匀而发生断丝,适用于单跨结构及直线型构件。

3. 锥形锚具

锥形锚具(图 11.1-6)是锥塞式锚具的简称,又称为弗氏锚具,由锚环和锚塞组成。可锚固 12～30 根 $\phi5$ 高强钢丝及 12～24 根 $\phi7$ 高强钢丝,也可锚固 6～12 根 $7\phi4$、$7\phi5$ 钢绞线。它的工作原理是通过顶压锥形锚塞,将钢丝或钢绞线夹在锚环和锚塞之间,在张拉千斤顶放松后,利用钢丝或钢绞线向混凝土体内的回缩带动锚塞向锚环内楔紧,钢丝或钢绞线通过摩擦力将预加力传到锚环,然后由锚环的承压将预加力传到锚垫板及混凝土体内。

锥形锚具构造简单,价格低廉,施工方便,缺点是钢丝回缩量大,所引起的预应力损失也大。

图 11.1-5　镦头锚具

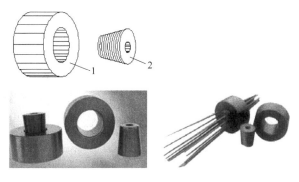

图 11.1-6　锥形锚具
1—锚环;2—锚塞

4. 夹片式锚具

夹片式锚具(图 11.1-7)由夹片、锚板及锚垫板组成,通过放松千斤顶时被张拉预应力筋的回缩,带动夹片楔紧于锚板上的锥形孔洞,以实现锚固。目前夹片式锚具广泛应用于锚固 7 根 $\phi5$ 或 $\phi4$ 的钢绞线和 6～7 根平行钢丝组成的钢丝束,每个夹片锚固一根钢绞线或钢丝束,一个锚板上可锚固一根至几十根钢绞线或钢丝束。

夹片式锚具锚固性能可靠,适用面广,其锚固体系可以满足各种不同预应力混凝土结构的需要。

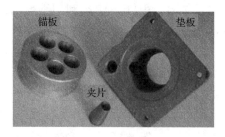

图 11.1-7　夹片式锚具

11.1.5　预应力混凝土材料

1. 预应力筋

在预应力混凝土构件中,使混凝土建立预压应力是通过张拉钢筋来实现的。钢筋在预应力混凝土构件中,从制造阶段开始直到破坏,始终处于高应力状态。因此,预应力混凝土必然对使用的钢筋提出较高的质量要求,归纳起来有以下四个方面。

1) 高强度。为了使预应力混凝土构件在混凝土发生弹性回缩、收缩、徐变后仍然能够使混凝土建立较高的预应力,需要采用较高的张拉应力,这就要求预应力筋要有较高的抗拉强度。

2) 与混凝土间有足够的黏结强度,特别对先张法预应力混凝土构件更为重要。

3) 良好的加工性能,如良好的可焊性、镦粗等加工要求。

4) 具有一定的塑性。为了避免预应力混凝土构件发生脆性破坏,要求预应力筋在拉断时具有一定的延伸率。

目前我国常用的预应力筋有以下几种。

1) 中高强钢丝。中高强钢丝是采用优质碳素钢盘条,经过几次冷拔后得到。中强度预应力钢丝的强度为 800～1200MPa,高强度钢丝的强度为 1470～1860MPa,钢丝直径为 3～9mm。为增加与混凝土的黏结强度,钢丝表面可采用"刻痕"或"压波",也可制成螺旋肋。

钢丝经冷拔后,存在较大的内应力,一般都需要采用低温回火处理来消除内应力,经过这样处理的钢丝称为消除应力钢丝,其比例极限、条件屈服强度和弹性模量均比消除应力前有所提高,塑性也有所改善。

2) 钢绞线。钢绞线是用 3 或 7 股高强钢丝捻制而成,用三根钢丝捻制的钢绞线表示为 1×3,公称直径有 8.6～12.9mm;用七根钢丝捻制而成的标准型钢绞线表示为 1×7,公称直径有 9.5～21.6mm。预应力筋往往由多根钢绞线组成,例如有 15-7ϕ^s9.5、12-7ϕ^s9.5 等型号规格的预应力钢绞线。以 15-7ϕ^s9.5 为例,含义是"一束由 15 根 7 丝(每丝公称直径 9.5mm)钢绞线组成的钢筋"。

3）预应力螺纹钢筋。采用热轧、轧后余热处理或热处理等工艺制作成带有不连续无纵肋的外螺纹的直条钢筋,该钢筋在任意截面处均可用带有匹配形状的内螺纹的连接器或锚具进行连接或锚固。直径为 18～50mm,具有高强度、高韧性等特点。

各类预应力筋的标准值和设计值见附表 2-2 和附表 2-4。

2. 混凝土

预应力混凝土结构构件所用的混凝土,需满足下列要求:

1）强度高。预应力混凝土必须具有较高的抗压强度,能够承受很高的预压应力,因而能够有效地减小构件的截面尺寸,减轻构件的自重,节约材料。对于先张法构件,提高混凝土强度,可相应提高黏结强度,减小应力传递长度。

2）收缩、徐变小,可以减少由于收缩、徐变引起的应力损失。

3）快硬、早强。混凝土能较快地获得强度,尽早地施加预应力,以提高台座、模具、夹具的周转率,加快施工进度,降低间接管理费用。

因此《标准》规定,预应力混凝土楼板结构的混凝土强度等级不应低于 C30,其他预应力混凝土结构构件不应低于 C40。

11.2　张拉控制应力和预应力损失

11.2.1　张拉控制应力

张拉控制应力是指张拉预应力筋时,张拉设备(千斤顶油压表)所指示的总张拉力除以预应力筋截面面积而得的拉应力值,用 σ_{con} 表示。

σ_{con} 是施工时张拉预应力筋的依据,其取值应适当。张拉控制应力值不宜太高,太高可能会引起构件局部开裂或破坏,也可能导致个别钢筋被拉断;张拉控制应力也不宜过低,张拉控制应力过低有可能使预应力的效果不明显。

《标准》规定,预应力筋的张拉控制应力 σ_{con} 应符合下列规定:

（1）消除应力钢丝、钢绞线

$$\sigma_{con} \leqslant 0.75 f_{ptk} \tag{11.2-1}$$

（2）中强度预应力钢丝

$$\sigma_{con} \leqslant 0.70 f_{ptk} \tag{11.2-2}$$

（3）预应力螺纹钢筋

$$\sigma_{con} \leqslant 0.85 f_{pyk} \tag{11.2-3}$$

式中, f_{ptk}——预应力筋极限强度标准值;

f_{pyk}——预应力螺纹钢筋屈服强度标准值。

消除应力钢丝、钢绞线、中强度预应力钢丝的张拉控制应力值不应小于 $0.4 f_{ptk}$;预应力螺纹钢筋的张拉应力控制值不宜小于 $0.5 f_{pyk}$。

当符合下列情况之一时,上述张拉控制应力限值可相应提高 $0.05 f_{ptk}$ 或 $0.05 f_{pyk}$:

1）要求提高构件在施工阶段的抗裂性能而在使用阶段受压区内设置的预应力筋。

2）要求部分抵消由于应力松弛、摩擦、钢筋分批张拉以及预应力筋与张拉台座之间的温差等因素产生的预应力损失。

11.2.2 预应力损失

在预应力混凝土构件施工及使用过程中,预应力钢筋的张拉应力值是在不断降低的,称为预应力损失。由于最终稳定后的应力值才对构件产生实际的预应力效果,预应力损失计算是预应力混凝土结构计算中的一个关键问题,过高或过低估计预应力损失,都会对预应力混凝土结构的使用性能产生不利影响。

引起预应力损失的因素很多,且各种因素相互影响,要精确计算非常困难。《标准》为简化计算,采用分别计算各种因素引起的预应力损失,然后进行叠加的方法确定总预应力损失。下面介绍各项预应力损失的计算。

1. 张拉端锚具变形和钢筋内缩引起的预应力损失 σ_{l1}

预应力筋张拉后锚固时,由于锚具的压缩变形、缝隙被挤紧以及预应力筋在锚具中内缩滑移引起的预应力损失为 σ_{l1}。对于直线预应力筋 σ_{l1} 应按下列公式计算为

$$\sigma_{l1} = \frac{a}{l}E_s \tag{11.2-4}$$

式中,a——张拉端锚具变形和预应力筋内缩值(mm),可按表 11.2-1 采用;

l——张拉端至锚固段之间的距离(mm)。

表 11.2-1 锚具变形和预应力筋内缩值 a(mm)

锚 具 类 别		a
支承式锚具(钢丝束墩头锚具等)	螺母缝隙	1
	每块后加垫板的缝隙	1
夹片式锚具	有顶压时	5
	无顶压时	6～8

注：1. 表中的锚具变形和预应力筋内缩值也根据实测数据确定;

2. 其他类型的锚具变形和预应力筋内缩值应根据实测数据确定。

对于后张法构件曲线预应力筋或折线预应力筋由于锚具变形和预应力筋内缩引起的预应力损失 σ_{l1},应根据曲线预应力筋或折线预应力筋与孔道壁之间反向摩擦影响长度 l_f 范围内的预应力筋变形值等于锚具变形和预应力筋内缩值的条件确定(图 11.2-1)。反向摩擦影响长度 l_f 及常用束形的后张预应力筋在反向摩擦影响长度 l_f 范围内的预应力损失值 σ_{l1} 可按《标准》附录 J 的规定计算。

对于抛物线形预应力筋可近似按圆弧形曲线预应力筋考虑。当其对应的圆心角 $\theta \leqslant 30°$ 时,应力损失 σ_{l1} 按下列公式计算为

$$\sigma_{l1} = 2\sigma_{con}l_f\left(\frac{\mu}{r_c}+k\right)\left(1-\frac{x}{l_f}\right) \tag{11.2-5}$$

$$l_f = \sqrt{\frac{aE_s}{1000\sigma_{con}(\mu/r_c+k)}} \tag{11.2-6}$$

式中，r_c——圆弧形曲线预应力筋的曲率半径；

　　　μ——预应力筋与孔道壁之间的摩擦系数，按表 11.2-2 采用；

　　　k——考虑孔道每米长度局部偏差的摩擦系数，按表 11.2-2 采用；

　　　a——张拉端锚具变形和预应力钢筋内缩值(mm)，按表 11.2-1 采用；

　　　E_s——预应力筋弹性模量。

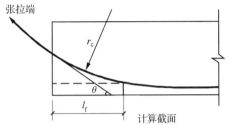

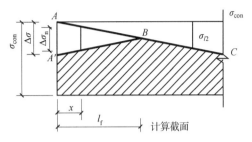

(a) 曲线预应力筋张拉　　　　　　　　　　　(b) 预应力筋应力分布

图 11.2-1　曲线预应力筋的预应力损失

表 11.2-2　摩擦系数

孔道成型方式	k	μ	
		钢绞线、钢丝束	预应力螺纹钢筋
预埋金属波纹管	0.0015	0.25	0.50
预埋塑料波纹管	0.0015	0.15	—
预埋钢管	0.0010	0.30	—
抽芯成型	0.0014	0.55	0.60
无黏结预应力筋	0.0040	0.09	—

注：摩擦系数也可根据实测数据确定。

2. 预应力筋与孔道壁之间的摩擦引起的预应力损失 σ_{l2}

采用后张法张拉钢筋时，由于预应力筋与周围接触的混凝土或套管之间存在摩擦，这种摩擦阻力距离预应力张拉端越远，影响越大，引起构件各截面上预应力筋的实际预应力有所减小，称为摩擦损失 σ_{l2}。摩擦阻力由两个原因引起：一是在张拉直线预应力筋时，由于孔道局部偏差、孔壁粗糙以及预应力筋表面粗糙等原因，使得预应力筋与孔壁刮碰产生的；另一种是张拉曲线预应力筋时，由于曲线孔道的曲率，使预应力筋与孔壁之间产生法向接触压力而引起的，如图 11.2-2 所示。

《标准》规定，预应力钢筋与孔道壁之间的摩擦引起的预应力损失值 σ_{l2}，宜按下式计算为

$$\sigma_{l2} = \sigma_{con}\left(1 - \frac{1}{e^{kx+\mu\theta}}\right) \tag{11.2-7}$$

当 $(kx+\mu\theta) \leqslant 0.3$ 时，σ_{l2} 可按下式计算为

$$\sigma_{l2} = (kx+\mu\theta)\sigma_{con} \tag{11.2-8}$$

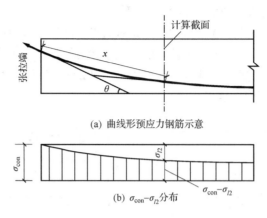

图 11.2-2　预应力钢筋的摩擦损失

当采用夹片式群锚体系时,在 σ_{con} 中宜扣除锚口摩擦损失(按实测值或厂家提供的数据确定)。

式中,x——从张拉端至计算截面的孔道长度,可近似取该段孔道在纵轴上的投影长度
　　　　　　(m);

　　　　θ——从张拉端至计算截面曲线孔道各部分切线的夹角(rad)之和;

　　　　k——考虑孔道每米长度局部偏差的摩擦系数,按表 11.2-2 采用;

　　　　μ——预应力筋与孔道壁之间的摩擦系数,按表 11.2-2 采用。

为减少摩擦损失,可采取两端张拉或超张拉的方法,其减少损失的原理见图 11.2-3。但两端张拉时,两端均需考虑式(11.2-4)的锚具损失。

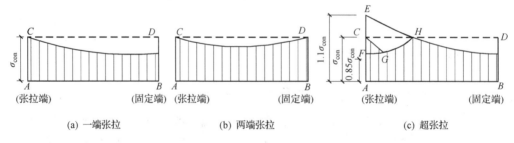

(a) 一端张拉　　　　　　　(b) 两端张拉　　　　　　　(c) 超张拉

图 11.2-3　减少摩擦损失的措施

3. 混凝土加热养护时受张拉的预应力与承受拉力的设备之间的温差引起的预应力损失 σ_{l3}

为了缩短先张法构件的生产周期,常采用蒸汽养护的方法加速混凝土的凝结硬化。升温时,新浇混凝土尚未结硬,预应力筋受热自由膨胀,但张拉预应力筋的台座是固定不动的,即钢筋长度不变,因此预应力筋就拉松了,其应力随温度的增高而降低,产生预应力损失 σ_{l3}。降温时,混凝土已经结硬,与预应力筋之间已具有黏结作用,两者共同回缩,已产生的预应力损失 σ_{l3} 无法恢复。

设混凝土加热养护时,受张拉的预应力筋与承受拉力的设备(台座)之间的温差为

$\Delta t(℃)$,钢筋的线膨胀系数为 $\alpha = 0.000\ 01/℃$,则 σ_{l3} 可按下式计算为

$$\sigma_{l3} = \alpha E_s \Delta t = 0.000\ 01 \times 2 \times 10^5 \Delta t = 2\Delta t \tag{11.2-9}$$

式中,σ_{l3} 以 N/mm^2 计。

减少 σ_{l3} 可采取以下措施:

1) 采用两次升温养护。先升温到 $20\sim25℃$ 养护,待混凝土强度达到 C7.5~C10 时,再逐渐升温至规定的养护温度,这时可以认为钢筋与混凝土已结成整体,能一起胀缩而不引起应力损失。

2) 钢模上张拉预应力筋。由于预应力筋是锚固在钢模上的,一起加热养护时不存在温差,可以不考虑此项损失。

4. 预应力筋应力松弛引起的预应力损失 σ_{l4}

钢筋在高应力长期作用下其塑性变形具有随时间而增长的性质。在钢筋长度保持不变的条件下,应力值会随时间的增长而逐渐降低,这种现象称为应力松弛。

《标准》根据应力松弛的试验结果,给出了应力松弛 σ_{l4} 的计算方法:

(1) 消除应力钢丝、钢绞线

① 普通松弛

$$\sigma_{l4} = 0.4\left(\frac{\sigma_{con}}{f_{ptk}} - 0.5\right)\sigma_{con} \tag{11.2-10}$$

② 低松弛

当 $\sigma_{con} \leqslant 0.7 f_{ptk}$ 时

$$\sigma_{l4} = 0.125\left(\frac{\sigma_{con}}{f_{ptk}} - 0.5\right)\sigma_{con} \tag{11.2-11}$$

当 $0.7 f_{ptk} < \sigma_{con} \leqslant 0.8 f_{ptk}$ 时

$$\sigma_{l4} = 0.2\left(\frac{\sigma_{con}}{f_{ptk}} - 0.575\right)\sigma_{con} \tag{11.2-12}$$

(2) 中强度预应力钢丝

$$\sigma_{l4} = 0.08\sigma_{con} \tag{11.2-13}$$

(3) 预应力螺纹钢筋

$$\sigma_{l4} = 0.03\sigma_{con} \tag{11.2-14}$$

试验表明,应力松弛损失值与钢材品种、张拉控制应力的大小以及时间有关。张拉控制应力 σ_{con} 越高,应力松弛越大;应力松弛的发生是先快后慢,第一小时松弛损失可达全部松弛损失的 50% 左右,24 小时后可达 80% 左右,以后发展缓慢。

根据应力松弛的上述特性,可采用短时间超张拉方法来减少松弛损失。超张拉的程序是:$0 \rightarrow 1.05\sigma_{con}$(持荷 2min)$\rightarrow 0 \rightarrow \sigma_{con}$。

5. 混凝土收缩和徐变引起的预应力损失 σ_{l5}

混凝土硬化时会产生收缩,而在长期预压作用下产生徐变,两者都会导致预应力混凝土构件的缩短,预应力筋也随之内缩,引起预应力损失。虽然收缩与徐变性质不同,但它

们是同时产生的,且影响因素和变化规律较为相似,因此《标准》将这两项预应力损失合并考虑。

混凝土收缩、徐变引起受拉区和受压区纵向预应力筋的预应力损失值可按下列方法确定:

1)一般情况。

先张法构件

$$\sigma_{l5} = \frac{60 + 340 \frac{\sigma_{pc}}{f'_{cu}}}{1 + 15\rho} \tag{11.2-15}$$

$$\sigma'_{l5} = \frac{60 + 340 \frac{\sigma'_{pc}}{f'_{cu}}}{1 + 15\rho'} \tag{11.2-16}$$

后张法构件

$$\sigma_{l5} = \frac{55 + 300 \frac{\sigma_{pc}}{f'_{cu}}}{1 + 15\rho} \tag{11.2-17}$$

$$\sigma'_{l5} = \frac{55 + 300 \frac{\sigma'_{pc}}{f'_{cu}}}{1 + 15\rho'} \tag{11.2-18}$$

式中,σ_{pc}、σ'_{pc}——受拉区、受压区预应力筋在各自合力点处的混凝土法向压应力,见11.4节;

f'_{cu}——施加预应力时的混凝土立方体抗压强度;

ρ、ρ'——受拉区、受压区预应力筋和普通钢筋的配筋率,见图11.2-4,按式(11.2-19)计算:

对先张法构件

$$\rho = \frac{A_p + A_s}{A_0} \quad \rho' = \frac{A'_p + A'_s}{A_0} \tag{11.2-19}$$

对后张法构件

$$\rho = \frac{A_p + A_s}{A_n} \quad \rho' = \frac{A'_p + A'_s}{A_n} \tag{11.2-20}$$

式中,A_0——先张法构件换算截面面积,$A_0 = A_c + \alpha_E A_p + \alpha_E A_s$;

A_n——后张法构件扣除孔道后的净截面面积,$A_n = A_c + \alpha_E A_s$;

α_E——钢筋的弹性模量与混凝土弹性模量的比值。

对于对称配置预应力筋和普通钢筋的构件,配筋率ρ、ρ'应分别按全部钢筋截面面积的一半进行计算(图11.2-4)。

计算受拉区、受压区预应力筋合力点处的混凝土法向应力σ_{pc}、σ'_{pc}时,预应力损失值仅考虑混凝土预压前(第一批)的损失,计算方法见11.4节,其普通钢筋中的应力σ_{l5}、σ'_{l5}值应取为零。σ_{pc}、σ'_{pc}值不得大于$0.5f'_{cu}$;当σ'_{pc}为拉应力时,式(11.2-16)、式(11.2-18)中的σ'_{pc}应取为零。计算混凝土法向应力σ_{pc}、σ'_{pc}时,可根据构件制作情况考虑自重的影响。

当结构处于年平均相对湿度低于40%的环境中时,σ_{l5}和σ'_{l5}值应增加30%。

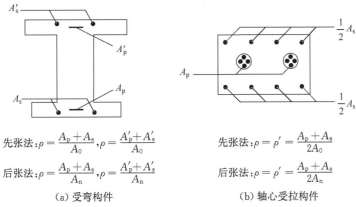

$$先张法：\rho=\frac{A_p+A_s}{A_0},\rho=\frac{A_p'+A_s'}{A_0} \qquad 先张法：\rho=\rho'=\frac{A_p+A_s}{2A_0}$$

$$后张法：\rho=\frac{A_p+A_s}{A_n},\rho=\frac{A_p'+A_s'}{A_n} \qquad 后张法：\rho=\rho'=\frac{A_p+A_s}{2A_n}$$

（a）受弯构件　　　　　　　　　（b）轴心受拉构件

图 11.2-4　计算 σ_{l5} 时配筋率的确定

2）对重要的结构构件，当需要考虑与时间相关的混凝土收缩、徐变预应力损失时，可按《标准》附录 K 进行计算。

由于后张法构件在开始施加预应力时，混凝土已完成部分收缩，后张法构件 σ_{l5} 比先张法构件低。所有能减少混凝土收缩与徐变的措施，都能减小预应力损失 σ_{l5}。

6. 螺旋式预应力筋作配筋的环形构件，由于混凝土局部挤压引起的预应力损失 σ_{l6}

当环形构件采用螺旋式预应力筋配筋时，由于预应力筋对混凝土的挤压，使环形构件的直径减小，造成预应力损失 σ_{l6}。

σ_{l6} 的大小与环形构件的直径 d 成反比，直径越小，损失越大。《标准》规定：

当 $d \leqslant 3m$ 时，$\sigma_{l6}=30N/mm^2$；

$d > 3m$ 时，$\sigma_{l6}=0$。

各项预应力损失的因素与计算汇总于表 11.2-3。

表 11.2-3　预应力损失值

引起损失的因素		符号	先张法构件	后张法构件
张拉端锚具变形和预应力筋内缩		σ_{l1}	式(11.2-4)	式(11.2-5)
预应力筋的摩擦	与孔道壁之间的摩擦	σ_{l2}	—	式(10.2-7)
	张拉端锚口摩擦		按实测值或厂家提供的数据确定	
	在转向装置处的摩擦		按实际情况确定	
混凝土加热养护时，预应力筋与承受拉力的设备之间的温差		σ_{l3}	式(11.2-9)	—
预应力筋的应力松弛		σ_{l4}	式(11.2-10)～式(11.2-14)	
混凝土的收缩徐变		σ_{l5}	式(11.2-15)～式(11.2-18)	
用螺旋式预应力筋作配筋的环形构件，当直径 d 不大于 3m 时，由于混凝土的局部挤压		σ_{l6}	—	$30N/mm^2$

11.2.3　预应力损失值的组合

以上的各项预应力损失按不同的张拉方法是分批发生的，为便于分析和计算，通常以混凝土预压时刻为界限,将预应力损失分为两批,即:①混凝土预压前完成的损失 $\sigma_{l\mathrm{I}}$,也称第一批损失;②混凝土预压后完成的损失 $\sigma_{l\mathrm{II}}$,也称第二批损失。《标准》规定,预应力构件在各阶段的预应力损失值宜按表 11.2-4 的规定进行组合。

表 11.2-4　各阶段的预应力损失值的组合

预应力损失值的组合	先张法构件	后张法构件
混凝土预压前(第一批)的损失 $\sigma_{l\mathrm{I}}$	$\sigma_{l1} + \sigma_{l2} + \sigma_{l3} + \sigma_{l4}$	$\sigma_{l1} + \sigma_{l2}$
混凝土预压后(第二批)的损失 $\sigma_{l\mathrm{II}}$	σ_{l5}	$\sigma_{l4} + \sigma_{l5} + \sigma_{l6}$

注:先张法构件由于预应力筋应力松弛引起的损失值 σ_{l4} 在第一批和第二批损失中所占的比例,如需区分,可根据实际情况确定。

影响预应力损失的因素较为复杂,各项预应力损失计算结果不一定准确,按《标准》计算的预应力损失值有可能比实际的预应力损失值低,所以当计算求得的预应力总损失值 σ_l 小于下列数值时,应按下列数值取用:

先张法构件:$100\mathrm{N/mm^2}$;

后张法构件:$80\mathrm{N/mm^2}$。

11.2.4　后批张拉钢筋在先批张拉钢筋中引起的预应力损失

当混凝土受预应力作用而产生弹性压缩(或伸长)时,若钢筋(包括预应力筋和普通钢筋)与混凝土协调变形(即共同缩短或伸长),则二者的应变变化量相等,即 $\Delta\varepsilon_s = \Delta\varepsilon_c$ 或 $\dfrac{\Delta\sigma}{E_s} = \dfrac{\Delta\sigma_c}{E_c}$,则钢筋的应力变化为

$$\Delta\sigma = \frac{E_s}{E_c}\Delta\sigma_c = \alpha_E \Delta\sigma_c \tag{11.2-21}$$

式中,α_E——钢筋弹性模量与混凝土弹性模量的比值。

后张法构件的预应力筋采用分批张拉时,应考虑后批张拉钢筋所产生的混凝土弹性压缩(或伸长)对于先批张拉钢筋的影响,可将先批张拉钢筋的张拉控制应力值 σ_{con} 增加(或减小)$\alpha_E\sigma_{pci}$,此处 σ_{pci} 为后批张拉钢筋在先批张拉钢筋重心处产生的混凝土法向应力。

【例 11.2-1】 24m 预应力混凝土屋架下弦拉杆,截面构造如图 11.2-5 所示,采用后张法一端张拉预应力筋,孔道为预埋塑料波纹管,直径 55mm。每个孔道配置 5 ϕ^s 12.7 低松弛钢绞线($A_p = 987\mathrm{mm^2}$,$f_{ptk} = 1860\mathrm{N/mm^2}$),普通钢筋采用 HRB400 级钢筋 4 Φ 12。采用夹片式锚具(OVM 锚具),张拉控制应力采用 $\sigma_{con} = 0.75\,f_{ptk}$,混凝土强度等级为 C60,施加预应力时 $f'_{cu} = 60\mathrm{N/mm^2}$。计算预应力损失。

解　(1)截面几何特征

预应力筋

$$\alpha_E = \frac{E_s}{E_c} = \frac{1.95 \times 10^5}{3.6 \times 10^4} = 5.42$$

普通钢筋

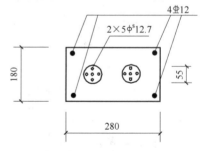

图 11.2-5　例 11.2-1 图

$$\alpha_E = \frac{E_s}{E_c} = \frac{2 \times 10^5}{3.6 \times 10^4} = 5.56$$

扣除孔道的净截面面积

$$A_n = A_c + \alpha_E A_s = (bh - A_{孔} - A_s) + \alpha_E A_s$$

$$= 280 \times 180 - 2 \times \frac{\pi}{4} \times 55^2 - 452 + 5.56 \times 452 = 47\ 709\text{mm}^2$$

换算截面面积

$$A_0 = A_n + \alpha_E A_p = 47\ 709 + 5.42 \times 987 = 53\ 059\text{mm}^2$$

（2）预应力损失计算

张拉控制应力

$$\sigma_{con} = 0.75 f_{ptk} = 0.75 \times 1860 = 1395\text{N/mm}^2$$

① 锚具变形及钢筋内缩损失 σ_{l1}。

夹片式锚具（OVM 锚具）内缩值 $a = 5\text{mm}$，构件长 $l = 24\text{m}$，则

$$\sigma_{l1} = \frac{a}{l} E_s = \frac{5}{24\ 000} \times 1.95 \times 10^5 = 40.63\text{N/mm}^2$$

② 摩擦损失 σ_{l2}。

预埋塑料波纹管成孔，查表 10.2-2 得 $k = 0.0015$，$\mu = 0.15$，直线配筋 $\theta = 0$，则

$$\sigma_{l2} = \sigma_{con}\left(1 - \frac{1}{e^{kx + \mu\theta}}\right) = 1395 \times \left(1 - \frac{1}{e^{0.0015 \times 24}}\right) = 49.33\text{N/mm}^2$$

第一批预应力损失：

$$\sigma_{l\,I} = \sigma_{l1} + \sigma_{l2} = 40.63 + 49.33 = 89.96\text{N/mm}^2$$

③ 应力松弛损失 σ_{l4}。

低松弛钢绞线，$\sigma_{con} = 0.75 f_{ptk}$，因此采用式（11.2-12），有

$$\sigma_{l4} = 0.2\left(\frac{\sigma_{con}}{f_{ptk}} - 0.575\right)\sigma_{con} = 0.2 \times (0.75 - 0.575) \times 1395 = 48.33\text{N/mm}^2$$

④ 收缩徐变损失 σ_{l5}。

$$\sigma_{pc} = \frac{(\sigma_{con} - \sigma_{l\,I})A_p}{A_n} = \frac{(1395 - 89.96) \times 987}{47\ 709} = 27.00\text{N/mm}^2$$

$$\frac{\sigma_{pc}}{f'_{cu}} = \frac{27}{60} = 0.45 < 0.5$$

$$\rho = \rho' = \frac{A_p + A_s}{2A_n} = \frac{987 + 452}{2 \times 47\ 709} = 0.015$$

$$\sigma_{l5} = \frac{55 + 300 \dfrac{\sigma_{pc}}{f'_{cu}}}{1 + 15\rho} = \frac{55 + 300 \times \dfrac{27}{60}}{1 + 15 \times 0.015} = 155.10\text{N/mm}^2$$

第二批预应力损失

$$\sigma_{l\,II} = \sigma_{l4} + \sigma_{l5} = 48.33 + 155.10 = 203.43\text{N/mm}^2$$

总预应力损失为

$$\sigma_l = \sigma_{l\,I} + \sigma_{l\,II} = 293.89\text{N/mm}^2 > 80\text{N/mm}^2$$

11.3　建立预应力的端部条件

11.3.1　先张法构件预应力钢筋的传递长度

先张法预应力混凝土构件的预压应力是通过预应力筋和混凝土之间的黏结力传递的,因此,在构件端部需经过一段传递长度才能在构件中的中间区段建立起不变的有效预应力。如图 11.3-1 所示,预应力值从零到有效预应力区段的长度 l_{tr} 称为传递长度,在此长度内,应力差值由钢筋和混凝土之间的黏结力来平衡。为了简化计算,可近似按线性变化考虑。先张法构件预应力筋的预应力传递长度可按式(11.3-1)计算为

$$l_{tr} = \alpha \frac{\sigma_{pe}}{f'_{tk}} d \qquad (11.3\text{-}1)$$

式中,σ_{pe}——放张时预应力筋的有效预应力值;

　　　d——预应力筋的公称直径,见附录 4 中的附表 4-3 和附表 4-4;

　　　α——预应力筋的外形系数,按表 2.3-1 取用;

　　　f'_{tk}——与放张时混凝土立方体抗压强度 f'_{cu} 相应的轴心抗拉强度标准值,可按附录 2 中的附表 2-9 以线性内插法确定。

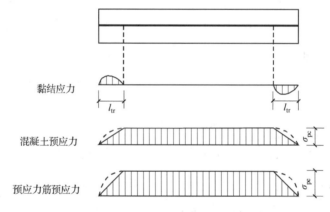

图 11.3-1　先张法构件预应力的传递

11.3.2　后张法构件端部锚固区的局部受压承载力计算

后张法构件的预压力是通过锚具下的垫板传递给混凝土的。由于锚具及垫板下局部面积内有较大的局部压应力,需要经过一段距离才能扩散到整个截面上,从而产生均匀的预压应力,这段距离近似等于构件截面的高度,称为锚固区。锚固区的混凝土处于三向应力状态,如图 11.3-2(a)~(c)所示,经有限元分析,沿构件的横向应力 σ_y 在距端部较近处为压应力,而较远处则为拉应力,当拉应力超过混凝土的抗拉强度时,构件端部将出现纵向裂缝,甚至导致局部受压破坏。因此,需要进行锚具下混凝土的截面尺寸和承载能力的验算。

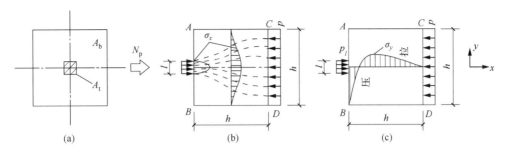

图 11.3-2 后张法构件端部混凝土局部受压的应力分布

1. 构件局部受压区截面尺寸验算

试验表明,当局压区配置间接钢筋过多时,垫板下的混凝土会产生过大的下沉变形,导致局部破坏,因此构件端部截面尺寸不能过小。《标准》规定,配置间接钢筋的混凝土结构构件,其局部受压区的截面尺寸应符合下列要求:

$$F_l \leqslant 1.35\beta_c\beta_l f_c A_{ln} \tag{11.3-2}$$

$$\beta_l = \sqrt{\frac{A_b}{A_l}} \tag{11.3-3}$$

式中,F_l——局部受压面上作用的局部荷载或局部压力设计值,对有黏结预应力混凝土构件中的锚头局压区,应取 $F_l = 1.2\sigma_{con}A_p$;

f_c——混凝土的轴心抗压强度设计值,在后张法预应力混凝土构件的张拉阶段验算中,可根据相应阶段的混凝土立方体抗压强度 f'_{cu} 值,按附表 2-10 线性内插法取用;

β_c——混凝土强度影响系数,当混凝土强度等级不超过 C50 时,取 $\beta_c = 1.0$,当混凝土强度等级为 C80 时,取 $\beta_c = 0.8$,期间按线性内插法确定;

β_l——混凝土局部受压时的强度提高系数;

A_l——混凝土局部受压面积;

A_{ln}——混凝土局部受压净面积,对后张法构件,应在混凝土局部受压面积中扣除孔道、凹槽部分的面积;

A_b——局部受压的计算底面积,可由局部受压面积与计算底面积按同心、对称的原则确定,常用情况如图 11.3-3 所示。

2. 局部受压承载力计算

在端部锚固区内配置方格网式或螺旋式间接钢筋,可以提高局部受压承载力并控制裂缝宽度。配置方格网式或螺旋式间接钢筋的局部受压承载力按下列公式计算为

$$F_l \leqslant 0.9(\beta_c\beta_l f_c + 2\alpha\rho_v\beta_{cor}f_{yv})A_{ln} \tag{11.3-4}$$

当为方格网式配筋时,其体积配筋率 ρ_v 应按下列公式计算为

$$\rho_v = \frac{n_1 A_{s1} l_1 + n_2 A_{s2} l_2}{A_{cor}s} \tag{11.3-5}$$

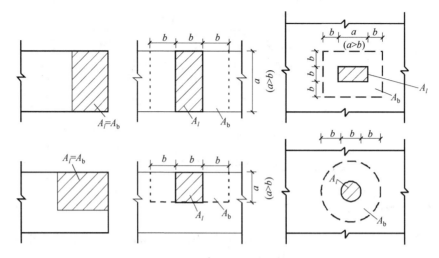

图 11.3-3　局部受压的计算底面积

当为螺旋式配筋时,其体积配筋率应按下列公式计算为

$$\rho_{\mathrm{v}} = \frac{4A_{\mathrm{ss1}}}{d_{\mathrm{cor}}s} \tag{11.3-6}$$

式中,F_l、β_{c}、β_l、f_{c}、A_{ln}——同式(11.3-2);

　　　　β_{cor}——配置间接钢筋的局部受压承载力提高系数,当 $A_{\mathrm{cor}} > A_{\mathrm{b}}$ 时,取 $A_{\mathrm{cor}} = A_{\mathrm{b}}$,当 A_{cor} 不大于混凝土局部受压面积 A_l 的 1.25 倍时,$\beta_{\mathrm{cor}} = 1.0$,有

$$\beta_{\mathrm{cor}} = \sqrt{\frac{A_{\mathrm{cor}}}{A_l}} \tag{11.3-7}$$

　　　　α——间接钢筋对混凝土约束的折减系数,当混凝土强度等级不超过 C50 时,取 $\alpha = 1.0$,当混凝土强度等级为 C80 时,取 $\alpha = 0.85$,当混凝土强度等级为 C50 与 C80 之间时,按线性内插法确定;

　　　　A_{cor}——配置方格网或螺旋式间接钢筋内表面范围内的混凝土核心截面面积(不扣除孔道面积),应大于混凝土局部受压面积 A_l,其重心应与 A_l 的重心重合,计算中按同心对称的原则取值;

　　　　f_{yv}——间接钢筋的抗拉强度设计值,见附表 2-3;

　　　　ρ_{v}——间接钢筋的体积配筋率(核心面积范围内的单位混凝土体积所含间接钢筋的体积),且要求 $\rho_{\mathrm{v}} \geqslant 0.5\%$;

　　　　n_1、A_{s1}——方格网沿 l_1 方向的钢筋根数、单根钢筋的截面面积;

　　　　n_2、A_{s2}——方格网沿 l_2 方向的钢筋根数、单根钢筋的截面面积;

　　　　A_{ss1}——单根螺旋式间接钢筋的截面面积;

　　　　d_{cor}——螺旋式间接钢筋内表面范围内的混凝土截面直径;

　　　　s——方格网式或螺旋式间接钢筋的间距,宜取 30~80mm。

间接钢筋应配置在图 11.3-4 所规定的高度 h 范围内,对方格网式钢筋,钢筋网两个方向上单位长度内钢筋截面面积的比值不宜大于 1.5 倍,且不应少于 4 片;对螺旋式钢筋,不应少于 4 圈。

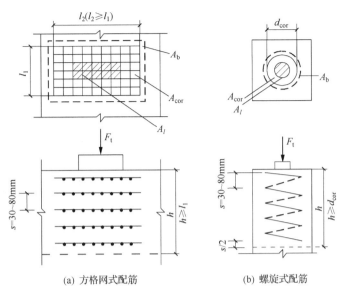

(a) 方格网式配筋　　　　　　(b) 螺旋式配筋

图 11.3-4　局部受压区的间接钢筋

11.4　预应力混凝土轴心受拉构件的应力分析

预应力混凝土轴心受拉构件从张拉钢筋开始直到构件破坏,截面中混凝土和钢筋应力的变化可以分为两个阶段:施工阶段和使用阶段,每个阶段又包括若干个特征受力过程。本节用 σ_p 表示预应力筋的应力、σ_s 表示普通钢筋的应力、σ_{pc} 表示混凝土的应力;A_p、A_s、A_c 分别表示预应力筋、普通钢筋和混凝土的截面面积。

11.4.1　先张法构件

1. 施工阶段

先张法的施工程序是:张拉钢筋—浇筑混凝土—养护混凝土达到一定的强度—放张钢筋。先张法施工阶段的受力分析如图 11.4-1 所示,以下分别介绍各阶段的受力分析。

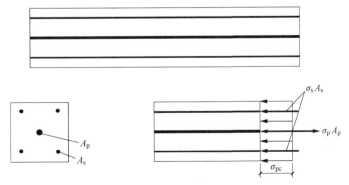

图 11.4-1　先张法施工阶段受力分析

（1）张拉预应力筋

张拉预应力筋时，预应力筋的拉应力达到张拉控制应力 σ_{con}，此时预应力筋的总预拉力为 $\sigma_{con}A_p$，其中 A_p 为预应力筋的面积。

（2）完成第一批预应力损失

预应力筋张拉完毕后锚固在台座上，然后浇筑混凝土并蒸汽养护，直到放张预应力筋前，此阶段完成第一批预应力损失 σ_{lI}（$\sigma_{lI}=\sigma_{l1}+\sigma_{l2}+\sigma_{l3}+\sigma_{l4}$）。此时，预应力筋的应力降低为 $\sigma_p=\sigma_{con}-\sigma_{lI}$；由于尚未放松预应力筋，混凝土没有受力，$\sigma_{pc}=0$，普通钢筋应力 $\sigma_s=0$。

（3）放张预应力钢筋

放松预应力筋后，预应力筋回缩，通过预应力筋和混凝土之间的黏结力，使混凝土受到压缩，产生的预压应力为 σ_{pcI}。混凝土受压后产生压缩变形 σ_{pcI}/E_c，由于预应力筋与混凝土两者的变形协调，预应力筋也将回缩同样数值，则预应力筋的拉应力进一步降低，降低的数值等于 $E_s\cdot\sigma_{pcI}/E_c=\alpha_E\sigma_{pcI}$，其中 α_E 为预应力筋或普通钢筋的弹性模量与混凝土弹性模量之比，$\alpha_E=E_s/E_c$。同时，普通钢筋也随混凝土的压缩相应产生预压应力 σ_s。在此阶段有

$$\sigma_p=\sigma_{con}-\sigma_{lI}-\alpha_E\sigma_{pcI} \tag{11.4-1}$$

$$\sigma_{pc}=\sigma_{pcI} \tag{11.4-2}$$

$$\sigma_s=\alpha_E\sigma_{pcI} \tag{11.4-3}$$

根据截面内力平衡条件

$$\sigma_p A_p=\sigma_{pc}A_c+\sigma_s A_s$$

将式(11.4-1)、式(11.4-2)和式(11.4-3)代入上式

$$(\sigma_{con}-\sigma_{lI}-\alpha_E\sigma_{pcI})A_p=\sigma_{pcI}A_c+\alpha_E\sigma_{pcI}A_s \tag{11.4-4}$$

可得此阶段混凝土的有效应力为

$$\sigma_{pcI}=\frac{(\sigma_{con}-\sigma_{lI})A_p}{A_c+\alpha_E A_s+\alpha_E A_p}=\frac{(\sigma_{con}-\sigma_{lI})A_p}{A_0} \tag{11.4-5}$$

此时的应力状态，可作为施工阶段对构件进行承载能力计算的依据。另外，σ_{pcI} 还用于计算 σ_{l5}。

（4）完成第二批预应力损失

混凝土受压后，随着时间的增长产生收缩徐变引起的预应力损失 σ_{l5}，完成第二批预应力损失 σ_{lII}（$\sigma_{lII}=\sigma_{l5}$），此阶段已完成全部预应力损失。这时混凝土和钢筋将进一步缩短，混凝土压应力由 σ_{pcI} 降低为 σ_{pcII}，预应力筋的拉应力和普通钢筋的压应力降低，则

$$\sigma_p=\sigma_{con}-\sigma_{lI}-\sigma_{lII}-\alpha_E\sigma_{pcII}=\sigma_{con}-\sigma_l-\alpha_E\sigma_{pcII} \tag{11.4-6}$$

$$\sigma_{pc}=\sigma_{pcII} \tag{11.4-7}$$

$$\sigma_s=\alpha_E\sigma_{pcII}+\sigma_{l5} \tag{11.4-8}$$

根据截面平衡条件可得

$$(\sigma_{con}-\sigma_l-\alpha_E\sigma_{pcII})A_p=\sigma_{pcII}A_c+(\alpha_E\sigma_{pcII}+\sigma_{l5})A_s \tag{11.4-9}$$

此时混凝土的有效应力为

$$\sigma_{pcII}=\frac{(\sigma_{con}-\sigma_l)A_p-\sigma_{l5}A_s}{A_c+\alpha_E A_s+\alpha_E A_p}=\frac{(\sigma_{con}-\sigma_l)A_p-\sigma_{l5}A_s}{A_0} \tag{11.4-10}$$

上式为先张法构件中最终建立的混凝土有效预压应力。

2. 使用阶段

先张法使用各阶段的受力分析如图 11.4-2 所示。

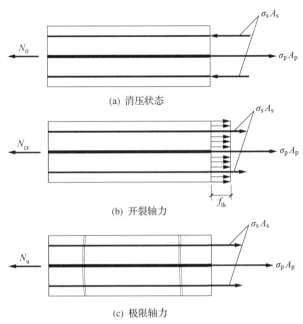

(a) 消压状态

(b) 开裂轴力

(c) 极限轴力

图 11.4-2　使用阶段受力分析

（1）加载至混凝土应力为零

由轴向拉力 N_0 产生的混凝土拉应力恰好全部抵消混凝土的有效预压应力 σ_{pcII}，使截面处于消压状态，对应的轴向拉力 N_0 称为"消压轴力"。此时预应力筋的有效应力为 σ_{p0}，则有

$$\sigma_p = \sigma_{p0} = \sigma_{con} - \sigma_l \tag{11.4-11}$$

$$\sigma_{pc} = 0 \tag{11.4-12}$$

$$\sigma_s = \sigma_{l5} \tag{11.4-13}$$

根据截面平衡条件可得

$$N_0 = \sigma_p A_p - \sigma_s A_s = \sigma_{pcII} A_0 \tag{11.4-14}$$

（2）加载至裂缝即将出现

随着轴向拉力的继续增大，构件截面上混凝土开始受拉，当拉应力达到混凝土抗拉强度标准值 f_{tk} 时，构件截面即将开裂。相应的轴向拉力为 N_{cr}，此时

$$\sigma_p = \sigma_{pcr} = \sigma_{p0} + \alpha_E f_{tk} = \sigma_{con} - \sigma_l + \alpha_E f_{tk} \tag{11.4-15}$$

$$\sigma_{pc} = f_{tk} \tag{11.4-16}$$

$$\sigma_s = \alpha_E f_{tk} - \sigma_{l5} \tag{11.4-17}$$

根据截面平衡条件可得

$$N_{cr} = \sigma_p A_p + \sigma_s A_s + f_{tk} A_c = (\sigma_{pcII} + f_{tk}) A_0 \qquad (11.4\text{-}18)$$

上式可作为使用阶段对构件进行抗裂验算的依据。

（3）加载至破坏

轴心受拉构件的裂缝沿截面贯通，则构件开裂后，裂缝截面混凝土完全退出工作，荷载全部由钢筋承担，当裂缝截面上预应力筋和普通钢筋的拉应力先后达到各自的抗拉强度设计值时，构件破坏，相应的轴向拉力极限值为

$$N_u = f_{py} A_p + f_y A_s \qquad (11.4\text{-}19)$$

上式可作为使用阶段对构件进行承载能力极限状态计算的依据。

11.4.2 后张法构件

1. 施工阶段

后张法的施工程序是：浇筑混凝土并预留孔道—穿设并张拉预应力筋—锚固预应力筋和孔道灌浆。后张法施工各阶段的受力分析如图 11.4-3 所示，以下分别加以介绍。

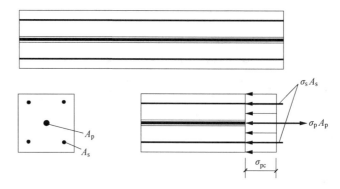

图 11.4-3　后张法施工阶段受力分析

（1）张拉预应力钢筋

张拉预应力筋时，混凝土同时到弹性压缩，并在张拉过程中产生摩擦损失 σ_{l2}，设此时混凝土应力为 σ_{cc}，则有

$$\sigma_p = \sigma_{con} - \sigma_{l2} \qquad (11.4\text{-}20)$$

$$\sigma_{pc} = \sigma_{cc} \qquad (11.4\text{-}21)$$

$$\sigma_s = \alpha_E \sigma_{cc} \qquad (11.4\text{-}22)$$

根据截面内力平衡条件

$$\sigma_p A_p = \sigma_{pc} A_c + \sigma_s A_s$$

有

$$(\sigma_{con} - \sigma_{l2}) A_p = \sigma_{cc} A_c + \alpha_E \sigma_{cc} A_s$$

可得混凝土的预压应力为

$$\sigma_{cc} = \frac{(\sigma_{con} - \sigma_{l2}) A_p}{A_c + \alpha_E A_s} = \frac{(\sigma_{con} - \sigma_{l2}) A_p}{A_n} \qquad (11.4\text{-}23)$$

式中，A_n——构件的净截面面积，$A_n = A_c + \alpha_E A_s$。

式(11.4-23)中,当 $\sigma_{l2}=0$(张拉端)时,σ_{cc} 达到最大值,即

$$\sigma_{cc} = \frac{\sigma_{con}A_p}{A_n} \tag{11.4-24}$$

上式可作为施工阶段对构件进行承载力验算的依据。

(2) 张拉结束并锚固

当张拉结束并将预应力筋锚固在构件上时,产生锚固损失 σ_{l1},从而完成了第一批损失 σ_{lI}($\sigma_{lI}=\sigma_{l1}+\sigma_{l2}$)。此时

$$\sigma_p = \sigma_{con} - \sigma_{l1} - \sigma_{l2} = \sigma_{con} - \sigma_{lI} \tag{11.4-25}$$

$$\sigma_{pc} = \sigma_{pcI} \tag{11.4-26}$$

$$\sigma_s = \alpha_E \sigma_{pcI} \tag{11.4-27}$$

根据截面平衡条件可得

$$(\sigma_{con} - \sigma_{lI})A_p = \sigma_{pcI}A_c + \alpha_E \sigma_{pcI}A_s \tag{11.4-28}$$

此时混凝土的有效应力为

$$\sigma_{pcI} = \frac{(\sigma_{con} - \sigma_{lI})A_p}{A_c + \alpha_E A_s} = \frac{(\sigma_{con} - \sigma_{lI})A_p}{A_n} \tag{11.4-29}$$

上式可用于计算 σ_{l5}。

(3) 完成第二批预应力损失

随着时间增长,将产生钢筋的应力松弛以及混凝土的收缩徐变引起的应力损失,最后完成了第二批预应力损失 σ_{lII}。此时

$$\sigma_p = \sigma_{con} - \sigma_{lI} - (\sigma_{l4} + \sigma_{l5}) = \sigma_{con} - \sigma_{lI} - \sigma_{lII} = \sigma_{con} - \sigma_l \tag{11.4-30}$$

$$\sigma_{pc} = \sigma_{pcII} \tag{11.4-31}$$

$$\sigma_s = \alpha_E \sigma_{pcII} + \sigma_{l5} \tag{11.4-32}$$

根据截面平衡条件可得

$$(\sigma_{con} - \sigma_l)A_p = \sigma_{pcII}A_c + (\alpha_E \sigma_{pcII} + \sigma_{l5})A_s \tag{11.4-33}$$

此时混凝土的有效应力为

$$\sigma_{pcII} = \frac{(\sigma_{con} - \sigma_l)A_p - \sigma_{l5}A_s}{A_c + \alpha_E A_s} = \frac{(\sigma_{con} - \sigma_l)A_p - \sigma_{l5}A_s}{A_n} \tag{11.4-34}$$

上式即为后张法构件中最终建立的混凝土有效预压应力。

2. 使用阶段

相应时刻的应力图形与先张法构件相同(图 11.4-2),外荷载产生的轴向拉力符号也相同。

(1) 加载至混凝土应力为零

由轴向拉力 N_0 产生的混凝土拉应力恰好全部抵消混凝土的有效预压应力 σ_{pcII},使截面处于消压状态,此时

$$\sigma_p = \sigma_{p0} = (\sigma_{con} - \sigma_l) + \alpha_E \sigma_{pcII} \tag{11.4-35}$$

$$\sigma_{pc} = 0 \tag{11.4-36}$$

$$\sigma_s = \sigma_{l5} \tag{11.4-37}$$

根据截面平衡条件可得

$$N_0 = \sigma_p A_p - \sigma_s A_s = \sigma_{pcII} A_0 \tag{11.4-38}$$

（2）加载至裂缝即将出现

$$\sigma_p = \sigma_{pcr} = \sigma_{p0} + \alpha_E f_{tk} = (\sigma_{con} - \sigma_l + \alpha_E \sigma_{pcII}) + \alpha_E f_{tk} \tag{11.4-39}$$

$$\sigma_{pc} = f_{tk} \tag{11.4-40}$$

$$\sigma_s = \alpha_E f_{tk} - \sigma_{l5} \tag{11.4-41}$$

根据截面平衡条件可得

$$N_{cr} = \sigma_p A_p + \sigma_s A_s + f_{tk} A_c = (\sigma_{pcII} + f_{tk}) A_0 \tag{11.4-42}$$

（3）加载至破坏

同先张法构件一样，裂缝截面处钢筋承担全部荷载，构件的极限承载力为

$$N_u = f_{py} A_p + f_y A_s \tag{11.4-43}$$

11.4.3　先张法与后张法计算公式的比较

表 11.4-1 和表 11.4-2 分别为先张法和后张法预应力混凝土轴心受拉构件各阶段的截面应力分析。

表 11.4-1　先张法构件的应力状态

阶段	受力阶段	预应力筋应力 σ_P	混凝土应力 σ_{pc}	普通钢筋应力 σ_s	平衡关系	混凝土中建立的有效预压应力与各阶段的轴向拉力	说明
施工阶段	张拉预应力筋	σ_{con}	0	0	—	—	—
	完成第一批预应力损失	$\sigma_{con} - \sigma_{lI}$	0	0	—	—	σ_{lI} $= \sigma_{l1} + \sigma_{l2} + \sigma_{l3} + \sigma_{l4}$
	放张预应力钢筋	$\sigma_{con} - \sigma_{lI}$ $- \alpha_E \sigma_{pcI}$	σ_{pcI}	$\alpha_E \sigma_{pcI}$	$\sigma_P A_p =$ $\sigma_{pc} A_c + \sigma_s A_s$	$\sigma_{pcI} = \dfrac{(\sigma_{con} - \sigma_{lI}) A_p}{A_0}$	A_0 $= A_c + \alpha_E A_p + \alpha_E A_s$
	完成第二批预应力损失	$\sigma_{con} - \sigma_l$ $- \alpha_E \sigma_{pcII}$	σ_{pcII}	$\alpha_E \sigma_{pcII}$ σ_{l5}		$\sigma_{pcII} = \dfrac{(\sigma_{con} - \sigma_l) A_p - \sigma_{l5} A_s}{A_0}$	$\sigma_{lII} = \sigma_{l5}$ $\sigma_l = \sigma_{lI} + \sigma_{lII}$
使用阶段	加载至消压状态	$\sigma_{con} - \sigma_l$	0	σ_{l5}	$N = \sigma_P A_p$ $+ \sigma_{pc} A_c$ $+ \sigma_s A_s$	$N_0 = \sigma_{pcII} A_0$	混凝土压应力减小至 0
	加载至将裂状态	$\sigma_{con} - \sigma_l$ $+ \alpha_E f_{tk}$	f_{tk}	$\alpha_E f_{tk} - \sigma_{l5}$		$N_{cr} = (\sigma_{pcII} + f_{tk}) A_0$	混凝土拉应力达到 f_{tk}
	加载至极限状态	f_{py}	0	f_y		$N_u = f_{py} A_p + f_y A_s$	混凝土拉裂

比较先张法与后张法预应力混凝土轴心受拉构件的计算公式，可以得到如下规律。

（1）钢筋应力

对先张法和后张法来说，普通钢筋应力 σ_s 的公式在各阶段的形式均相同，这是由于两种方法中普通钢筋与混凝土协调变形的起点均是混凝土应力为零时。

表 11.4-2　后张法构件的应力状态

阶段	受力阶段	预应力筋应力 σ_P	混凝土应力 σ_{pc}	普通钢筋应力 σ_s	平衡关系	混凝土中建立的有效预压应力与各阶段的轴向拉力	说明
施工阶段	张拉预应力筋	$\sigma_{con}-\sigma_{l2}$	σ_{cc}	$\alpha_E\sigma_{cc}$	—	—	—
	张拉结束并锚固	$\sigma_{con}-\sigma_{lI}$	σ_{pcI}	$\alpha_E\sigma_{pcI}$	$\sigma_P A_p=$ $\sigma_{pc}A_c+\sigma_s A_s$	$\sigma_{pcI}=\dfrac{(\sigma_{con}-\sigma_{lI})A_p}{A_n}$	$\sigma_{lI}=\sigma_{l1}+\sigma_{l2}$ $A_n=A_c+\alpha_E A_s$
	完成第二批预应力损失	$\sigma_{con}-\sigma_l$	σ_{pcII}	$\alpha_E\sigma_{pcII}+\sigma_{l5}$		$\sigma_{pcII}=\dfrac{(\sigma_{con}-\sigma_l)A_p-\sigma_{l5}A_s}{A_n}$	$\sigma_{lII}=\sigma_{l4}+\sigma_{l5}$ $\sigma_l=\sigma_{lI}+\sigma_{lII}$
使用阶段	加载至消压状态	$\sigma_{con}-\sigma_l+\alpha_E\sigma_{pcII}$	0	σ_{l5}	$N=\sigma_P A_p$ $+\sigma_{pc}A_c$ $+\sigma_s A_s$	$N_0=\sigma_{pcII}A_0$	混凝土压应力减小至 0
	加载至将裂状态	$\sigma_{con}-\sigma_l+\alpha_E\sigma_{pcII}+\alpha_E f_{tk}$	f_{tk}	$\alpha_E f_{tk}-\sigma_{l5}$		$N_{cr}=(\sigma_{pcII}+f_{tk})A_0$	混凝土拉应力达到 f_{tk}
	加载至极限状态	f_{py}	0	f_y		$N_u=f_{py}A_p+f_y A_s$	混凝土拉裂

　　预应力筋应力 σ_p 公式中,后张法比先张法的相应时刻应力多 $\alpha_E\sigma_{pc}$,这是因为后张法构件在张拉预应力筋的过程中混凝土也同时受压。因此,先张法和后张法两种施工方法中,预应力筋与混凝土协调变形的起点不同。

　　(2)混凝土应力

　　施工阶段,两种张拉方法的 σ_{pcI}、σ_{pcII} 公式形式相同,差别在于先张法公式中用构件的换算截面面积 A_0,而后张法用构件的净截面面积 A_n。如果采用相同的张拉控制应力 σ_{con},以及相同的材料强度等级、相同的混凝土截面尺寸、相同的预应力筋及截面面积,则由于 $A_0>A_n$,后张法构件中混凝土有效预压应力要大于先张法构件。

　　(3)轴向拉力

　　在使用阶段,先张法和后张法预应力混凝土构件在各特定时刻的轴向拉力 N_0、N_{cr} 和 N_u 计算公式的表达形式均相同,均采用构件的换算截面面积 A_0。

　　由开裂轴力 $N_{cr}=(\sigma_{pcII}+f_{tk})A_0=N_0+f_{tk}A_0$ 可知,由于预压应力 σ_{pcII} 的作用(σ_{pcII} 比 f_{tk} 大很多),使预应力混凝土轴心受拉构件的 N_{cr} 比同条件的普通混凝土轴心受拉构件大很多,即预应力混凝土构件的开裂轴力提高了 N_0,这也就是预应力混凝土构件抗裂度高的原因。

　　由预应力混凝土轴心受拉构件的极限承载力公式 $N_u=f_{py}A_p+f_y A_s$ 可知,与同条件的普通钢筋混凝土构件相比,预应力混凝土构件并不能提高构件的承载能力。

11.5　预应力混凝土轴心受拉构件的计算与验算

　　预应力混凝土轴心受拉构件,除应进行构件使用阶段承载力计算和裂缝控制验算外,还应进行施工阶段(制作、运输、安装)的承载力验算,以及后张法构件端部混凝土的局部受压验算。

11.5.1　使用阶段承载力计算

构件正截面受拉承载力按下式计算为

$$N \leqslant N_u = f_{py} A_p + f_y A_s \tag{11.5-1}$$

式中，N——构件的轴向拉力设计值；

f_{py}、f_y——预应力筋及普通钢筋的抗拉设计强度；

A_p、A_s——预应力筋及普通钢筋的截面面积。

11.5.2　使用阶段抗裂度验算及裂缝宽度验算

《标准》将预应力混凝土构件的抗裂等级划分为三个裂缝控制等级进行验算。

（1）一级——严格要求不出现裂缝的构件

在荷载标准组合下，受拉边缘应力应符合下列规定为

$$\sigma_{ck} - \sigma_{pc} \leqslant 0 \tag{11.5-2}$$

$$\sigma_{ck} = \frac{N_k}{A_0} \tag{11.5-3}$$

式中，σ_{ck}——荷载标准组合下抗裂验算边缘的混凝土法向应力；

σ_{pc}——扣除全部预应力损失后混凝土的预压应力，按式（11.4-10）式（11.4-34）计算；

N_k——按荷载标准组合计算的轴向拉力值；

A_0——构件换算截面面积。

（2）二级——一般要求不出现裂缝的构件

在荷载标准组合下，受拉边缘应力应符合下列规定

$$\sigma_{ck} - \sigma_{pc} \leqslant f_{tk} \tag{11.5-4}$$

（3）允许出现裂缝的构件

预应力混凝土构件的最大裂缝宽度可按荷载标准组合并考虑长期作用影响的效应计算。最大裂缝宽度应符合下列规定为

$$w_{max} = \alpha_{cr} \psi \frac{\sigma_{sk}}{E_s} \left(1.9 c_s + 0.08 \frac{d_{eq}}{\rho_{te}} \right) \leqslant w_{lim} \tag{11.5-5}$$

其中

$$\sigma_{sk} = \frac{N_k - N_{p0}}{A_p + A_s} \tag{11.5-6}$$

$$d_{eq} = \frac{\sum n_i d_i^2}{\sum n_i \nu_i d_i} \tag{11.5-7}$$

$$\rho_{te} = \frac{A_s + A_p}{A_{te}} \tag{11.5-8}$$

式中，w_{max}——按荷载的标准组合或准永久组合并考虑长期作用影响计算的最大裂缝宽度；

　　w_{lim}——最大裂缝宽度限值；

　　α_{cr}——构件受力特征系数,对预应力混凝土轴心受拉构件,取 $\alpha_{\text{cr}}=2.2$；

　　d_{eq}——受拉区纵向钢筋的等效直径(mm)；

　　d_i——受拉区第 i 种纵向钢筋的公称直径(mm),对于有黏结预应力钢绞线束的直
　　　　径取为 $\sqrt{n_1}d_{P1}$,其中 d_{P1} 为单根钢绞线的公称直径,n_1 为单束钢绞线根数；

　　n_i——受拉区第 i 种纵向钢筋的根数,对于有黏结预应力钢绞线,取为钢绞线束数；

　　ν_i——受拉区第 i 种纵向钢筋的相对黏结特征系数,按表 10.2-1 采用；

　　N_k——按荷载标准组合计算的轴向拉力值；

　　N_{p0}——混凝土法向预应力等于零时预应力筋及普通钢筋的合力,按本章式(11.4-14)
　　　　和式(11.4-38)计算。

　　其余符号含义同普通钢筋混凝土构件。

　　对环境类别为二 a 类的预应力混凝土构件,在荷载准永久组合下,受拉边缘应力尚应
符合下列规定为

$$\sigma_{\text{cq}}-\sigma_{\text{pc}}\leqslant f_{\text{tk}} \tag{11.5-9}$$

$$\sigma_{\text{cq}}=\frac{N_{\text{q}}}{A_0} \tag{11.5-10}$$

式中,σ_{cq}——荷载准永久组合下抗裂验算边缘的混凝土法向应力；

　　　　N_{q}——按荷载准永久组合计算的轴向拉力值；

　　　　f_{tk}——混凝土轴心抗拉强度标准值。

11.5.3　施工阶段的验算

1. 张拉(或放松)预应力钢筋时,构件的承载力验算

　　为了保证在张拉(或放松)预应力钢筋时,混凝土不被压碎,混凝土的预压应力应符合
下列条件

$$\sigma_{\text{cc}}\leqslant 0.8f'_{\text{ck}} \tag{11.5-11}$$

式中,f'_{ck}——与各施工阶段混凝土立方体抗压强度 f'_{cu} 相应的抗压强度标准值,按附录 2
　　　　中的附表 2-9 以线性内插法确定；

　　　　σ_{cc}——相应施工阶段计算截面预压区边缘纤维的混凝土压应力,对先张法轴心受
　　　　拉构件,$\sigma_{\text{cc}}=\dfrac{(\sigma_{\text{con}}-\sigma_{l\text{I}})A_{\text{p}}}{A_0}$;对后张法轴心受拉构件,$\sigma_{\text{cc}}=\dfrac{\sigma_{\text{con}}A_{\text{p}}}{A_{\text{n}}}$。

2. 构件端部锚固区的局部受压承载力的验算

　　按 11.3.2 节的相关内容进行端部局部受压承载力的验算。

　　【例 11.5-1】　24m 预应力混凝土屋架下弦拉杆的设计计算,设计条件如表 11.5-1 所
示。设计要求:按正截面受拉承载力确定预应力筋数量,并进行裂缝控制验算、施工阶段
混凝土压应力验算以及端部锚具下混凝土局部受压承载力计算。

表 11.5-1　设计条件

材料	预应力筋	普通钢筋	混凝土
品种或强度等级	钢绞线	HRB400	C60
截面	1×7 标准型，$\phi^s 12.7$	按构造要求配置 $4 \oplus 12 (A_s = 452 \text{mm}^2)$	$280 \text{mm} \times 180 \text{mm}$ 孔道 $2\phi 55$
材料强度(N/mm^2)	$f_{ptk} = 1860, f_{py} = 1320$	$f_{yk} = 400, f_y = 360$	$f_c = 27.5, f_{ck} = 38.5$ $f_t = 2.04, f_{tk} = 2.85$
弹性模量(N/mm^2)	$E_s = 1.95 \times 10^5$	$E_s = 2 \times 10^5$	$E_c = 3.6 \times 10^4$
张拉控制应力	$\sigma_{con} = 0.75 f_{ptk} = 0.75 \times 1860 = 1395 \text{N/mm}^2$		
张拉时混凝土强度	$f'_{cu} = 60 \text{N/mm}^2, f'_{ck} = 38.5 \text{N/mm}^2$		
张拉工艺	后张法一端张拉，采用夹片式锚具(OVM 锚具，直径 120mm)，孔道为预埋塑料波纹管成型		
裂缝控制	为一般要求不出现裂缝的构件		
杆件内力	永久荷载标准值产生的轴向拉力 $N_{Gk} = 820 \text{kN}$ 可变荷载标准值产生的轴向拉力 $N_{Qk} = 320 \text{kN}$ 可变荷载的组合值系数 $\psi_c = 0.7$ 可变荷载的准永久值系数 $\psi_q = 0.5$		

解　(1) 使用阶段承载力计算

杆件截面的轴向拉力设计值 N 应取可变荷载效应控制的组合与永久荷载效应控制的组合中的较大值。

由可变荷载效应控制的组合

$$N = 1.2 N_{Gk} + 1.4 N_{Qk} = 1.2 \times 820 + 1.4 \times 320 = 1432 \text{kN}$$

由永久荷载效应控制的组合

$$N = 1.35 N_{Gk} + 1.4 \psi_c N_{Qk} = 1.35 \times 820 + 1.4 \times 0.7 \times 320 = 1420.6 \text{kN}$$

因此轴向拉力设计值为

$$N = 1432 \text{kN}$$

由式(11.5-1)可得

$$A_p = \frac{N - f_y A_s}{f_{py}} = \frac{1432 \times 10^3 - 360 \times 452}{1320} = 961.6 \text{mm}^2$$

采用 2 束 1×7 标准型低松弛钢绞线，每束 $5 \phi^s 12.7$，则 $A_p = 2 \times 5 \times 98.7 = 987 \text{mm}^2$。

(2) 截面几何特征与预应力损失计算

见例 11.2-1。

(3) 计算截面的有效预应力

全部预应力损失完成后，截面的有效预压应力采用式(11.4-34)计算为

$$\sigma_{pcII} = \frac{(\sigma_{con} - \sigma_l) A_p - \sigma_{l5} A_s}{A_n} = \frac{(1395 - 293.89) \times 987 - 155.10 \times 452}{47\,709} = 21.31 \text{N/mm}^2$$

(4) 裂缝控制验算

荷载标准组合下，有

$$N_k = N_{Gk} + N_{Qk} = 820 + 320 = 1140 \text{kN}$$

$$\sigma_{ck} = \frac{N_k}{A_0} = \frac{1140 \times 10^3}{53\ 059} = 21.49 \text{N/mm}^2$$

则

$$\sigma_{ck} - \sigma_{pcII} = 21.49 - 21.31 = 0.18 \text{N/mm}^2 < f_{tk} = 2.85 \text{N/mm}^2$$

满足要求。

（5）施工阶段混凝土压应力验算

张拉至控制应力时，张拉端截面压应力达到最大值，由式（11.4-24）可得

$$\sigma_{cc} = \frac{\sigma_{con} A_p}{A_n} = \frac{1395 \times 987}{47709} = 28.86 \text{N/mm}^2 < 0.8 f'_{ck} = 0.8 \times 38.5 = 30.8 \text{N/mm}^2$$

满足要求。

（6）端部锚具下局部受压承载力计算

① 局压区截面尺寸验算。OVM 锚具直径为 120mm，锚具下垫板厚 20mm，局部受压面积可按压力 F_l 从锚具边缘在垫板中沿 45°扩散到混凝土的面积计算。两个孔道上锚具所形成的局部受压区形状不规则，局部受压面积 A_l 可近似按图中 160mm×280mm 的矩形面积计算，即

$$A_l = 280 \times (160 + 2 \times 20) = 44\ 800 \text{mm}^2$$

局部受压计算底面积 A_b（应与局部受压面积同心、对称）为

$$A_b = 280 \times (160 + 2 \times 70) = 84\ 000 \text{mm}^2$$

混凝土局部受压净面积为

$$A_{ln} = A_l - A_{孔} = 44\ 800 - 2 \times \frac{\pi}{4} \times 55^2 = 40\ 048 \text{mm}^2$$

$$\beta_l = \sqrt{\frac{A_b}{A_l}} = \sqrt{\frac{84\ 000}{44\ 800}} = 1.369$$

对 C60 级混凝土，查得 $\beta_c = 0.933$，$\alpha = 0.95$，则式（11.3-2）得

$$F_l = 1.2\sigma_{con} A_p = 1.2 \times 1395 \times 987 = 1652 \text{kN}$$

$1.35\beta_c\beta_l f_c A_{ln} = 1.35 \times 0.933 \times 1.369 \times 27.5 \times 40\ 048 = 1899 \text{kN} > F_l = 1652 \text{kN}$

满足要求。

② 构件端部局部受压承载力计算。

间接钢筋采用 4 片 ϕ8 的 HPB300 级（$f_{yv} = 270 \text{N/mm}^2$）焊接方格网片，间距 $s = 50 \text{mm}$，网片尺寸见图 11.5-1。构件端部局部受压承载力按式（11.3-4）计算，其中

$$A_{cor} = 250 \text{mm} \times 250 \text{mm} = 62\ 500 \text{mm}^2 < A_b = 84\ 000 \text{mm}^2$$

$$\beta_{cor} = \sqrt{\frac{A_{cor}}{A_l}} = \sqrt{\frac{62\ 500}{44\ 800}} = 1.181$$

$$\rho_v = \frac{n_1 A_{s1} l_1 + n_2 A_{s2} l_2}{A_{cor} s} = \frac{4 \times 50.3 \times 250 + 4 \times 50.3 \times 250}{62\ 500 \times 50} = 0.032$$

$0.9(\beta_c\beta_l f_c + 2\alpha\rho_v\beta_{cor} f_{yv})A_{ln}$

$= 0.9 \times (0.933 \times 1.369 \times 27.5 + 2 \times 0.95 \times 0.032 \times 1.181 \times 270) \times 40\ 048$

$= 1965 \text{kN} > F_l = 1652 \text{kN}$

满足要求。

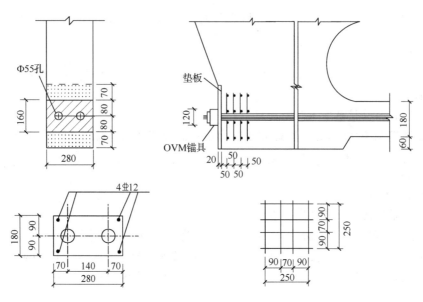

图 11.5-1　例 11.5-1 图

11.6　预应力混凝土构件的构造要求

预应力混凝土构件的构造要求,除应满足钢筋混凝土结构的有关规定外,还应根据预应力张拉工艺、锚固措施及预应力筋种类的不同,满足有关的构造要求。

11.6.1　先张法预应力混凝土构件

1. 预应力筋的净间距

先张法预应力筋之间的净间距不宜小于其公称直径的 2.5 倍和混凝土粗骨料最大粒径的 1.25 倍,且应符合下列规定:预应力钢丝,不应小于 15mm;三股钢绞线,不应小于 20mm;七股钢绞线,不应小于 25mm。当混凝土振捣密实性具有可靠保证时,净间距可放宽为最大粗骨料粒径的 1.0 倍。

2. 构件端部构造措施

1) 单根配置的预应力筋,其端部宜设置螺旋筋。

2) 分散布置的多根预应力筋,在构件端部 10d 且不小于 100mm 长度范围内,宜设置 3~5 片与预应力筋垂直的钢筋网片,此处 d 为预应力筋的公称直径。

3) 采用预应力钢丝配筋的薄板,在板端 100mm 长度范围内宜适当加密横向钢筋。

4) 槽形板类构件,应在构件端部 100mm 长度范围内沿构件板面设置附加横向钢筋,其数量不应少于 2 根。

11.6.2　后张法预应力混凝土构件

1. 预应力筋及预留孔道布置

1）预制构件中预留孔道之间的水平净间距不宜小于 50mm，且不宜小于粗骨料粒径的 1.25 倍；孔道至构件边缘的净间距不宜小于 30mm，且不宜小于孔道直径的 50%。

2）现浇混凝土梁中预留孔道在竖直方向的净间距不应小于孔道外径，水平方向的净间距不宜小于 1.5 倍孔道外径，且不应小于粗骨料粒径的 1.25 倍；从孔道外壁至构件边缘的净间距，梁底不宜小于 50mm，梁侧不宜小于 40mm，裂缝控制等级为三级的梁，梁底、梁侧分别不宜小于 60mm 和 50mm。

3）预留孔道的内径宜比预应力束外径及需穿过孔道的连接器外径大 6～15mm，且孔道的截面积宜为穿入预应力束截面积的 3.0～4.0 倍。

4）当有可靠经验并能保证混凝土浇筑质量时，预留孔道可水平并列贴紧布置，但并排的数量不应超过 2 束。

5）在现浇楼板中采用扁形锚固体系时，穿过每个预留孔道的预应力筋数量宜为 3～5根；在常用荷载情况下，孔道在水平方向的净间距不应超过 8 倍板厚及 1.5m 中的较大值。

6）板中单根无黏结预应力筋的间距不宜大于板厚的 6 倍，且不宜大于 1m；带状束的无黏结预应力筋根数不宜多于 5 根，带状束间距不宜大于板厚的 12 倍，且不宜大于 2.4m。

7）梁中集束布置的无黏结预应力筋，集束的水平间距不宜小于 50mm，束至构件边缘的净距不宜小于 40mm。

2. 构件端部锚固区的构造要求

1）采用普通垫板时，应进行局部受压承载力计算，并配置间接钢筋，其体积配筋率不应小于 0.5%，垫板的刚性扩散角应取 45°。

2）在局部受压间接钢筋配置区以外，在构件端部长度 l 不小于截面重心线上部或下部预应力筋的合力点至邻近边缘的距离 e 的 3 倍、但不大于构件端部截面高度 h 的 1.2倍，高度为 $2e$ 的附加配筋区范围内，应均匀配置附加防劈裂箍筋或网片（图 11.6-1），配筋面积可按下列公式计算，且体积配筋率不应小于 0.5%。

$$A_{sb} \geqslant 0.18\left(1-\frac{l_l}{l_b}\right)\frac{P}{f_{yv}} \tag{11.6-1}$$

式中，P——作用在构件端部截面重心线上部或下部预应力筋合力设计值；

l_l、l_b——沿构件高度方向 A_l、A_b 的边长或直径；

f_{yv}——附加防劈裂钢筋的抗拉强度设计值。

3）当构件端部预应力筋需集中布置在截面下部或集中布置在上部和下部时，应在构件端部 0.2h 范围内设置附加竖向防端面裂缝构造钢筋（图 11.6-1），其截面面积应符合下列公式要求，即

$$A_{sv} \geqslant \frac{T_s}{f_{yv}} \qquad\qquad (11.6\text{-}2)$$

$$T_s = \left(0.25 - \frac{e}{h}\right)P \qquad\qquad (11.6\text{-}3)$$

式中，T_s——锚固端端面拉力；

　　　　P——作用在构件端部截面重心线上部或下部预应力筋的合力设计值；

　　　　e——截面重心线上部或下部预应力筋的合力点至截面近边缘的距离；

　　　　h——构件端部截面高度。

当 e 大于 $0.2h$ 时，可根据实际情况适当配置构造钢筋。竖向防端面裂缝钢筋宜靠近端面配置，可采用焊接钢筋网、封闭式箍筋或其他的形式，且宜采用带肋钢筋。

当端部截面上部和下部均有预应力筋时，附加竖向钢筋的总截面面积应按上部和下部的预应力合力分别计算的较大值采用。在构件端面横向也应按上述方法计算抗端面裂缝钢筋，并与上述竖向钢筋形成网片筋配置。

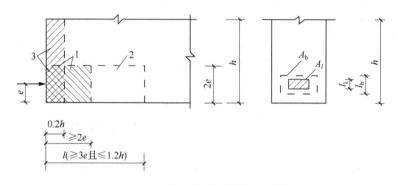

图 11.6-1　防止端部裂缝的配筋范围

思 考 题

11.1　为什么要对构件施加预应力？预应力混凝土结构的优缺点是什么？

11.2　对预应力混凝土材料有何要求？

11.3　预应力混凝土分为哪几类？各有何特点？

11.4　施加预应力的方法有哪几种？先张法和后张法的区别是什么？

11.5　什么是张拉控制应力？为什么要规定预应力筋张拉控制应力的最高与最低值？

11.6　预应力损失有哪几种？各种预应力损失产生的原因是什么？减少各项预应力损失的相应措施是什么？预应力损失如何组合？

11.7　什么叫有效预应力？在控制应力和预应力损失均相同的条件下，先张法和后张法的有效预应力值是否相同？

11.8　预应力钢筋是如何将拉力传递给混凝土的？

11.9　在进行预应力混凝土构件计算时，何时采用换算截面面积 A_0，何时用净截

面 A_n?

10.10　预应力混凝土轴心受拉构件各阶段应力状态如何? 先张法、后张法构件的应力计算公式有何异同?

10.11　施加预应力对轴心受拉构件的承载力有何影响? 为什么?

11.12　预应力混凝土裂缝控制的验算条件是什么?

11.13　预应力混凝土构件为何还应进行施工阶段验算? 需验算哪些项目?

11.14　为什么要对后张法构件端部进行局部受压承载力计算? 应进行哪些方面的计算? 不满足时采取什么措施?

习　题

11.1　某预应力混凝土轴心受拉构件长 24m,截面尺寸 $b \times h = 250\text{mm} \times 160\text{mm}$,混凝土强度等级 C60,配置的预应力筋为 $10 \phi^H 9$ 螺旋肋钢丝,采用先张法施工,在 100m 台座上张拉,端头采用镦头锚具固定预应力筋,超张拉,加热养护时台座与构件间的温差 $\Delta t = 20℃$,混凝土达到强度设计值的 80% 时放松钢筋,试计算各项预应力损失值、有效预压应力、开裂时的荷载分别是多少?

11.2　已知预应力混凝土屋架下弦,截面尺寸为 $b \times h = 250\text{mm} \times 200\text{mm}$,构件长 18m,采用后张法施加预应力,混凝土强度等级为 C35,预应力钢筋用 1×7 钢绞线,$f_{\text{ptk}} = 1860\text{N/mm}^2$,配置普通钢筋为 $4 \phi 10$,当混凝土达到抗压强度设计值的 80% 时张拉预应力筋(采用两端同时张拉,超张拉),孔道直径为 $\phi 50$(充压橡皮管抽芯成型),轴向拉力设计值 $N = 460\text{kN}$,在荷载短期效应组合下,轴向拉力值 $N_s = 350\text{kN}$,在荷载长期效应组合下,轴向拉力值 $N_l = 300\text{kN}$,该构件属一般要求不出现裂缝的构件。试求:

1) 确定钢筋数量。

2) 进行使用阶段正截面抗裂验算。

3) 验算施工阶段混凝土抗压承载力。

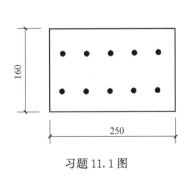

习题 11.1 图

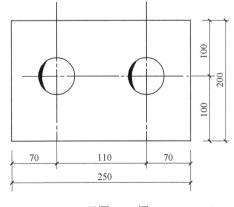

习题 11.2 图

附录1 《混凝土结构设计标准》(GB/T 50010—2010)符号表

1. 材料性能

E_c——混凝土的弹性模量；

E_s——钢筋的弹性模量；

C30——立方体抗压强度标准值为 30N/mm² 的混凝土强度等级；

HRB500——强度级别为 500MPa 的普通热轧带肋钢筋；

HRBF400——强度级别为 400MPa 的细晶粒热轧带肋钢筋；

RRB400——强度级别为 400MPa 的余热处理带肋钢筋；

HPB300——强度级别为 300N/mm² 的热轧光圆钢筋；

HRB400E——强度级别为 400MPa 的且有较高抗震性能的普通热轧带肋钢筋；

f_{ck}、f_c——混凝土轴心抗压强度标准值、设计值；

f_{tk}、f_t——混凝土轴心抗拉强度标准值、设计值；

f_{yk}、f_{pyk}——普通钢筋、预应力筋屈服强度标准值；

f_{stk}、f_{ptk}——普通钢筋、预应力筋极限强度标准值；

f_y、f_y'——普通钢筋抗拉、抗压强度设计值；

f_{py}、f_{py}'——预应力筋抗拉、抗压强度设计值；

f_{yv}——横向钢筋的抗拉强度设计值；

δ_{gt}——钢筋最大力下的总伸长率。

2. 作用和作用效应

N——轴向力设计值；

N_k、N_q——按荷载标准组合、准永久组合计算的轴向力值；

N_{u0}——构件的截面轴心受压或轴心受拉承载力设计值；

N_{p0}——预应力构件混凝土法向预应力等于零时的预加力；

M——弯矩设计值；

M_k、M_q——按荷载标准组合、准永久组合计算的弯矩值；

M_u——构件的正截面受弯承载力设计值；

M_{cr}——受弯构件的正截面开裂弯矩值；

T——扭矩设计值；

V——剪力设计值；

F_l——局部荷载设计值或集中反力设计值；

σ_s、σ_p——正截面承载力计算中纵向钢筋、预应力筋的应力；

σ_{pe}——预应力筋的有效预应力；

σ_l、σ'_l——受拉区、受压区预应力筋在相应阶段的预应力损失值；

τ——混凝土的剪应力；

w_{max}——按荷载标准组合或准永久组合,并考虑长期作用影响计算的最大裂缝宽度。

3. 几何参数

b——矩形截面宽度,T 形、I 形截面的腹板宽度；

c——混凝土保护层厚度；

d——钢筋的公称直径或圆形截面的直径；

h——截面高度；

h_0——截面有效高度；

l_{ab}、l_a——纵向受拉钢筋的基本锚固长度、锚固长度；

l_0——计算跨度或计算长度；

s——沿构件轴线方向上横向钢筋的间距、螺旋筋的间距或箍筋的间距；

x——混凝土受压区高度；

A——构件截面面积；

A_s、A'_s——受拉区、受压区纵向普通钢筋的截面面积；

A_p、A'_p——受拉区、受压区纵向预应力筋的截面面积；

A_l——混凝土局部受压面积；

A_{cor}——钢筋网、螺旋筋或箍筋内表面范围内的混凝土核心面积；

B——受弯构件的截面刚度；

I——截面惯性矩；

W——截面受拉边缘的弹性抵抗矩；

W_t——截面受扭塑性抵抗矩。

4. 计算系数及其他

α_E——钢筋弹性模量与混凝土弹性模量的比值；

γ——混凝土构件的截面抵抗矩塑性影响系数；

η——偏心受压构件考虑二阶效应影响的轴向力偏心距增大系数；

λ——计算截面的剪跨比,即 $M/(Vh_0)$；

ρ——纵向受力钢筋的配筋率；

ρ_v——间接钢筋或箍筋的体积配筋率；

ϕ——钢筋直径的符号,如 $\phi20$ 表示直径为 20mm 的钢筋。

附录 2 钢筋及混凝土材料力学性能

附表 2-1 普通钢筋强度标准值（N/mm²）

牌号	符号	公称直径 d/mm	屈服强度标准值 f_{yk}	极限强度标准值 f_{stk}
HPB300	ϕ	6～22	300	420
HRB400 HRBF400 RRB400	Φ Φ^F Φ^R	6～50	400	540
HRB500 HRBF500	Φ Φ^F	6～50	500	630

附表 2-2 预应力钢筋强度标准值（N/mm²）

种类		符号	公称直径 d/mm	屈服强度标准值 f_{pyk}	极限强度标准值 f_{ptk}
中强度 预应力钢丝	光面 螺旋肋	Φ^{PM} Φ^{HM}	5、7、9	620	800
				780	970
				980	1270
预应力 螺纹钢筋	螺纹	Φ^T	18、25、32 40、50	785	980
				930	1080
				1080	1230
消除应力钢丝	光面 螺旋肋	Φ^P Φ^H	5	—	1570
				—	1860
			7	—	1570
			9	—	1470
				—	1570
钢绞线	1×3 （三股）	Φ^S	8.6、10.8、 12.9	—	1570
				—	1860
				—	1960
	1×7 （七股）		9.5、12.7、15.2、 17.8	—	1720
				—	1860
				—	1960
			21.6	—	1860

注：极限强度标准值为 1960N/mm² 的钢绞线作后张预应力配筋时，应有可靠的工程经验。

附表 2-3　普通钢筋强度设计值（N/mm²）

牌号	抗拉强度设计值 f_y	抗压强度设计值 f_y'
HPB300	270	270
HRB400、HRBF400、RRB400	360	360
HRB500、HRBF500	435	435

附表 2-4　预应力钢筋强度设计值（N/mm²）

种类	极限强度标准值 f_{ptk}	抗拉强度设计值 f_{py}	抗压强度设计值 f_{py}'
中强度预应力钢丝	800	510	410
	970	650	
	1270	810	
消除应力钢丝	1470	1040	410
	1570	1110	
	1860	1320	
钢绞线	1570	1110	390
	1720	1220	
	1860	1320	
	1960	1390	
预应力螺纹钢筋	980	650	400
	1080	770	
	1230	900	

注：当预应力筋的强度标准值不符合表 2-4 的规定时，其强度设计值应进行相应比例的换算。

附表 2-5　钢筋的弹性模量（10^5 N/mm²）

牌号或种类	弹性模量 E_s
HPB300 钢筋	2.10
HRB400、HRB500 钢筋 HRBF400、HRBF500 钢筋 RRB400 钢筋 预应力螺纹钢筋	2.00
消除应力钢丝、中强度预应力钢丝	2.05
钢绞线	1.95

注：必要时可采用实测的弹性模量。

附表 2-6　普通钢筋及预应力钢筋的最大力总延伸率限值

钢筋品种	普通钢筋				预应力筋	
	HPB300	HRB400、HRBF400、HRB500、HRBF500	HRB400E HRB500E	RRB400	中强度预应力钢丝	消除预应力钢丝、钢绞线、预应力螺纹钢筋
$\delta_{gt}/\%$	10.0	7.5	9.0	5.0	4.0	4.5

附表 2-7　普通钢筋疲劳应力幅限值（N/mm²）

疲劳应力比值 ρ_s^f	疲劳应力幅限值 Δf_y^f
	HRB400
0	175
0.1	162
0.2	156
0.3	149
0.4	137
0.5	123
0.6	106
0.7	85
0.8	60
0.9	31

注：当纵向受拉钢筋采用闪光接触对焊连接时，其接头处的钢筋疲劳应力幅限值应按表中数值乘以 0.8 取用。

附表 2-8　预应力钢筋疲劳应力幅限值（N/mm²）

疲劳应力比值 ρ_p^f	钢绞线 $f_{ptk}=1570$	消除应力钢丝 $f_{ptk}=1570$
0.7	144	240
0.8	118	168
0.9	70	88

注：1. 当 ρ_p^f 不小于 0.9 时，可不作预应力筋疲劳验算；
　　2. 当有充分依据时，可对表中规定的疲劳应力幅限值做适当调整。

附表 2-9　混凝土强度标准值（N/mm²）

强度种类	混凝土强度等级												
	C20	C25	C30	C35	C40	C45	C50	C55	C60	C65	C70	C75	C80
f_{ck}	13.4	16.7	20.1	23.4	26.8	29.6	32.4	35.5	38.5	41.5	44.5	47.4	50.2
f_{tk}	1.54	1.78	2.01	2.20	2.39	2.51	2.64	2.74	2.85	2.93	2.99	3.05	3.11

附表 2-10　混凝土强度设计值（N/mm²）

强度种类	混凝土强度等级												
	C20	C25	C30	C35	C40	C45	C50	C55	C60	C65	C70	C75	C80
f_c	9.6	11.9	14.3	16.7	19.1	21.1	23.1	25.3	27.5	29.7	31.8	33.8	35.9
f_t	1.10	1.27	1.43	1.57	1.71	1.80	1.89	1.96	2.04	2.09	2.14	2.18	2.22

附表 2-11　混凝土弹性模量（$10^4\,\mathrm{N/mm^2}$）

混凝土强度等级	C20	C25	C30	C35	C40	C45	C50	C55	C60	C65	C70	C75	C80
E_c	2.55	2.80	3.00	3.15	3.25	3.35	3.45	3.55	3.60	3.65	3.70	3.75	3.80

注：1. 当有可靠试验依据时，弹性模量可根据实测数据确定；

　　2. 当混凝土中掺有大量矿物掺合料时，弹性模量可按规定龄期根据实测数据确定。

附表 2-12(a)　混凝土受压疲劳强度修正系数 γ_ρ

ρ_c^f	$0\leqslant\rho_c^f<0.1$	$0.1\leqslant\rho_c^f<0.2$	$0.2\leqslant\rho_c^f<0.3$	$0.3\leqslant\rho_c^f<0.4$	$0.4\leqslant\rho_c^f<0.5$	$\rho_c^f\geqslant0.5$
γ_ρ	0.68	0.74	0.80	0.86	0.93	1.00

附表 2-12(b)　混凝土受拉疲劳强度修正系数 γ_ρ

ρ_c^f	$0<\rho_c^f<0.1$	$0.1\leqslant\rho_c^f<0.2$	$0.2\leqslant\rho_c^f<0.3$	$0.3\leqslant\rho_c^f<0.4$	$0.4\leqslant\rho_c^f<0.5$	$0.5\leqslant\rho_c^f<0.6$
γ_ρ	0.63	0.66	0.69	0.72	0.74	0.76
ρ_c^f	$0.6\leqslant\rho_c^f<0.7$	$0.7\leqslant\rho_c^f<0.8$	$\rho_c^f\geqslant0.8$	—	—	—
γ_ρ	0.80	0.90	1.00	—	—	—

附录 3 《混凝土结构设计标准》(GB/T 50010—2010) 基本设计规定

附表 3-1 混凝土结构的环境类别

环境类别	条件
一	室内干燥环境;无侵蚀性静水浸没环境
二 a	室内潮湿环境;非严寒和非寒冷地区的露天环境;非严寒和非寒冷地区与无侵蚀性的水或土壤直接接触的环境;严寒和寒冷地区的冰冻线以下与无侵蚀性的水或土壤直接接触的环境
二 b	干湿交替环境;水位频繁变动环境;严寒和寒冷地区的露天环境;严寒和寒冷地区的冰冻线以上与无侵蚀性的水或土壤直接接触的环境
三 a	严寒和寒冷地区冬季水位变动区环境;受除冰盐影响环境;海风环境
三 b	盐渍土环境;受除冰盐作用环境;海岸环境
四	海水环境
五	受人为或自然的侵蚀性物质影响的环境

注:1. 室内潮湿环境是指构件表面经常处于结露或湿润状态的环境;
　　2. 严寒和寒冷地区的划分应符合现行国家标准《民用建筑热工设计规范》GB50176 的有关规定;
　　3. 海岸环境和海风环境宜根据当地情况,考虑主导风向及结构所处迎风、背风部位等因素的影响,由调查研究和工程经验确定;
　　4. 受除冰盐影响环境是指受到除冰盐盐雾影响的环境,受除冰盐作用环境是指被除冰盐溶液溅射的环境以及使用除冰盐地区的洗车房、停车楼等建筑;
　　5. 暴露的环境是指混凝土结构表面所处的环境。

附表 3-2 结构混凝土材料的耐久性基本要求

环境类别	最大水胶比	最低强度等级	水溶性氯离子最大含量/%	最大碱含量/(kg/m³)
一	0.60	C25	0.30	不限制
二 a	0.55	C25	0.20	3.0
二 b	0.50(0.55)	C30(C25)	0.15	
三 a	0.45(0.50)	C35(C30)	0.15	
三 b	0.40	C40	0.10	

注:1. 氯离子含量系指其占胶凝材料用量的质量百分比;
　　2. 预应力构件混凝土中的水溶性氯离子最大含量为 0.06%,混凝土最低强度等级应按表中的规定提高不少于两个等级;
　　3. 素混凝土结构的混凝土最大水胶比及最低强度等级的要求可适当放松,但混凝土最低强度等级应符合本标准有关规定;
　　4. 有可靠工程经验时,二类环境中的最低混凝土强度等级可为 C25;
　　5. 处于严寒和寒冷地区二 b、三 a 类环境中的混凝土应使用引气剂,并可采用括号中的有关参数;
　　6. 当使用非碱活性骨料时,对混凝土中的碱含量可不作限制。

附表 3-3 混凝土保护层的最小厚度 c(mm)

环境类别	板、墙、壳	梁、柱、杆
一	15	20
二 a	20	25
二 b	25	35
三 a	30	40
三 b	40	50

注：1. 混凝土强度等级不大于 C25 时，表中保护层厚度数值应增加 5mm；
　　2. 钢筋混凝土基础宜设置混凝土垫层，基础中钢筋的混凝土保护层厚度应从垫层顶面算起，且不应小于 40mm。

附表 3-4 受弯构件的挠度限值

构件类型		挠度限值
吊车梁	手动吊车	$l_0/500$
	电动吊车	$l_0/600$
屋盖、楼盖及楼梯构件	当 $l_0<7$m 时	$l_0/200(l_0/250)$
	当 7m$\leq l_0\leq9$m 时	$l_0/250(l_0/300)$
	当 $l_0>9$m 时	$l_0/300(l_0/400)$

注：1. 表中 l_0 为构件的计算跨度；计算悬臂构件的挠度限制时，其计算跨度 l_0 按实际悬臂长度的 2 倍取用；
　　2. 表中括号内数值适用于使用上对挠度有较高要求的构件；
　　3. 如果构件制作时预先起拱，且使用也允许，则在验算挠度时，可将计算所得的挠度值减去起拱值，对预应力混凝土构件，尚可减去预加力所产生的反拱值；
　　4. 构件制作时的起拱值和预加力所产生的反拱值，不宜超过构件在相应荷载组合作用下的计算挠度值。

附表 3-5 混凝土构件的裂缝宽度限值(mm)

环境类别	钢筋混凝土结构		预应力混凝土结构	
	裂缝控制等级	w_{lim}	裂缝控制等级	w_{lim}
一	三级	0.30(0.40)	三级	0.20
二 a		0.2		0.10
二 b			二级	—
三 a、三 b			一级	—

注：1. 对处于年平均相对湿度小于 60% 地区一类环境下的受弯构件，其最大裂缝宽度限值可采用括号内的数值；
　　2. 在一类环境下，对钢筋混凝土屋架、托架及需作疲劳验算的吊车梁，其最大裂缝宽度限值应取为 0.20mm，对钢筋混凝土屋面梁和托梁，其最大裂缝宽度限值应取为 0.30mm；
　　3. 在一类环境下，对预应力混凝土屋架、托架、及双向板体系，应按二级裂缝控制等级进行验算，对一类环境下的预应力混凝土屋面梁、托梁、单向板，应按表中二 a 类环境要求进行验算，在一类和二 a 类环境下需作疲劳验算的预应力混凝土吊车梁，应按裂缝控制等级不低于二级的构件进行验算；
　　4. 表中规定的预应力混凝土构件的裂缝控制等级和最大裂缝宽度限值仅适用于正截面的验算；
　　5. 对于烟囱、筒仓和处于液体压力下的结构，其裂缝控制要求应符合专门标准的有关规定；
　　6. 对处于四、五类环境下的结构构件，其裂缝控制要求应符合专门标准的有关规定；
　　7. 表中的最大裂缝宽度限值为用于验算荷载作用引起的最大裂缝宽度。

附表 3-6 纵向受力钢筋的最小配筋率 $\rho_{\min}$（%）

受力类型			最小配筋率
受压构件	全部纵向钢筋	强度等级 500MPa	0.50
		强度等级 400MPa	0.55
		强度等级 300MPa	0.60
	一侧纵向钢筋		0.20
受弯构件、偏心受拉、轴心受拉构件一侧的受拉钢筋			0.20 和 $0.45 f_t / f_y$ 中的较大值

注：1. 当采用 C60 以上强度等级的混凝土时，受压构件全部纵向钢筋最小配筋率，应按表中规定增加 0.10；

2. 除悬臂板、柱支承板之外的板类受弯构件，当纵向受拉钢筋采用强度等级为 500MPa 的钢筋时，其最小配筋率应容许采用 0.15 和 $0.45 f_t / f_y$ 中的较大值；

3. 对于卧置于地基上的钢筋混凝土板，板中受拉普通钢筋的最小配筋率不应小于 0.15%。

附录 4 钢筋计算截面面积及公称质量

附表 4-1 钢筋的公称直径、公称截面面积及理论质量

公称直径/mm	不同根数钢筋的公称截面面积/mm²									单根钢筋理论质量/(kg/m)
	1	2	3	4	5	6	7	8	9	
6	28.3	57	85	113	142	170	198	226	255	0.222
8	50.3	101	151	201	252	302	352	402	453	0.395
10	78.5	157	236	314	393	471	550	628	707	0.617
12	113.1	226	339	452	565	678	791	904	1017	0.888
14	153.9	308	461	615	769	923	1077	1231	1385	1.21
16	201.1	402	603	804	1005	1206	1407	1608	1809	1.58
18	254.5	509	763	1017	1272	1526	1781	2036	2290	2.00(2.11)
20	314.2	628	942	1256	1570	1884	2199	2513	2827	2.47
22	380.1	760	1140	1520	1900	2281	2661	3041	3421	2.98
25	490.9	982	1473	1964	2454	2945	3436	3927	4418	3.85(4.10)
28	615.8	1232	1847	2463	3079	3695	4310	4926	5542	4.83
32	804.2	1609	2413	3217	4021	4826	5630	6434	7238	6.31(6.65)
36	1017.9	2036	3054	4072	5089	6107	7125	8143	9161	7.99
40	1256.6	2513	3770	5027	6283	7540	8796	10053	11310	9.87(10.34)
50	1963.5	3928	5892	7856	9820	11784	13748	15712	17676	15.42(16.28)

附表 4-2 钢筋混凝土板每米宽度的钢筋截面面积(mm²)

钢筋间距/mm	当钢筋直径(mm)为下列数值时的钢筋截面面积/mm²													
	3	4	5	6	6/8	8	8/10	10	10/12	12	12/14	14	14/16	16
70	101	179	281	404	561	719	920	1121	1369	1616	1908	2199	2536	2872
75	94.3	167	262	377	524	671	859	1047	1277	1508	1780	2053	2367	2681
80	88.4	157	245	354	491	629	805	981	1198	1414	1669	1924	2218	2513
85	83.2	148	231	333	462	592	758	924	1127	1331	1571	1811	2088	2365
90	78.5	140	218	314	437	559	716	872	1064	1257	1484	1710	1972	2234
95	74.5	132	207	298	414	529	678	826	1008	1190	1405	1620	1868	2116
100	70.5	126	196	283	393	503	644	785	958	1131	1335	1539	1775	2011
110	64.2	114	178	257	357	457	585	714	871	1028	1214	1399	1614	1828
120	58.9	105	163	236	327	419	537	654	798	942	1112	1283	1480	1676
125	56.5	100	157	226	314	402	515	628	766	905	1068	1232	1420	1608
130	54.4	96.6	151	218	302	387	495	604	737	870	1027	1184	1366	1547

钢筋直径/mm	当钢筋直径(mm)为下列数值时的钢筋截面面积/mm²													
	3	4	5	6	6/8	8	8/10	10	10/12	12	12/14	14	14/16	16
140	50.5	89.7	140	202	281	359	460	561	684	808	954	1100	1268	1436
150	47.1	83.8	131	189	262	335	429	523	639	754	890	1026	1183	1340
160	44.1	78.5	123	177	246	314	403	491	599	707	834	962	1110	1257
170	41.5	73.9	115	166	231	296	379	462	564	665	786	906	1044	1183
180	39.2	69.8	109	157	218	279	358	436	532	628	742	855	985	1117
190	37.2	66.1	103	149	207	265	339	413	504	595	702	810	934	1058
200	35.3	62.8	98.2	141	196	251	322	393	479	565	668	770	888	1005
220	32.1	57.1	89.3	129	178	228	292	357	436	514	607	700	807	914
240	29.4	52.4	81.9	118	164	209	268	327	399	471	556	641	740	838
250	28.3	50.2	78.5	113	157	201	258	314	383	452	534	616	710	804
260	27.2	48.3	75.5	109	151	193	248	302	368	435	514	592	682	773
280	25.2	44.9	70.1	101	140	180	230	281	342	404	477	550	634	718
300	23.6	41.9	65.5	94	131	168	215	262	320	377	445	513	592	670
320	22.1	39.2	61.4	88	123	157	201	245	299	353	417	481	554	628

注:表中钢筋直径中的 6/8、8/10 等系指两种直径的钢筋间隔放置。

附表 4-3　钢绞线的公称直径、公称截面面积及理论质量

种类	公称直径/mm	公称截面面积/mm²	理论质量/(kg/m)
1×3	8.6	37.7	0.296
	10.8	58.9	0.462
	12.9	84.8	0.666
1×7 标准型	9.5	54.8	0.430
	12.7	98.7	0.775
	15.2	140	1.101
	17.8	191	1.500
	21.6	285	2.237

附表 4-4　钢丝的公称直径、公称截面面积及理论质量

公称直径/mm	公称截面面积/mm²	理论质量/(kg/m)
5.0	19.63	0.154
7.0	38.48	0.302
9.0	63.62	0.499

附录5   计 算 用 表

附表 5-1   钢筋混凝土矩形截面受弯构件正截面承载力计算系数

ξ	r_{s}	α_{s}	ξ	r_{s}	α_{s}
0.01	0.995	0.010	0.31	0.845	0.262
0.02	0.990	0.020	0.32	0.840	0.269
0.03	0.985	0.030	0.33	0.835	0.276
0.04	0.980	0.039	0.34	0.830	0.282
0.05	0.975	0.049	0.35	0.825	0.289
0.06	0.970	0.058	0.36	0.820	0.295
0.07	0.965	0.068	0.37	0.815	0.302
0.08	0.960	0.077	0.38	0.810	0.308
0.09	0.955	0.086	0.39	0.805	0.314
0.10	0.950	0.095	0.40	0.800	0.320
0.11	0.945	0.104	0.41	0.795	0.326
0.12	0.940	0.113	0.42	0.790	0.332
0.13	0.935	0.122	0.43	0.785	0.338
0.14	0.930	0.130	0.44	0.780	0.343
0.15	0.925	0.139	0.45	0.775	0.349
0.16	0.920	0.147	0.46	0.770	0.354
0.17	0.915	0.156	0.47	0.765	0.360
0.18	0.910	0.164	0.48	0.760	0.365
0.19	0.905	0.172	**0.482**	**0.759**	**0.366**
0.20	0.900	0.180	0.49	0.755	0.370
0.21	0.895	0.188	0.50	0.750	0.375
0.22	0.890	0.196	0.51	0.745	0.380
0.23	0.885	0.204	**0.518**	**0.741**	**0.384**
0.24	0.880	0.211	0.52	0.740	0.385
0.25	0.875	0.219	0.53	0.735	0.390
0.26	0.870	0.226	0.54	0.730	0.394
0.27	0.865	0.234	**0.550**	**0.725**	**0.399**
0.28	0.860	0.241	0.56	0.720	0.403
0.29	0.855	0.248	0.57	0.715	0.408
0.30	0.850	0.255	**0.576**	**0.712**	**0.410**

注：1. 本表数值适用于混凝土强度等级不超过 C50 的受弯构件；

2. $\alpha_{\mathrm{s}} = \dfrac{M}{\alpha_1 f_{\mathrm{c}} b h_0^2}$，$A_{\mathrm{s}} = \xi b h_0 \dfrac{\alpha_1 f_{\mathrm{c}}}{f_{\mathrm{y}}}$ 或 $A_{\mathrm{s}} = \dfrac{M}{f_{\mathrm{y}} \gamma_s h_0}$；

3. 表中 $\xi = 0.482$ 以下数值不适用于 500MPa 级钢筋，$\xi = 0.518$ 以下数值不适用于 400MPa 级钢筋，$\xi = 0.550$ 以下数值不适用于 335MPa 级钢筋。

附表 5-2 常用建筑楼面活荷载标准值(kN/m²)及其组合值、频遇值和准永久值系数

项次	类别			标准值/(kN/m²)	组合值系数 ψ_c	频遇值系数 ψ_f	准永久值系数 ψ_q
1	住宅、宿舍、旅馆、办公楼、医院病房、托儿所、幼儿园			2.0	0.7	0.5	0.4
	试验室、阅览室、会议室、医院门诊室			2.0	0.7	0.6	0.5
2	教室、食堂、餐厅、一般资料档案室			2.5	0.7	0.6	0.5
3	礼堂、剧场、影院、有固定座位的看台			3.0	0.7	0.5	0.3
	公共洗衣房			3.0	0.7	0.6	0.5
4	商店、展览厅、车站、港口、机场大厅及旅客等候室			3.5	0.7	0.6	0.5
	无固定座位的看台			3.5	0.7	0.5	0.3
5	健身房、演出舞台			4.0	0.7	0.6	0.5
	运动场、舞厅			4.0	0.7	0.6	0.3
6	书库、档案库、贮藏室			5.0	0.9	0.9	0.8
	密集柜书库			12.0	0.9	0.9	0.8
7	通风机房、电梯机房			7.0	0.9	0.9	0.8
8	汽车通道及客车停车库	单向板楼盖(板跨不小于2m)和双向板楼盖(板跨不小于3m×3m)	客车	4.0	0.7	0.7	0.6
			消防车	35.0	0.7	0.5	0.0
		双向板楼盖(板跨≥6m×6m)和无梁楼盖(柱网尺寸≥6m×6m)	客车	2.5	0.7	0.7	0.6
			消防车	20.0	0.7	0.5	0.0
9	厨房	餐厅		4.0	0.7	0.7	0.7
		其他		2.0	0.7	0.6	0.5
10	浴室、厕所、梳洗室			2.5	0.7	0.6	0.5
11	走廊、门厅	宿舍、旅馆、医院病房、托儿所、幼儿园、住宅		2.0	0.7	0.5	0.4
		办公楼、餐厅、医院门诊部		2.5	0.7	0.6	0.5
		教学楼及其他可能出现人员密集的情况		3.5	0.7	0.5	0.3
12	楼梯	多层住宅		2.0	0.7	0.5	0.4
		其他		3.5	0.7	0.5	0.3
13	阳台	一般情况		2.5	0.7	0.6	0.5
		当人群有可能密集时		3.5	0.7	0.6	0.5

注：1. 本表所给出的各项活荷载适用于一般使用条件,当使用荷载较大、情况特殊或有专门要求,应按照实际情况取用;

2. 第6项书库活荷载当书架高度大于2m时,书库活荷载尚应按每米书架高度不小于2.5 kN/m²确定;

3. 第8项中的客车活荷载只适用于停放载人数少于9人的客车;消防车活荷载是适用于满载总重为300kN的大型车辆,当不符合本表的要求时,应将车轮的局部荷载按结构效应的等效原则,换算为等效均布荷载;

4. 第8项中的消防车活荷载,当双向板楼盖板跨介于(3m×3m)~(6m×6m)之间时,应按跨度线性插值确定;

5. 第12项楼梯活荷载,对预制楼梯踏步平板,尚应按1.5kN集中荷载验算;

6. 本表各项荷载不包括隔墙自重和二次装修荷载,对固定隔墙的自重应按永久荷载考虑,当隔墙位置可灵活布置时,非固定隔墙的自重应取不小于1/3每延米长墙重(kN/m)作为楼面活荷载的附加值(kN/m²)计入,且附加值不小于1.0kN/m²。

附表 5-3　等截面等跨连续梁在常用荷载作用下的内力系数表

1. 在均布及三角形荷载作用下：

$$M = 表中系数 \times ql^2（或 \times gl^2）；$$
$$V = 表中系数 \times ql（或 \times gl）；$$

2. 在集中荷载作用下：

$$M = 表中系数 \times Ql（或 \times Gl）；$$
$$V = 表中系数 \times Q（或 \times G）；$$

3. 内力正负号规定：

M—— 使截面上部受压、下部受拉为正；

V—— 对邻近截面所产生的力距沿顺时针方向者为正。

两　跨　梁

荷载图	跨内最大弯距		支座弯距	剪力			
	M_1	M_2	M_B	V_A	V_{Bl}　V_{Br}		V_c
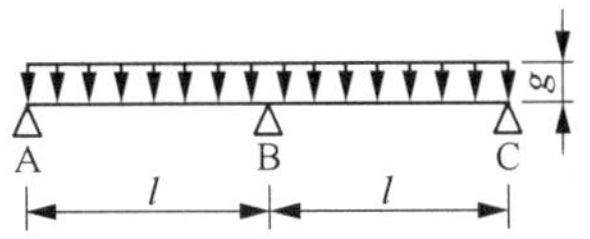	0.070	0.0700	−0.125	0.375	−0.625 0.625		−0.375
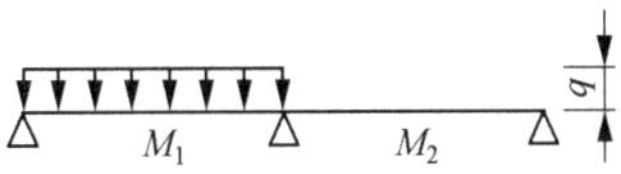	0.096	—	−0.063	0.437	−0.563 0.063		0.063
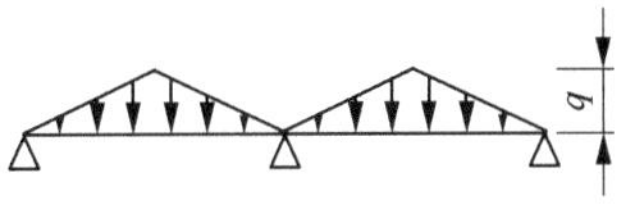	0.048	0.048	−0.078	0.172	−0.328 0.328		−0.172
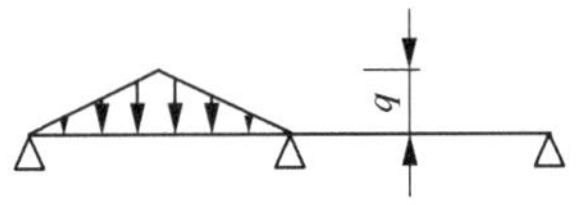	0.064	—	−0.039	0.211	−0.289 0.039		0.039
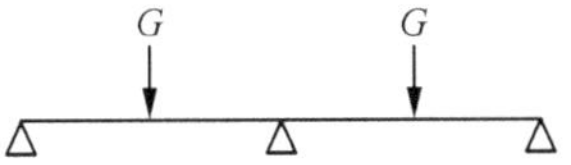	0.156	0.156	−0.188	0.312	−0.688 0.688		−0.312
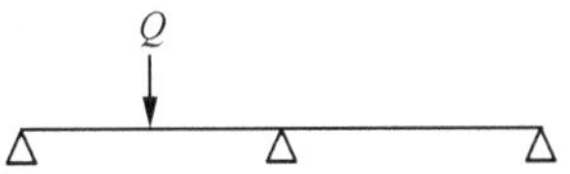	0.203	—	−0.094	0.406	−0.594 0.094		0.094
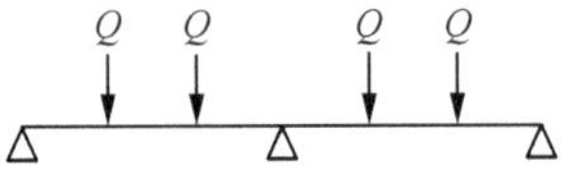	0.222	0.222	−0.333	0.667	−1.333 1.333		−0.667
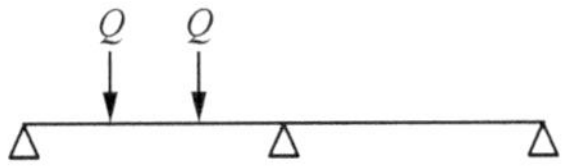	0.278	—	−0.167	0.833	−1.167 0.167		0.167

三　跨　梁

荷载图	跨内最大弯距		支座弯距		剪力			
	M_1	M_2	M_B	M_c	V_A	V_{Bl} / V_{Br}	V_{cl} / V_{cr}	V_D
	0.080	0.025	−0.100	−0.100	0.400	−0.600 / 0.500	−0.500 / 0.600	−0.400
	0.101	—	−0.050	−0.050	0.450	−0.550 / 0	0 / 0.550	−0.450
	—	0.075	−0.050	−0.050	0.050	−0.050 / 0.500	−0.500 / 0.050	0.050
	0.073	0.054	−0.117	−0.033	0.383	−0.617 / 0.583	−0.417 / 0.033	0.033
	0.094	—	−0.067	0.017	0.433	−0.567 / 0.083	0.083 / −0.017	−0.017
	0.054	0.021	−0.063	−0.063	0.183	−0.313 / 0.250	−0.250 / 0.313	−0.188
	0.068	—	−0.031	−0.031	0.219	−0.281 / 0	0 / 0.281	−0.219
	—	0.052	−0.031	−0.031	0.031	−0.031 / 0.250	−0.250 / 0.051	0.031
	0.050	0.038	−0.073	−0.021	0.177	−0.323 / 0.302	−0.198 / 0.021	0.021
	0.063	—	−0.042	0.010	0.208	−0.292 / 0.052	0.052 / −0.010	−0.010

荷载图	跨内最大弯距		支座弯距		剪力			
	M_1	M_2	M_B	M_c	V_A	V_{Bl} V_{Br}	V_{cl} V_{cr}	V_D
	0.175	0.100	−0.150	−0.150	0.350	−0.650 0.500	−0.500 0.650	−0.350
	0.213	—	−0.075	−0.075	0.425	−0.575 0	0 0.575	−0.425
	—	0.175	−0.075	−0.075	−0.075	−0.075 0.500	−0.500 0.075	0.075
	0.162	0.137	−0.175	−0.050	0.325	−0.675 0.625	−0.375 0.050	0.050
	0.200	—	−0.100	0.025	0.400	−0.600 0.125	0.125 −0.025	−0.025
	0.244	0.067	−0.267	−0.267	0.733	−1.267 1.000	−1.000 1.267	−0.733
	0.289	−0.133	−0.133	−0.133	0.866	−1.134 0	0 1.134	−0.866
	−0.044	0.200	−0.133	0.133	−0.133	−0.133 1.000	−1.000 0.133	0.133
	0.229	0.170	−0.311	−0.089	0.689	−1.311 1.222	−0.778 0.089	0.089
	0.274	—	0.178	0.044	0.822	−1.178 0.222	0.222 −0.044	−0.044

续表

四跨梁

荷载图	跨内最大弯距				支座弯距			剪力				
	M_1	M_2	M_3	M_4	M_B	M_C	M_D	V_A	V_{Bl} / V_{Br}	V_{Cl} / V_{Cr}	V_{Dl} / V_{Dr}	V_E
	0.077	0.036	0.036	0.077	−0.107	−0.071	−0.107	0.393	−0.607 / 0.536	−0.464 / 0.464	−0.536 / 0.607	−0.393
	0.100	—	0.081	—	−0.054	−0.036	−0.054	0.446	−0.554 / 0.018	0.018 / 0.482	−0.518 / 0.054	0.054
	0.072	0.061	—	0.098	−0.121	−0.018	−0.058	0.380	−0.620 / 0.603	−0.397 / −0.040	−0.040 / −0.558	−0.442
	—	0.056	0.056	—	−0.036	−0.107	−0.036	−0.036	−0.036 / 0.429	−0.571 / 0.571	−0.429 / 0.036	0.036
	0.094	—	—	—	−0.067	0.018	−0.004	0.433	−0.567 / 0.085	0.085 / −0.022	0.022 / 0.004	0.004
	—	0.071	—	—	−0.049	−0.054	0.013	−0.049	−0.049 / 0.496	−0.504 / 0.067	0.067 / 0.013	−0.013
	0.062	0.028	0.028	0.052	−0.067	−0.045	−0.067	0.183	−0.317 / 0.272	−0.228 / 0.228	−0.272 / 0.317	−0.183

续表

荷载图	跨内最大弯矩				支座弯矩			剪力				
	M_1	M_2	M_3	M_4	M_B	M_C	M_D	V_A	V_{Bl} V_{Br}	V_{Cl} V_{Cr}	V_{Dl} V_{Dr}	V_E
	0.067	—	0.055	—	−0.084	−0.022	−0.034	0.217	−0.234 0.011	0.011 0.239	−0.261 0.034	0.034
	0.049	0.042	—	0.066	−0.075	−0.011	−0.036	0.175	−0.325 0.314	−0.186 −0.025	−0.025 0.286	−0.214
	—	0.040	0.040	—	−0.022	−0.067	−0.022	−0.022	−0.022 0.205	−0.295 0.295	−0.205 0.022	0.022
	0.088	—	—	—	−0.042	0.011	−0.003	0.208	−0.292 0.053	0.063 −0.014	−0.014 0.003	0.003
	—	0.051	—	—	−0.031	−0.034	0.008	−0.031	−0.031 0.247	−0.253 0.042	0.042 −0.008	−0.008
	0.169	0.116	0.116	0.169	−0.161	−0.107	−0.161	0.339	−0.661 0.554	−0.446 0.446	−0.554 0.661	−0.330
	0.210	0.116	0.183	—	−0.080	−0.054	−0.080	0.420	−0.580 0.027	0.027 0.473	−0.527 0.080	0.080
	0.159	0.146	—	0.206	−0.181	−0.027	−0.087	0.319	−0.681 0.654	−0.346 −0.060	−0.060 0.587	−0.413

续表

荷载图	跨内最大弯矩				支座弯矩			剪力				
	M_1	M_2	M_3	M_4	M_B	M_C	M_D	V_A	V_{Bl} / V_{Br}	V_{Cl} / V_{Cr}	V_{Dl} / V_{Dr}	V_E
(荷载图)	—	0.142	0.142	—	−0.054	−0.161	−0.054	0.054	−0.054 / 0.393	−0.607 / 0.607	−0.393 / 0.054	0.054
(荷载图)	0.200	—	—	—	−0.100	−0.027	−0.007	0.400	−0.600 / 0.127	0.127 / −0.033	−0.033 / 0.007	0.007
(荷载图)	—	0.173	0.111	—	−0.074	−0.080	0.020	−0.074	−0.074 / 0.493	−0.507 / 0.100	0.100 / −0.020	−0.020
(荷载图)	0.238	0.111	0.111	0.238	−0.286	−0.191	−0.286	0.714	1.286 / 1.095	−0.905 / 0.905	−1.095 / 1.286	−0.714
(荷载图)	0.286	—	0.175	—	−0.143	−0.095	−0.143	0.857	−1.143 / 0.048	0.048 / 0.952	−1.048 / 0.143	0.143
(荷载图)	0.226	0.194	—	0.282	−0.321	−0.048	−0.155	0.679	−1.321 / 1.274	−0.726 / −0.107	−0.107 / 1.155	−0.845
(荷载图)	—	0.175	—	—	−0.095	−0.286	−0.095	−0.095	0.095 / 0.810	−1.190 / 1.190	−0.810 / 0.095	0.095
(荷载图)	0.274	—	—	—	−0.178	0.048	−0.012	0.822	−1.178 / 0.226	0.226 / −0.060	−0.060 / 0.012	0.012
(荷载图)	—	0.198	—	—	−0.131	−0.143	0.036	−0.131	−0.131 / 0.988	−1.012 / 0.178	0.178 / −0.036	−0.036

续表

五跨梁

荷载图	跨内最大弯距			支座弯距				剪力					
内力	M_1	M_2	M_3	M_B	M_C	M_D	M_E	V_A	$V_{B左}$ / $V_{B右}$	$V_{C左}$ / V_{Cr}	$V_{D左}$ / V_{Dr}	$V_{E左}$ / V_{Er}	V_F
	0.078	0.033	0.046	−0.105	−0.079	−0.079	−0.105	0.394	−0.606 / 0.526	−0.474 / 0.500	−0.500 / 0.474	−0.526 / 0.606	−0.394
	0.100	—	0.085	−0.053	−0.040	−0.040	−0.053	0.447	−0.553 / 0.013	0.013 / 0.500	−0.500 / −0.013	−0.013 / 0.553	−0.447
	—	0.079	—	−0.053	−0.040	−0.040	−0.053	−0.053	−0.053 / 0.513	−0.487 / 0	0 / 0.487	−0.513 / 0.053	0.053
	(1) $\underline{\ \ }$ 0.098	(2) 0.059 / 0.078	—	−0.119	−0.022	−0.044	−0.051	0.380	−0.620 / 0.598	−0.402 / −0.023	−0.023 / 0.493	−0.507 / 0.052	0.052
	0.073	0.055	0.064	−0.035	−0.111	−0.020	−0.057	0.035	0.035 / 0.424	0.576 / 0.591	−0.409 / −0.037	−0.037 / 0.557	−0.443
	0.094	—	—	−0.067	0.018	−0.005	0.001	0.433	0.567 / 0.085	0.086 / 0.023	0.023 / 0.006	0.006 / −0.001	0.001
	—	0.074	—	−0.049	−0.054	0.014	−0.004	0.019	−0.049 / 0.496	−0.505 / 0.068	0.068 / −0.018	−0.018 / 0.004	0.004
	—	—	0.072	0.013	0.053	0.053	0.013	0.013	0.013 / −0.066	−0.066 / 0.500	−0.500 / 0.066	0.066 / −0.013	0.013
	0.053	0.026	0.034	−0.066	−0.049	0.049	−0.066	0.184	−0.316 / 0.266	−0.234 / 0.250	−0.250 / 0.234	−0.266 / 0.316	0.184

续表

荷载图（内力）	M_1	M_2	M_3	M_B	M_C	M_D	M_E	V_A	V_{Bl}/V_{Br}	V_{Cl}/V_{Cr}	V_{Dl}/V_{Dr}	V_{El}/V_{Er}	V_F
（荷载图）	0.067	—	0.059	−0.033	−0.025	−0.025	0.033	0.217	0.283 / 0.008	0.008 / 0.250	−0.250 / −0.006	−0.008 / 0.283	0.217
（荷载图）	—	0.055	—	−0.033	−0.025	−0.025	−0.033	0.033	−0.033 / 0.258	−0.242 / 0	0 / 0.242	−0.258 / 0.033	0.033
（荷载图）	0.049	(2) 0.041 / 0.053	—	−0.075	−0.014	−0.028	−0.032	0.175	0.325 / 0.311	−0.189 / −0.014	−0.014 / 0.246	−0.255 / 0.032	0.032
（荷载图）	(1) — / 0.066	0.039	0.044	−0.022	−0.070	−0.013	−0.036	−0.022	−0.022 / 0.202	−0.298 / 0.307	−0.198 / −0.028	−0.023 / 0.286	−0.214
（荷载图）	0.063	—	—	−0.042	0.011	−0.003	0.001	0.208	−0.292 / 0.053	0.053 / −0.014	−0.014 / 0.004	0.004 / −0.001	−0.001
（荷载图）	—	0.051	0.050	−0.031	−0.034	0.009	−0.002	−0.031	−0.031 / 0.247	−0.253 / 0.043	0.049 / −0.011	−0.011 / 0.002	0.002
（荷载图）	—	—	—	0.008	−0.033	−0.033	0.008	0.008	0.008 / −0.041	−0.041 / 0.250	−0.250 / 0.041	0.041 / −0.008	−0.008
（荷载图）	0.171	0.112	0.132	−0.158	−0.118	−0.118	−0.158	0.342	−0.658 / 0.540	−0.460 / 0.500	−0.500 / 0.460	−0.540 / 0.658	−0.342
（荷载图）	0.211	—	0.191	−0.079	−0.059	−0.059	−0.079	0.421	−0.579 / 0.020	0.200 / 0.500	−0.500 / −0.020	−0.020 / 0.579	−0.421
（荷载图）	—	0.181	—	−0.079	−0.059	−0.059	−0.079	−0.079	−0.079 / 0.520	−0.480 / 0	0 / 0.480	−0.520 / 0.079	0.079
（荷载图）	0.160	(2) 0.144 / 0.178	—	−0.179	−0.032	−0.066	−0.077	0.321	−0.679 / 0.647	−0.353 / −0.034	−0.034 / 0.489	−0.511 / 0.077	0077
（荷载图）	(1) — / 0.207	0.140	0.151	−0.052	−0.167	−0.031	−0.086	−0.052	−0.052 / 0.385	−0.615 / 0.637	−0.363 / −0.056	−0.056 / 0.586	−0.414

续表

荷载图 内力	跨内最大弯距 M₁	M₂	M₃	支座弯距 M_B	M_C	M_D	M_E	剪力 V_A	V_Bl / V_Br	V_cl / V_cr	V_Dl / V_Dr	V_El / V_Er	V_F
	0.200	—	—	-0.100	0.027	-0.007	0.002	0.400	-0.600 / 0.127	0.127 / -0.031	-0.034 / 0.009	0.009 / -0.002	-0.002
	—	0.173	—	-0.073	-0.081	0.022	-0.005	-0.073	-0.073 / 0.493	-0.507 / 0.102	0.102 / -0.027	-0.027 / 0.005	0.005
	—	—	0.171	0.020	-0.079	-0.079	0.020	0.020	0.020 / -0.099	-0.099 / 0.500	-0.500 / 0.099	0.099 / -0.020	-0.020
	0.240	0.100	0.122	-0.281	-0.211	0.211	-0.281	0.719	-1.281 / 1.070	-0.930 / 1.000	-1.000 / 0.930	1.070 / 1.281	-0.719
	0.287	—	0.228	-0.140	-0.105	-0.105	-0.140	0.860	-1.140 / 0.035	0.035 / 1.000	1.000 / -0.035	-0.035 / 1.140	-0.860
	—	0.216	—	-0.140	-0.105	-0.105	-0.140	-0.140	-0.140 / 1.035	-0.965 / 0	0.000 / 0.965	-1.035 / 0.140	0.140
	0.227	(2)$\dfrac{0.189}{0.209}$	—	-0.319	-0.057	-0.118	-0.137	0.681	-1.319 / 1.262	-0.738 / -0.061	-0.061 / 0.981	-1.019 / 0.137	0.137
	(1)$\dfrac{—}{0.282}$	0.172	0.198	-0.093	-0.297	-0.054	-0.153	-0.093	-0.093 / 0.796	-1.204 / 1.243	-0.757 / -0.099	-0.099 / 1.153	-0.847
	0.274	—	—	-0.179	0.048	-0.013	0.003	0.821	-1.179 / 0.227	0.227 / -0.061	-0.061 / 0.016	0.016 / -0.003	-0.003
	—	0.198	—	-0.131	-0.144	0.038	-0.010	-0.131	-0.131 / 0.987	-1.013 / 0.182	0.182 / -0.048	-0.048 / 0.010	0.010
	—	—	0.193	0.035	-0.140	-0.140	0.035	0.035	0.035 / -0.175	-0.175 / 1.000	-1.000 / 0.175	0.175 / -0.035	-0.035

(1) 分子及分母分别为 M_1 及 M_5 的弯矩系数;(2) 分子及分母分别为 M_2 及 M_4 的弯矩系数。

主要参考文献

东南大学,同济大学,天津大学,清华大学,2012.混凝土结构[M].上、中册.混凝土结构设计原理[M].5版.北京:中国建筑工业出版社.

李国平,2009.预应力混凝土结构设计原理[M].2版.北京:人民交通出版社.

梁兴文,史庆轩,2011.混凝土结构设计[M].北京:中国建筑工业出版社.

梁兴文,史庆轩,2011.混凝土结构设计原理[M].北京:中国建筑工业出版社.

刘立新,叶燕华,2012.混凝土结构原理[M].武汉:武汉理工大学出版社.

吕志涛,孟少平,1998.现代预应力设计[M].北京:中国建筑工业出版社.

沈蒲生,2011.混凝土结构设计新规范(GB 500010—2010)解读[M].北京:机械工业出版社.

舒士霖,2011.钢筋混凝土结构[M].杭州:浙江大学出版社.

徐有邻,刘刚,2011.我国混凝土结构基本理论及规范发展的回顾[J].建筑结构,41(11):71~75.

徐有邻.2012.混凝土结构设计原理及修订规范的应用[M].北京:清华大学出版社.

叶列平,2012.混凝土结构[M].北京:中国建筑工业出版社.

袁迎曙,李富民,郭震,2009.现代预应力混凝土结构[M].徐州:中国矿业大学出版社.

中国工程院土木水利与建筑学部工程结构安全性与耐久性研究咨询项目组,2004.混凝土结构耐久性设计与施工指南[M].北京:中国建筑工业出版社.

中华人民共和国国家标准,2012.建筑结构荷载规范(GB 50009—2012)[S].北京:中国建筑工业出版社.

中华人民共和国国家标准,2018.建筑结构可靠性设计统一标准(GB 50068—2018)[S].北京:中国建筑工业出版社.

中华人民共和国国家标准,2019.混凝土结构耐久性设计标准(GB/T 50476—2019)[S].北京:中国建筑工业出版社.

中华人民共和国国家标准,2021.工程结构通用规范(GB 55001—2021)[S].北京:中国建筑工业出版社.

中华人民共和国国家标准,2024.混凝土结构设计标准(GB/T 500010—2010)[S].北京:中国建筑工业出版社.

宗兰,张文金,张建文.2012.混凝土结构设计原理[M].2版.北京:人民交通出版社.